科学出版社"十四五"普通高等教育本科规划教材

新能源科学与工程教学丛书

二次电池科学与技术

Science and Technology of Secondary Batteries

李福军　编著

科学出版社

北　京

内 容 简 介

本书在阐明化学电源的基本概念和理论的基础上，全面系统地介绍了各类二次电池，包括铅酸电池、镍氢电池、锂离子电池、锂硫电池和锂空气电池的电池组成、工作原理、制造技术和生产工艺，以及几种电池的回收利用技术。

本书可作为高等学校化学、材料、新能源等专业电池材料相关课程的教材或教学参考书，也可供电池行业相关研发人员参考。

图书在版编目（CIP）数据

二次电池科学与技术/李福军编著. —北京：科学出版社，2021.12
(新能源科学与工程教学丛书)
科学出版社"十四五"普通高等教育本科规划教材
ISBN 978-7-03-070201-2

Ⅰ. ①二…　Ⅱ. ①李…　Ⅲ. ①电池-高等学校-教材　Ⅳ. ①TM911

中国版本图书馆 CIP 数据核字（2021）第 214993 号

责任编辑：丁　里　李丽娇/责任校对：杨　赛
责任印制：张　伟/封面设计：迷底书装

科 学 出 版 社 出版
北京东黄城根北街 16 号
邮政编码：100717
http://www.sciencep.com

北京中科印刷有限公司 印刷
科学出版社发行　各地新华书店经销

*

2021 年 12 月第　一　版　　开本：787×1092　1/16
2022 年 11 月第二次印刷　　印张：17 1/2
字数：412 000
定价：**88.00 元**
（如有印装质量问题，我社负责调换）

丛 书 序

　　能源是人类活动的物质基础，是世界发展和经济增长最基本的驱动力。关于能源的定义，目前有 20 多种，我国《能源百科全书》将其定义为"能源是可以直接或经转换给人类提供所需的光、热、动力等任一形式能量的载能体资源"。可见，能源是一种呈多种形式的，且可以相互转换的能量的源泉。

　　根据不同的划分方式可将能源分为不同的类型。人们通常按能源的基本形态将能源划分为一次能源和二次能源。一次能源即天然能源，是指在自然界自然存在的能源，如化石燃料(煤炭、石油、天然气)、核能、可再生能源(风能、太阳能、水能、地热能、生物质能)等。二次能源是指由一次能源加工转换而成的能源，如电力、煤气、蒸汽、各种石油制品和氢能等。也有人将能源分为常规(传统)能源和新能源。常规(传统)能源主要指一次能源中的化石能源(煤炭、石油、天然气)。新能源是相对于常规(传统)能源而言的，指一次能源中的非化石能源(太阳能、风能、地热能、海洋能、生物能、水能)以及二次能源中的氢能等。

　　目前，化石燃料占全球一次能源结构的 80%，化石能源使用过程中易造成环境污染，而且产生大量的二氧化碳等温室气体，对全球变暖形成重要影响。我国"富煤、少油、缺气"的资源结构使得能源生产和消费长期以煤为主，碳减排压力巨大；原油进口量已超过 70%，随着经济的发展，石油对外依存度也会越来越高。大力开发新能源技术，形成煤、油、气、核、可再生能源多轮驱动的多元供应体系，对于维护我国的能源安全，保护生态环境，确保国民经济的健康持续发展有着深远的意义。

　　开发清洁绿色可再生的新能源，不仅是我国，同时也是世界各国共同面临的巨大挑战和重大需求。2014 年，习近平总书记提出"四个革命、一个合作"的能源安全新战略，以应对能源安全和气候变化的双重挑战。2020 年 9 月，习近平主席在第 75 届联合国大会上发表重要讲话，宣布中国将提高国家自主贡献力度，采取更加有力的政策和措施，力争 2030 年前二氧化碳排放达到峰值，努力争取 2060 年前实现碳中和。我国多部委制定了绿色低碳发展战略规划，提出优化能源结构、提高能源效率、大力发展新能源，构建安全、清洁、高效、可持续的现代能源战略体系，太阳能、风能、生物质能等可再生能源、新型高效能量转换与储存技术、节能与新能源汽车、"互联网+"智慧能源(能源互联网)等成为国家重点支持的高新技术领域和战略发展产业。而培养大批从事新能源开发领域的基础研究与工程技术人才成为我国发展新能源产业的关键。因此，能源相关的基础科学发展受到格外重视，新能源科学与工程(技术)专业应运而生。

　　新能源科学与工程专业立足于国家新能源战略规划，面向新能源产业，根据能源领域发展趋势和国民经济发展需要，旨在培养太阳能、风能、地热能、生物质能等新能源领域相关工程技术的开发研究、工程设计及生产管理工作的跨学科复合型高级技术人才，以满足国家战略性新兴产业发展对新能源领域教学育人、科学研究、技术开发、工程应用、经营管理等方面的专业人才需求。新能源科学与工程是国家战略性新兴专业，涉及化学、材料科学与工程、电气工程、计算机科学与技术等学科，是典型的多学科交叉专业。

从 2010 年起，我国教育部加强对战略性新兴产业相关本科专业的布局和建设，新能源科学与工程专业位列其中。之后在教育部大力倡导新工科的背景下，目前全国已有 100余所高等学校陆续设立了新能源科学与工程专业。不同高等学校根据各自的优势学科基础，分别在新能源材料、能源材料化学、能源动力、化学工程、动力工程及工程热物理、水利、电化学等专业领域拓展衍生建设。涉及的专业领域复杂多样，每个学校的课程设计也是各有特色和侧重方向。目前新能源科学与工程专业尚缺少可参考的教材，不利于本专业学生的教学与培养，新能源科学与工程专业教材体系建设亟待加强。

为适应新时代新能源专业以理科强化工科、理工融合的"新工科"建设需求，促进我国新能源科学与工程专业课程和教学体系的发展，南开大学新能源方向的教学科研人员在陈军院士的组织下，以国家重大需求为导向，根据当今世界新能源领域"产学研"的发展基础科学与应用前沿，编写了"新能源科学与工程教学丛书"。丛书编写队伍均是南开大学新能源科学与工程相关领域的教师，具有丰富的科研积累和一线教学经验。

这套"新能源科学与工程教学丛书"根据本专业本科生的学习需要和任课教师的专业特长设置分册，各分册特色鲜明，各有侧重点，涵盖新能源科学与工程专业的基础知识、专业知识、专业英语、实验科学、工程技术应用和管理科学等内容。目前包括《新能源科学与工程导论》《太阳能电池科学与技术》《二次电池科学与技术》《燃料电池科学与技术》《新能源管理科学与工程》《新能源实验科学与技术》《储能科学与工程》《氢能科学与技术》《新能源专业英语》共九本，将来可根据学科发展需求进一步扩充更新其他相关内容。

我们坚信，"新能源科学与工程教学丛书"的出版将为教学、科研工作者和企业相关人员提供有益的参考，并促进更多青年学生了解和加入新能源科学与工程的建设工作。在广大新能源工作者的参与和支持下，通过大家的共同努力，将加快我国新能源科学与工程事业的发展，快速推进我国"双碳"战略的实施。

中国工程院院士、中国矿业大学(北京)教授

2021 年 8 月

前　言

电池是通过电化学氧化还原反应实现化学能与电能相互转化的装置。自 1859 年铅酸电池问世以来，电池经历了 160 多年的发展历程，已经形成了完整的科技与工业体系。其中，以铅酸电池、镍氢电池为代表的二次电池，在交通运输、电子信息产业等领域对世界产生了深刻的影响。21 世纪初，锂离子电池的广泛应用更是彻底改变了人们的生活，它对智能移动设备和新能源汽车的发展起到了重要推动作用。2019 年诺贝尔化学奖授予美国得克萨斯大学奥斯汀分校古迪纳夫(Goodenough)教授、纽约州立大学宾汉姆顿分校惠廷厄姆(Whittingham)教授和日本化学家吉野彰(Yoshino)，以表彰他们在锂离子电池发展方面做出的贡献。此外，以锂硫电池和锂空气电池为代表的新型二次电池也作为冉冉升起的新星，为二次电池向更高能量密度发展带来了希望。

目前，我国从政府的政策倾斜和资金支持，企业的生产和研发，到高等院校和科研机构的基础研究形成了良好的环境，推动二次电池行业的进一步发展。同时，为了规范电池行业的健康发展，国家也出台了相关行业标准、发展指导意见和环境保护政策，如针对铅酸电池制定了《重金属污染综合防治"十二五"规划》和《产业结构调整指导目录(2019 年本)》，针对锂离子电池制定了《锂离子电池行业规范条件》和息息相关的《节能与新能源汽车技术路线图 2.0》，以及针对电池回收利用的《新能源汽车动力蓄电池回收利用管理暂行办法》等。

本书综合讲述了电池的发展历程，涵盖了电池的基本概念和化学与物理原理，介绍了当今广泛应用的铅酸电池、镍氢电池、锂离子电池，以及面向未来的锂硫电池和锂空气电池，并且关注了目前存在挑战的二次电池的回收利用问题。希望本书对我国二次电池的研究、研发、应用和再利用等方面产生积极的影响，并且对我国新能源科学与工程专业的建设起到一定的推动作用。

在本书的编写过程中，王晨晨、耿嘉润、袁月、朱卓、杜东峰、任猛、雷凯翔、赵硕、师晓梦在资料整理、勘误等方面做了大量工作，在此表示诚挚的谢意。此外，编者还参考了大量国内外资料，对相关作者表示衷心的感谢。

由于编者水平有限，书中难免出现一些疏漏和不妥之处，敬请广大读者批评指正。

编　者

2021 年 7 月

目　　录

第 1 章　电　　池

1.1　电池基本概念

电池是通过电化学氧化还原反应将化学能转化为电能的装置。电池中化学能向电能的转化是基于电极上的自发氧化和还原反应，即负极发生氧化反应和正极发生还原反应。电极上同时发生电化学氧化、还原反应时，电子通过外电路从一极转移到另一极，实现电能的释放或存储。

电池主要由负极、正极、电解质三部分构成。

(1) 负极：在物理学中，正、负极是根据电子的流动方向规定的，即电子流出的电极为负极，电子流入的电极为正极。在电池放电过程中，负极发生氧化反应，失去电子，并将电子传递给外电路。

(2) 正极：电池放电时，从外电路接受电子，发生还原反应的电极。

(3) 电解质：在电池正、负极发生电化学氧化还原反应时，提供正、负离子定向移动的媒介。

在实际应用中，应选择比容量高、电子导电性良好、稳定性好、安全性高、制备容易和成本低的电极材料。选择质量轻、比容量高的电极材料可提升电池的能量密度。锂是原子量最小的活泼金属，具有最高的理论比容量，但是金属锂单质活泼性高，存在诸多安全隐患，不宜直接作为电池负极材料。因此，嵌入式电极材料，如碳等负极材料代替金属锂，在锂离子电池中具有广泛的应用前景。正极材料大多选用金属氧化物、卤氧化物、硫及硫氧化物等。电池所用电解质根据组成和物理状态的不同可分为水溶液电解质、有机溶液电解质、熔融电解质、凝胶聚合物电解质和固体电解质等。通常根据不同的电池体系选择合适的电解质。例如，一般电池采用酸、碱、盐的水溶液为电解质，锂离子电池一般采用非质子型有机电解质，热电池采用熔融态的无机盐作为电解质，某些电池采用在电池工作温度范围能够进行离子导电的固体电解质。

在实际电池体系中，正极和负极应被隔开，防止内部短路，同时通过电解质实现离子的导通。因此，在电池中使用隔膜将正、负极隔离开，在防止内部短路的同时能够保证电解质中的离子在正、负极之间自由传递。电池的一般结构如图 1.1 所示。

电池可以根据需求制作成不同结构和形状，如扣式、圆柱形和方形。电池结构的设计应满足简单、携带方便、充放电操作简易等特点。同时，为了保证使用安全，电池应采用合适的方式进行密封，防止电解质泄漏和干涸。

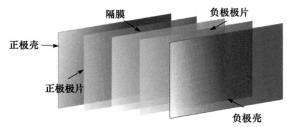

图 1.1　电池结构示意图

1.1.1　电池的历史

人类很早就对化学电源进行了探索，先后发明了铅酸电池、镍镉电池、镍氢电池，直到 20 世纪 90 年代初实现了锂离子电池的量产，随后在人们日常生活中得到了广泛应用，促进了社会生产力的发展。人们对能源的依赖性和需求量随着社会的不断发展而逐渐增大，因此对化学电源的能量密度、功率密度及转换效率的要求也越来越高，促使人们不断探索新的化学电源和能量存储系统。

人类对电现象的认识存在已久。1780 年，意大利解剖学家伽伐尼(Galvani)教授在解剖青蛙时偶然发现了生物电现象，并于 1791 年发表了题为《关于电对肌肉运动的作用》的论文。他认为这种电是由动物本身的生理现象所产生的，将其称为动物电。这一发现掀起了电流研究的热潮，对电池的发明起到了极大的促进作用。

意大利帕维亚大学物理学教授伏特(Volta)对伽伐尼的实验进行了多次重复，仔细观察后发现，电并不是产生于动物组织内，而是由于金属或木炭的组合而产生的。伏特仅用不同的金属相接触，使用莱顿瓶及金箔检电器进行试验，发现在完全不使用动物组织的情况下，在接触面上会产生电压，称为接触压。这种装置可以同时使用几种不同的金属来提高实验效果，但是无法产生连续的电流。1799 年，伏特发现用锌片与铜片和含有盐水的湿布叠成电堆能够产生电流，因此该装置被称为"伏特电堆"，如图 1.2 所示。伏特把锌片和铜片放在盛有盐水的杯中，并把许多这样的杯子串联起来，组成电池以获得更大的电流。为了纪念伏特发明的伏特电堆，人们将电动势(E)的单位命名为伏特(Volt)。

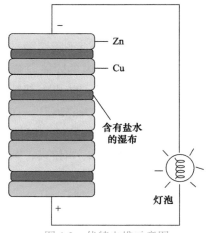

图 1.2　伏特电堆示意图

1836 年，英国科学家丹尼尔(Daniell)对伏特电堆的结构进行了改良。他将锌和铜分别作为电池的两极，采用盐桥将两种电解质溶液连通起来，解决了 H^+ 与金属锌接触而发生溶解反应的问题，从而制备出第一个能保持稳定电流的铜锌电池，如图 1.3 所示。盐桥中阴、阳离子的迁移速率几乎相同，如 K^+ 和 Cl^- 的迁移率非常接近。当把盐桥插入两种浓度相差不大的电解质溶液中时，液接界面上的离子扩散主要由 K^+ 和 Cl^- 决定，从而消除了液接电势。随着丹尼尔电池反应的进行，溶液中 $c(Zn^{2+})$ 升高，$c(Cu^{2+})$ 降低，在非标准状态下的 $E(Zn^{2+}/Zn)$ 增加，$E(Cu^{2+}/Cu)$ 减小，最终 $E(Zn^{2+}/Zn) = E(Cu^{2+}/Cu)$，总反应为 $Zn(s) + Cu^{2+}(aq) \rightleftharpoons Cu(s) + Zn^{2+}(aq)$。此时，若在电池电解质 $ZnSO_4$ 溶液中继续加入适量 $ZnSO_4$，在 $CuSO_4$ 溶液中加水稀释，则 $c(Zn^{2+})$ 升高，$c(Cu^{2+})$ 降低，Cu/Cu^{2+} 电极失去电子，Zn/Zn^{2+} 电极得到电子，发生的电极反应与丹尼尔电池反应刚好相反，总反应为 $Cu(s) + Zn^{2+}(aq) \rightleftharpoons Zn(s) + Cu^{2+}(aq)$，是一个非自发的氧化还原反应。丹尼尔电池随着使用时间的延长电压下降，当电池使用一段时间后，对电池进行充电，可使电池电压回升，这种可反复使用的电池称为蓄电池。

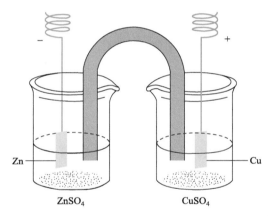

图 1.3　丹尼尔电池示意图

铅酸电池是化学电源中最早得到应用的蓄电池，被广泛应用于生产生活中。从 1859 年普兰特(Planté)发明铅酸电池至今，已有 160 多年历史。最早的开口式铅酸电池由于电解液的挥发和消耗，需经常向电池内加硫酸和水进行维护，但这不断腐蚀周围设备，且对环境造成严重污染。20 世纪 70 年代，为了防止电解液损失，发明了阀控式铅酸电池，并立即取代了传统的开口式电池。由于其密封性强、对环境污染小，阀控式铅酸电池成为产量最大的化学电源，并在之后很长时间内发挥着不可替代的作用，对于二次电池的发展具有重要意义。1866 年，法国工程师勒克朗谢(Leclanche)研制出锌-二氧化锰电池，电解质为氯化锌溶液，由于容量高且可以大电流放电而得到广泛应用。勒克朗谢制造的电池虽然简单、便宜，但是存在危险性，在 1880 年被西博特(Thiebaut)改进的锌锰干电池取代。在这种锌锰干电池中，负极合金棒用锌罐代替，同时用作电池外壳，电解质为糊状而非液体，与常见的碳锌电池类似。

1888 年，加斯纳(Gassner)成功研制出用途更加广泛的锌锰干电池，如图 1.4 所示。至此，锌锰电池由锌锰湿电池逐步发展为普通干电池和碱性锌锰电池。为了提高环境安全及可持续性，锌锰电池逐步向无汞电池和可充碱性电池方向发展。1899 年，瑞典科学家琼格尔(Jungner)发明了镍镉电池，其正极和负极分别由羟基氧化镍和镉组成，是一种碱性电池。镍镉电池具有轻便、循环寿命长、自放电率低、抗震、倍率性能优异、性能稳定等优点，但存在记忆效应，且镉元素危害人体健康，后来逐步被镍氢电池取代。1901 年，爱迪生(Edison)发明了镍铁电池，并逐步实现了干电池的商业化生产和使用。镍铁电池以铁粉为负极，羟基氧化镍为正极，碱性水溶液为电解质。

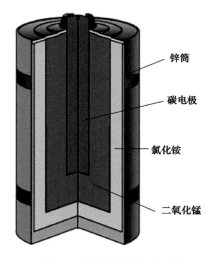

图 1.4　锌锰干电池示意图

　　纵观 19 世纪化学电源的发展，以下几个时间节点具有重大历史意义：1839 年格罗夫(Grove)提出空气电池原理；1859 年普兰特发明铅酸电池及电池组，随后福尔(Faure)在铅酸电池中引入了涂膏式极板；1882 年塞伦(Sellon)使用锑-铅栅板实现了铅酸电池的商品化；1812 年扎尼博尼(Zaniboni)使用二氧化锰作为正极；1844 年雅各比(Jacobi)提出了以中性氯化铵水溶液拌砂作为电解质的方案；1866 年勒克朗谢提出锌-二氧化锰电池；1888 年加斯纳将干电池成功商品化。另一类就是燃料电池，早在 1801 年丹尼(Dany)就对燃料电池做出了初步尝试；1839 年格罗夫进行了氢氧燃料电池的研究；1889 年，蒙德(Mond)和兰格(Langer)等提出了燃料电池的概念。19 世纪电池理论的提出为 20 世纪锌碳电池与铅酸电池商品化奠定了研究基础。燃料电池、空气去极化电池构想的提出为 20 世纪电池的发展奠定了基础，成为化学电源研究重点之一。20 世纪前叶，电池理论和技术发展比较缓慢。直到 20 世纪 50 年代后，研究人员在电池基础理论和电极过程动力学研究方面取得了重大突破。随着电池基础理论的不断充实、新型电极材料的开发及各类用电器的发展与广泛使用，电池技术进入了快速发展时期。1951 年镍镉电池实现了密闭化。在电解质方面，1958 年哈里斯(Harris)提出在锂一次电池中使用有机电解质。镍铁电池在 20 世纪初就实现了商品化，但是由于电池性能不能充分满足使用需求，逐渐退出了市场。镍镉电池在 20 世纪初开始商品化，在 80 年代发展迅速。但是电池中金属镉的使用带来了严重的环境问题，因此逐渐被镍氢电池取代。

　　镍氢电池诞生于 20 世纪 70 年代，并于 20 世纪 90 年代商业化。镍氢电池以 $Ni(OH)_2$

作为正极活性物质(称为氧化镍电极),以金属氢化物作为负极活性物质,电极活性物质也称储氢合金(电极称为储氢电极),电解质为 6 mol·L^{-1} 氢氧化钾溶液。镍氢电池的工作原理如图 1.5 所示。镍氢电池、镍镉电池和一次电池具有相近的工作电压,但能量密度更高,环保性更好。因此,镍氢电池可以大规模替代镍镉电池和一次电池,广泛应用于电动工具、便携式电子设备等领域。通常电极极片的制备工艺主要分为烧结式、拉浆式、泡沫镍式、纤维镍式及嵌渗式等,不同工艺制备的电极在容量、大电流放电性能上存在较大差异,一般根据使用条件采用不同的工艺生产电池。民用电池大多由拉浆式负极、泡沫镍式正极组成。

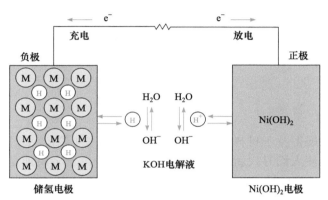

图 1.5 镍氢电池的工作原理示意图

随着经济全球化进程的加快和化石燃料的大量使用,环境污染和能源短缺的问题日渐突出。发展风、光、电等可持续再生能源可有效减少化石燃料使用带来的环境污染,构建新型高效储能系统,实现可再生能源的合理配置及调节,对于提高资源利用率、解决能源危机具有重要战略意义。然而,风能、光能等新型能源具有间隙和随机性,难以获得稳定的电能,阻碍了其进一步应用。如何使风能、光能转化为电能并平稳输出成为当下亟待解决的难题之一。在众多储能技术中,锂离子电池因其高的能量转换效率被广泛关注。在如今网络化、信息化、数字化的时代,锂离子电池在手机、笔记本电脑等便携式移动设备中起着不可或缺的作用。

锂离子电池作为发展最快的化学电源之一,具有能量密度高、循环性能好、自放电率低、无记忆效应和绿色环保等优点,是目前最具发展前景的二次电池。1991 年,索尼公司实现了可充电锂离子电池的商业化生产,锂离子电池开始逐渐进入人们的视野。1995 年,人们对锂离子电池进行改进,采用凝胶聚合物电解质为隔膜和电解质,设计出聚合物锂离子电池,并于 1999 年实现商品化。电池的使用范围已经由 20 世纪 40 年代的手电筒、收音机、汽车和摩托车的启动电源发展到现在的四五十种用途,小到电子手表、移动电话、照相机等,大到拖船、拖车、电动自行车、电动汽车等电动工具,风力发电站用电池,导弹、潜艇和鱼雷等军用电池,以及可以满足各种特殊要求的专用电池等。电池已成为人们生活中必不可少的便捷储能装置。近年来,锂离子电池广泛应用于航空航天领域,如在无人机、地球轨道飞行器、民航客机等航空航天器中。随着信息技术、新能源汽车及航空航天等战略性新兴产业的发展，锂离子二次电池需要具备更高的安全性和更高的能量密度。

在所有储能类型设备中，锂离子电池具有种类多、技术更新快、体积小、反应速度快、携带方便等特点。同时，锂离子电池具有丰富多样的储能方式，这些因素也造成了不同电池之间的巨大差异性。与传统锌银电池、铅酸电池相比，新型绿色环保的锂离子电池具备以下优势：①不含汞、镉等重金属元素；②循环使用寿命长；③能量密度高；④电池电动势高等。目前，锂离子电池可以做到其他储能电池无法实现的短时间快速充放电。与此同时，锂离子电池在安全性和循环寿命方面取得了突破性进展。锂离子电池储能技术的进步将在极大程度上促进新能源发电系统和智能电网系统的发展。此外，钠离子电池、钾离子电池及高能锂空气电池也是当下能源领域的研究热点，各种电极活性材料得到了广泛研究，电池的整体性能不断提升，这将进一步加深人们对二次电池反应过程的认识。

1.1.2 电池技术的发展

电池技术的发展得益于材料科学的进步和社会发展的需求。20世纪60~70年代，石油危机的出现迫使人们寻找新型可持续发展的能源。由于金属锂是质量最轻的金属，且其标准电极电势(–3.04 V vs SHE)最低、质量比容量最大，因此锂电池成为最具发展前景的化学电源。锂电池根据负极活性物质的种类可以分为锂离子电池和锂金属电池两类。

20世纪70年代，惠廷厄姆(Whittingham)提出锂离子电池的概念并对其结构和工作原理展开了研究。如图1.6所示，锂离子电池主要由可脱/嵌锂离子的正、负极和电解液组成。由于锂离子电池不含有金属态锂，可进行可逆的充放电，因此自锂离子电池商业化以来，电池技术更新和发展的速度明显加快，成为众多电子产品如笔记本电脑、便携式摄像机、电动汽车等设备中的首选电源。然而，锂离子电池的安全性和价格问题是电动

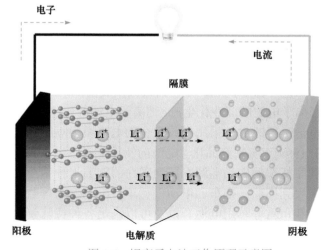

图 1.6 锂离子电池工作原理示意图

汽车发展必须解决的难题。近20年来，研究能量和功率密度更高、循环寿命更长和安全性更可靠的高效锂离子电池，一直是高性能二次电池科学技术发展的目标。当前，缺乏系统性的锂离子电池电化学理论、新的锂离子电池体系及高性能储锂电极材料是制约锂离子电池性能提升和发展的主要因素。

锂金属电池是一类由锂金属或锂合金为负极材料，使用非水电解质溶液的一次电池。锂金属电池最早由路易斯(Lewis)在1912年提出，直到20世纪70年代初，锂金属电池才实现商品化应用。金属锂化学性质非常活泼，其加工、保存和使用对环境要求非常高，因此锂金属电池在很长一段时间内并没有实现商业化应用。随着电池理论和技术的不断发展，锂金属电池目前主要用作一次电池。

1. 锂金属电池的特点

从能源使用的角度来看，电能是最清洁、高效的能源供给方式，而储能技术又是电能发展的关键所在。20世纪60年代，由于军事、航空、医药等领域对电源提出了新的要求，锂金属电池的研究开始受到广泛关注。以金属锂作为负极的锂金属电池具有以下特点：①电池电压高，与大多数原电池1.5 V的工作电压相比，锂金属电池的工作电压可达3 V以上；②能量密度高；③放电电压平稳；④工作温度范围宽；⑤储存寿命长。与其他碱金属相比，虽然锂的活泼性相对较低，但在室温下仍能与水快速反应。因此，非水电解质的引入是金属锂应用于电池体系最关键的一步。

2. Li/CuCl$_2$体系的出现

1958年，哈里斯提出将有机电解质作为锂金属电池的电解质。1962年，奇尔顿(Chilton)和库克(Cook)设计了一种使用锂金属作为负极，Ag、Cu、Ni等金属的卤化物作为正极，低熔点金属盐(LiCl-AlCl$_3$)溶解在碳酸丙烯酯(PC)中作为电解质的新型电池。该电池存在诸多问题，并且对此类电池的研究仅停留在概念上，未能实现商业化，但奇尔顿与库克的工作仍具有划时代的意义，他们的研究拉开了锂电池研究的序幕。

3. 锂-氟化碳电池

20世纪70年代，人们发现锂离子可以在TiS$_2$和MoS$_2$等化合物的晶格中可逆地嵌入和脱出。基于此，惠廷厄姆以硫化钛为正极材料、金属锂为负极材料制成了世界上首个锂金属电池。锂金属电池可进行反复充电，但循环性能较差，在充放电循环过程中容易形成锂枝晶，造成电池内部短路，所以使用过程中存在安全隐患。1971年，日本松下电器公司与美国军方几乎同时独立合成出一种新型的正极材料——碳氟化物，它具有较低的分子量、多电子转移以及较高的比容量。松下电器公司制备出的结晶碳氟化物正极材料的分子表达式为$(CF_x)_n(0.5 \leqslant x \leqslant 1)$，并将其应用于锂金属电池中。与此同时，美国军方研究人员设计出分子表达式为$(C_xF)_n(x = 3.5 \sim 7.5)$的碳氟化物。1973年，松下电器公司将锂-氟化碳电池首次应用在渔船上，并实现了锂-氟化碳电池的量产，此类无机锂盐+有机电解液电池体系拟用于太空探索。锂-氟化碳[Li-(CF)$_n$]电池的理论能量密度达到2180 W·h·kg^{-1}，是已知的所有锂金属电池体系中能量密度最高的商业化锂电池。该电池的工作电压为 2.6~2.7 V。锂-氟化碳电池的发明首次将"嵌入化合物"概念引入锂电池设计中。

4. 锂-二氧化锰电池

锂-二氧化锰(Li-MnO₂)电池是一种锂-固体正极体系电池，简称锂锰电池。1975 年，日本三洋公司在过渡金属氧化物电极材料方面取得突破，成功开发出锂锰电池，并将其应用于 CS-8176L 型计算器。锂锰电池以金属锂为负极，正极活性物质是经过专门热处理的电解 MnO₂ 粉末，高氯酸锂(LiClO₄)溶解于碳酸丙烯酯和 1,2-二甲氧基乙烷(DME)混合有机溶剂为电解质，锂锰电池的开路电压大约为 3.5 V。

锂锰电池的放电反应方程式如下：

$$负极反应： \qquad Li \longrightarrow Li^+ + e^- \tag{1.1}$$

$$正极反应： \qquad MnO_2 + Li^+ + e^- \longrightarrow LiMnO_2 \tag{1.2}$$

$$总反应： \qquad Li + MnO_2 \longrightarrow LiMnO_2 \tag{1.3}$$

从反应式可知，放电时 Li 失去电子被氧化成 Li⁺，MnO₂ 得到电子被还原，Mn 从+4 价被还原为+3 价，Li⁺进入 MnO₂ 晶格中，生成 LiMnO₂。在整个反应过程中，MnO₂ 的晶体结构不会发生改变，保证了良好的循环稳定性。

锂锰电池的特点主要体现在以下几个方面：

(1) 工作电压较高且比较稳定，约为 2.9 V，是锌锰干电池的 2 倍。

(2) 能量密度较高，为铅酸电池的 5~7 倍，可达到 250 W·h·kg⁻¹ 和 500 W·h·L⁻¹以上。

(3) Mn 元素储量丰富、无毒、环境友好、价格低廉，在所有锂一次电池体系中成本最低，性价比较高。

(4) 工作温度范围宽(-20~50 ℃)，温度对放电容量影响较小。

(5) 电池自放电率低，MnO₂ 在 PC 和 DME 混合溶剂中的溶解度很小。

(6) 安全性能好，在储存和放电过程中无气体析出。

但锂锰电池的理论比容量较低，且在大电流密度下电化学极化严重，限制了锂锰电池更广泛的实际应用。

5. 嵌入型化合物正极材料的研究

锂金属电池的成功研制掀起了二次电池的研究热潮。如何提高锂电池的反应可逆性成为学术研究及商业化发展的关键。锂金属电池由于能量密度高而迅速被广泛应用于多个领域，如手表、可植入医学仪器及计算器等，但这类电池的可逆性较差，难以反复使用。人们经过不断地深入探索，发现众多无机物与碱金属之间的反应具有良好的可逆性。20 世纪 60 年代末，美国贝尔实验室的布罗德黑德(Broadhead)等发现，在二硫化物的层间结构中嵌入碘或硫时，在放电程度较低的条件下可实现电池良好的可逆性。此外，他们还对碱金属离子嵌入石墨晶格的反应进行了研究，证明石墨用于二次电池具有一定的可行性。此类化合物的特殊层状结构对锂二次电池的发展起到了极为关键的作用。

　　1972 年，斯蒂尔(Steel)与阿曼德(Armand)等提出了"电化学嵌入"概念(图 1.7)。随着嵌入化合物研究的不断深入，在该类化合物中寻找具有应用价值的目标电极材料尤为明确。美国埃克森美孚公司研究人员发现，水合碱金属离子可嵌入二硫化钽(TaS_2)中，并生成稳定的放电产物。这一系列研究表明，层状二硫化物作为锂二次电池的正极活性材料具有非常好的应用前景。其中，二硫化钛(TiS_2)以其优异的电化学性能得到了研究者的青睐。同年，埃克森美孚公司设计出了一种以 TiS_2 为正极、锂金属为负极、$LiClO_4$/二噁茂烷为电解质的电池体系。该电池表现出良好的电化学性能，可实现接近 1000 次的深度充放电循环，每次循环容量损失低于 0.05%。

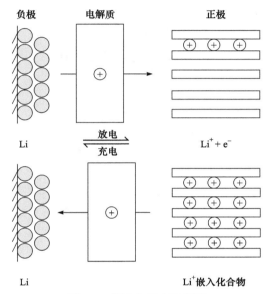

图 1.7　锂嵌入反应示意图

　　尽管锂金属电池表现出优异的电化学性能，但同时存在很大的安全隐患。充电过程中，电沉积速率在电极表面存在差异，造成锂的不均匀沉积，形成树枝状锂晶体(图 1.8)。当锂枝晶生长到一定程度时就会折断，产生"死锂"，这是造成锂不可逆的主要因素之一，导致电池实际充放电容量不断降低。同时，锂枝晶的存在也可能刺穿隔膜，造成电池内部短路，从而诱发热失控和安全事故。

图 1.8　枝晶形成过程示意图

　　20 世纪 70 年代末，埃克森美孚公司研究人员对锂铝合金电极进行了研究。1977～1979 年，埃克森美孚公司以锂合金为负极，推出了扣式锂合金二次电池，主要用于手表和小型设备。1979 年，埃克森美孚公司在芝加哥展示了以 TiS_2 为正极材料的大型锂单电池体系，但出于安全考虑，该锂二次电池体系未能实现商品化。1983 年，Peled 等提出固体电解质界面(solid electrolyte interphase，SEI)膜模型。这层薄膜形成于首次充放电循环过程中，它的性质(电极与电解质的界面性质)直接影响锂电池的可逆性与循环寿命等。20 世纪 80 年代，研究人员采用多种方式对界面进行改性，包括引入新电解质组分，在电解质中加入添加剂与净化剂，利用机械手段加工电极表面，试图通过改变电极表面的物理性质抑制锂枝晶的生长，提升电池的循环性能和安全性。20 世纪 80 年代末，加拿大 Moil Energy 公司首次向市场推出了以金属锂为负极的 $Li-MnO_2$ 二次电池，第一块商品化锂二次电池终于诞生(图 1.9)。

图 1.9　第一块商品化锂二次电池

6. 锂离子电池的诞生和发展历程

各种改良方案对锂金属电池性能的提升并不明显，使得锂金属二次电池的研究停滞不前。研究人员选择了一种颠覆性方案：抛弃锂金属，采用低插锂电势的 $Li_yM_nY_m$ 层间化合物代替锂负极，选择高插锂电势嵌锂化合物作正极，组成没有金属锂的锂离子电池。在充放电过程中，锂离子可以在正、负极之间可逆地嵌入和脱出，这种电池被形象地称为摇椅式电池(rocking chair battery，RCB)。摇椅式电池的概念最早由阿曼德提出。20 世纪 70 年代初，阿曼德就开始了对石墨嵌入化合物的研究，并于 1977 年将嵌锂石墨化合物申请专利。1980 年，阿曼德提出摇椅式电池概念，这种锂二次电池的正、负极均由嵌入化合物组成。对于这种方案的锂二次电池，其商业化需要解决三个重要问题：一是找到合适的嵌锂正极材料；二是找到适用的嵌锂负极材料；三是找到可以在负极表面形成稳定界面的电解质。经过近 10 年的研究，1991 年日本索尼公司首先将这种摇椅式电池商品化(图 1.10)，他们把这项技术命名为锂离子电池技术。

20 世纪 70 年代末，墨菲(Murphy)等的研究表明，V_6O_{13} 的类似氧化物同样具有优异的电化学特性，这为后来尖晶石类嵌入型化合物的研究奠定了基础。在不断深入研究的

图 1.10　具有不同容量的锂离子电池

过程中，研究人员发现 LiMO$_2$(M 代表 Co、Ni、Mn)族化合物具有与 LiTiS$_2$ 类似的斜方六面体结构，锂离子可在其中嵌入与脱嵌。1980 年，水岛(Mizushima)和古迪纳夫(Goodenough)提出 LiCoO$_2$ 或 LiNiO$_2$ 可能是一类具有高应用价值的材料，但由于当时有机电解质在高工作电压时易分解，该工作没有得到足够的重视和发展。随着碳酸酯类电解质的不断发现和应用，具有较高反应电势的 LiCoO$_2$ 正极材料在锂离子电池中具有良好的可逆性，成为商业锂离子电池正极材料的首选。随后，古迪纳夫等深入研究了含锂金属氧化物 LiCoO$_2$，发现层状结构的 LiCoO$_2$ 材料具有很高的理论比容量(高达 274 mA·h·g^{-1})，但并不是所有的 Li$^+$ 都能够可逆地嵌入和脱出，当 Li$^+$ 脱出过多时会破坏结构的稳定性，引起材料结构坍塌。古迪纳夫改进了材料结构，使 LiCoO$_2$ 材料中超过半数的 Li$^+$ 可以可逆地嵌入和脱出，LiCoO$_2$ 材料的可逆比容量达到 140 mA·h·g^{-1} 以上。同期，吉野彰(Yoshino)等以 LiCoO$_2$ 为正极，石墨材料为负极，研发出最早的锂离子电池模型。这种锂离子电池采用石墨材料作为负极，避免了金属锂负极中锂枝晶的产生，因此极大地提高了可充电锂离子电池的安全性。与 LiCoO$_2$ 相比，LiNiO$_2$ 具有更高的比容量，且成本更低，但 LiNiO$_2$ 合成困难、热稳定性差，且 Ni 的溶出造成容量衰减快，因此未能应用在商用电池中。LiMnO$_2$ 具有与钴、镍相仿的理论比容量，但其在循环过程中容易发生结构变化，稳定性较差，无法直接用作电极材料。

1982 年，阿加瓦尔(Agarwal)和塞尔曼(Selman)等发现锂离子可以在石墨中进行快速的可逆嵌入和脱出，与采用金属锂为负极制成的锂电池相比，其安全性大大提高。贝尔实验室利用锂离子在石墨中可逆脱嵌的特性，成功制得了首个可充电的锂离子电池。

1983 年，撒克里(Thackeray)和古迪纳夫等发现尖晶石锰酸锂(LiMn$_2$O$_4$)是一种优良的锂离子电池正极材料。尖晶石锰酸锂结构稳定、分解温度高，且氧化性远低于钴酸锂，在短路、过充电状态下，也能够避免燃烧、爆炸的危险。尖晶石锰酸锂具有成本低廉、耐过充性能好、操作电压高、热稳定性高等优点，是一种研究和应用广泛的正极材料。但这种材料的比容量稍低，对其性能的改进成为研究热点。此外，尖晶石锰酸锂在高温下的循环性能差，不能用于高温下工作的电池体系。

　　20 世纪 80 年代末至 90 年代初，科学家发现当使用具有石墨结构的碳材料取代金属锂作为负极、锂与过渡金属氧化物如钴酸锂($LiCoO_2$)作为正极时，能够成功解决以金属锂或其合金为负极的锂二次电池存在的安全隐患，并且其能量密度高于以前的可充电电池。同时，由于金属锂与石墨形成插入化合物 LiC_6 的电势较低，与金属锂沉积电势相差不到 0.5 V，因此石墨作为负极使电池电压损失较小，可有效提高电池的能量密度。在充电过程中，锂离子从正极脱出后插入石墨的层状结构中；放电时相反，锂离子从层状结构中脱出后再嵌入正极材料中，该过程具有良好的可逆性，因此由石墨组成的锂二次电池体系的循环性能优异。另外，碳材料具有价格低、无毒的优点，且处于放电状态时在空气中比较稳定，一方面可避免使用活泼性高的金属锂，从而避免可能发生的安全事故；另一方面避免锂枝晶的生成，明显提高了锂二次电池的循环寿命，从根本上解决了安全问题。1991 年，日本索尼公司首次实现了锂二次电池的商业化，负极活性材料为碳材料，正极活性材料为含锂化合物。该二次电池不使用金属锂作电极，在充放电过程中，只有锂离子在正、负极之间迁移。随后，锂离子电池广泛应用于各类电子设备，革新了消费电子产品的面貌。此类以钴酸锂作为正极材料的电池放电电压较高，电化学循环性能优异，至今仍广泛用于各类便携式电子设备。

　　在短短的 10 多年中，锂离子电池就以其他二次电池难以比拟的优点，受到了世界各国的青睐，进入快速发展时期。自 1993 年正式投入市场以来，锂离子电池的性能得到不断优化，是目前发展最为迅速的一类二次电池。1995 年发明的聚合物锂离子电池(PLIB)以聚合物固体电解质代替液体电解质，是锂离子电池的一个重大进步。聚合物锂离子电池具有能量密度高、安全性好、加工容易等优点，而且由于其特殊的电解质状态，聚合物锂离子电池可以做成全塑结构，从而使超薄和自由度大的电池制造成为现实。1996 年，Padhi 和古迪纳夫发现了具有橄榄石结构的磷酸盐，如磷酸铁锂($LiFePO_4$)等，这种材料具有比传统正极材料更高的安全性，其耐高温和耐过充电性能都比传统锂离子电池材料有极大的提升，在高功率密度锂电池正极材料方面具有广泛的应用前景。1999 年，聚合物锂离子电池实现了商业化量产，标志着锂离子电池的发展进入一个新时期。

　　现阶段，锂离子电池已经成为电动汽车及其他储能设备中最重要的动力源，其经历了三代技术发展过程(钴酸锂正极为第一代，锰酸锂和磷酸铁锂为第二代，三元技术为第三代)。随着正负极材料向更高容量和更安全的方向发展，更高能量密度的电芯技术正在从实验室走向产业化(表 1.1)，应用场景更加丰富多样，为未来提供更便捷、清洁、安全、智能的能源。

表 1.1　锂二次电池的发展历程

时间	电池组成的发展			电池体系举例
	负极	正极	电解质	
1958 年	—	—	有机电解质	—
20 世纪 70 年代	1. 金属锂 2. 锂合金(LiAl、LiSi、LiB 等)	1. 过渡金属硫化物(TiS$_2$、MoS$_2$、FeS、FeS$_2$ 等) 2. 过渡金属氧化物(V$_2$O$_5$、V$_6$O$_{13}$ 等) 3. 液体正极(SO$_2$ 等)	1. 液体有机电解质 2. 固体无机物电解质(LiN$_3$)	Li/LE/TiS$_2$ Li/SO$_2$
20 世纪 80 年代	1. 锂的嵌入物(LiWO$_2$) 2. 锂的碳化物(LiC$_{12}$ 等)(焦炭)	1. 聚合物正极 2. FeS$_2$ 正极 3. 硒化物(NbSe$_3$) 4. 放电态正极(LiCoO$_2$、LiNiO$_2$)	1. 聚合物电解质 2. 增塑的聚合物电解质	锂/聚合物二次电池 Li/LE/MoS$_2$ Li/LE/NbSe$_3$ Li/LE/LiCoO$_2$ Li/PE/V$_2$O$_5$、V$_6$O$_{13}$ Li/LE/MnO$_2$
1990 年	锂的碳化物(石墨、LiC$_6$)	锂与过渡金属的复合氧化物，如尖晶石锰酸锂(LiMn$_2$O$_4$)	—	C/LE/LiCoO$_2$ C/LE/LiMn$_2$O$_4$
1994 年	无定形碳		水溶液电解质	水系锂电池
1995 年	—	镍酸锂	聚偏氟乙烯凝胶电解质	聚合物锂离子电池
1997 年	锡的氧化物	橄榄石型 LiFePO$_4$	—	—
1998 年	新型合金		纳米复合电介质	—
1999 年				凝胶锂离子电池的商品化
2000 年	纳米氧化物负极			—
2002 年				C/电解质/LiFePO$_4$
2008 年	掺杂导电聚合物			掺杂/嵌入复合机理的水系锂电池
2009 年/2010 年	—		碳酸丙烯酯(PC)或碳酸乙烯酯(EC)/水溶液电解质	充电式锂空气电池
2011 年			硫化物固态电解质	全固态锂离子电池
2014 年		富锂锰基氧化物		—
2017 年/2018 年		高镍三元正极材料		—

注：LE. 液体电解质；PE. 聚合物电解质。

　　综上所述，经过多年的努力和发展，新型化学电源不断出现，已有化学电源的性能也得到不断提升。2019 年，诺贝尔化学奖颁发给了锂离子电池领域的三位科学家古迪纳夫、惠廷厄姆和吉野彰，以表彰他们在锂离子电池研究方面做出的杰出贡献。锂离子电池的发明与应用将人们带入了一个更加清洁、便利、可持续发展的社会。他们的成就表明，化学电源的发展与科学技术的更新、社会的进步和人类文明程度的提高是分不开的。

随着科学技术的发展，各种新型电极材料的开发与应用研究日益增加，促进了各种高能或新型化学电源的不断涌现，如锂系电池和镍系电池等。锂离子电池的快速发展也提升了传统铅酸电池和锌锰电池等的性能，拓宽了其在航空航天技术、深海技术、现代化通信技术和电动汽车等特殊场景的应用。这不仅为化学电源的研究指明了方向，也对电源性能提出了更高的要求，而这种高能或新型化学电源的发展最终也促进了各种高新技术的发展和社会的进步。可以预见，高性能化学电源也将影响人类未来的生活方式。

1.1.3　电池的未来发展趋势

电池技术起步较早，但初期技术发展缓慢，第二次世界大战后才进入快速发展时期，先后出现了碱性锌锰电池、镍镉电池等一系列代表性电池。1958 年哈里斯提出将有机电解质作为锂离子一次电池的电解质，但随后基于环保考虑，电池技术的研究重点转向了蓄电池、锂电池和燃料电池等。纵观电池的发展历史，当前世界电池工业发展具有以下三个特点：一是绿色环保型电池发展迅猛，包括锂离子电池、镍氢电池等；二是一次电池向二次电池转化，这符合能源与环境可持续发展需求；三是电池进一步向小、轻、薄方向发展，电池的能量密度不断提升。

在商品化可充电电池中，锂离子电池具有最高的能量密度，尤其是聚合物锂离子电池，可以实现可充电池的薄形化。锂离子电池近年来得到了快速发展，其体积能量密度和质量能量密度不断提高，具备当前电池工业发展的三大特点。电信产业与各类移动设备的迅猛发展，给锂离子电池带来了前所未有的市场机遇。而聚合物锂离子电池由于安全性高，将有望逐步取代液体电解质锂离子电池，成为目前研究的热点。因此，聚合物锂离子电池被誉为"21 世纪的电池"，将开辟二次电池的新时代，具有十分广阔的发展前景。

1. 燃料电池

燃料电池具有能量密度高、无需充电、使用时间长、噪声低、污染小等特点，适用于集中发电，可建造大、中型电站或区域性分散电站，还可用于分散电源、电动车等，因此发展迅速。根据电解质的不同，燃料电池可分为碱性燃料电池(AFC)、固体氧化物燃料电池(SOFC)、质子交换膜燃料电池(PEMFC)、熔融碳酸盐燃料电池(MCFC)、磷酸燃料电池(PAFC)五大类。随着生物技术和电子技术的不断发展，生物燃料电池、细菌燃料电池等新型燃料电池也相继被提出。

2. 铅酸电池

1859 年以来，铅酸电池历经了 160 多年的发展，无论在理论研究还是工业化生产等方面都取得了长足的进步。原料丰富、成本低廉、制造工艺成熟、性能稳定、安全性高等优势使铅酸电池在通信、电力及交通等各个领域得到了广泛应用。目前，铅酸电池在汽车起动、电动助力车、通信基站、工业叉车等诸多储能领域内仍占据主导地位。虽然在铅酸电池的研究方面取得了很大进展，但与锂电池、镍氢电池相比，铅酸电池仍存在一系列问题，如能量密度和功率密度低、循环寿命短、废旧铅酸电池回收困难等。近年来，经过技术改良和设备更新，发展出了诸多新型铅酸电池，如卷绕式电池、双极性电池、超级电池等，行业技术水平得到了很大程度的提升。目前，铅酸电池的能量密度可达 $35\sim45$ W·h·kg^{-1}，能量效率为 90%，在 80% 的深度循环条件下使用寿命约 400 次。同时，加强行业管理规范，建立先进完备的废旧铅酸电池回收体系也是铅酸电池发展的关键。

3. 镍氢电池

20 世纪 70 年代中期，镍氢电池首先由美国研制成功，具有功率大、质量轻、寿命长、成本低等优点，并于 1978 年成功应用于导航卫星。与镍镉电池相比，相同体积下镍氢电池的容量可提高 1 倍，而且能够避免重金属镉带来的环境污染问题，因此广泛应用于无绳电话、无绳吸尘器、个人护理产品、照明灯具、电动工具及电动汽车等领域。

镍氢电池具有与镍镉电池相同的工作电压，使用寿命相当，但镍氢电池具有更加良好的过充电和过放电性能。使用高压容器储存氢气给镍氢电池的存放和使用带来不便，通过不断研究和发展，可用金属氢化物储存氢气，从而制成了低压甚至常压镍氢电池。近年来，各种新技术层出不穷，镍氢电池受到世界各国研究者及商业应用领域的重视，镍氢电池得到了新一轮迅速发展。

4. 锂离子电池

2015 年 3 月，日本夏普公司与京都大学田中功教授成功研发出长寿命锂离子电池，可连续使用 70 年。这种电池的理论充放电次数可达 25 000 次，在实际充放电 10 000 次之后，其性能依旧稳定。为了进一步提升电池的性能，人们对多种材料进行了研究和改性，发展出多种新型锂离子电池，包括锂二氧化硫电池和锂亚硫酰氯电池等。它们的正极活性物质同时也是电解质的溶剂。这种电池结构只适用于非水溶液的电化学体系。因此，非水体系电化学理论也随着锂离子电池的研究得到了发展。

正极材料由于反应电势高，电化学反应困难，其容量和循环性能是制约锂离子电池性能的主要因素。目前正极材料主要包括以下几种：$LiCoO_2$(LCO)、尖晶石 $LiMn_2O_4$(LMO)、橄榄石型 $LiFePO_4$(LFP)等。过渡金属氧化物和聚阴离子化合物具有较高的工作电压(平均电压 $3\sim5$ V)和储锂比容量($100\sim200$ mA·h·g^{-1})，成为目前研究最为广泛的正极材料。

1) 钴酸锂

钴酸锂($LiCoO_2$)正极材料由古迪纳夫首次提出，日本索尼公司将其成功商业化。$LiCoO_2$ 具有比容量高、电压高、自放电率低及循环性能良好等优点，至今仍广泛应用。其主要的缺点是成本高、热稳定性差、高倍率和深循环的容量衰减严重。成本高主要是由 Co 元素价格高引起的。热稳定性差是指在 150 ℃下正极材料 $LiCoO_2$ 结构容易被破坏，释放出大量的热，致使电池热失控乃至起火爆炸。电池的设计和尺寸等非材料因素也对电池稳定性有重要影响，由于释放的氧和有机材料之间的放热反应，$LiCoO_2$ 通常在超过 200 ℃出现热失控。深循环(脱锂电势 4.2 V 以上，大约 50% 以上的 Li 脱出)导致晶格畸变，从而使循环性能恶化。

对 $LiCoO_2$ 的改性主要包括两个方面：一是使用多种不同金属(如 Mn、Al、Fe、Cr

等)作为钴掺杂剂或部分替代进行研究，但对性能的提升有限；二是使用各种金属氧化物(如 ZrO_2、Al_2O_3、TiO_2、B_2O_3 等)涂层，此类氧化物具有较高的机械和化学稳定性，可以有效抑制 $LiCoO_2$ 在充放电过程中的结构变化以及与电解质的副反应，增强 $LiCoO_2$ 的稳定性，对深循环性能也有一定的改善作用(图 1.11)。

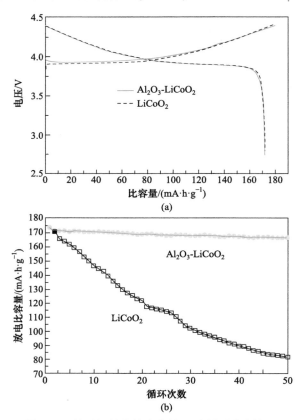

图 1.11　钴酸锂的充放电曲线(a)及循环稳定性(b)

2) 镍酸锂

镍酸锂($LiNiO_2$)具有与 $LiCoO_2$ 相同的晶体结构和理论比容量($275 \ mA \cdot h \cdot g^{-1}$)，如图 1.12 所示。与 $LiCoO_2$ 相比，$LiNiO_2$ 的成本低很多，但在 $LiNiO_2$ 的结构中易发生 Ni^{2+}/Li^+ 重排现象，导致在脱/嵌 Li^+ 的过程中堵塞 Li^+ 的扩散通道，因此 $LiNiO_2$ 比 $LiCoO_2$ 更容易造成热失控，存在更严重的安全隐患。为了解决这些问题，可以通过 Mg 掺杂 $LiNiO_2$，提高其在高充放电电压下的热稳定性；也可以通过添加少量 Al 形成 Al_2O_3 涂层，提高其热稳定性和电化学性能。

3) 镍钴铝酸锂

镍钴铝酸锂 $LiNi_{0.8}Co_{0.15}Al_{0.05}O_2$(NCA)目前已经被商业化，如日本松下电器公司为特斯拉(Tesla)开发的动力电池。其优点在于具有较高的比容量($200 \ mA \cdot h \cdot g^{-1}$)和更长的循环寿命。目前国内对 NCA 三元材料的研究还处于发展阶段。NCA 正极材料在高温($40 \sim 70 \ ℃$)下由于 SEI 膜和微裂纹的生长导致容量衰减，这是其失效的主要机制。另外，NCA

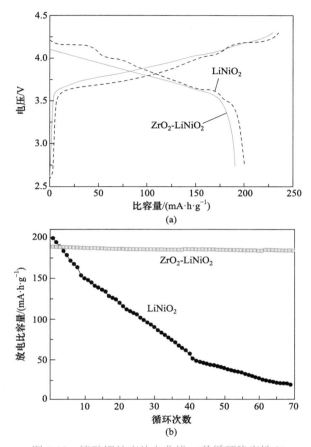

图 1.12 镍酸锂的充放电曲线(a)及循环稳定性(b)

三元材料从合成到电池生产对生产线的环境控制要求极为苛刻,这也对电池生产过程提出了较高的要求。

4) 锰酸锂

锰酸锂($LiMn_2O_4$)由于其高稳定性和较低成本优势也得到了广泛应用,但 Li^+ 脱出过程中,层状结构转变为尖晶石结构,同时伴随着 Mn 的溶解,因此材料循环性能较差。Mn^{3+} 发生歧化反应生成 Mn^{2+} 和 Mn^{4+},Mn^{2+} 溶解在电解质中对负极 SEI 膜造成破坏,伴随着含 Mn 电极的电池老化,电解质和负极中 Mn 的含量逐渐增加,导致石墨负极阻抗变大,严重影响电池性能。通常采用阳离子掺杂手段改善 $LiMn_2O_4$ 的高温循环稳定性。

5) 镍钴锰酸锂

镍钴锰酸锂($LiNi_{1/3}Co_{1/3}Mn_{1/3}O_2$)由于具有高比容量和高反应电势,成为现今锂离子电池正极材料研究的一大热点。与钴酸锂相比,$LiNi_{1/3}Co_{1/3}Mn_{1/3}O_2$ 具有以下显著优势:①成本低,由于含钴少,成本仅相当于钴酸锂的 1/4,且更加绿色环保;②循环稳定性高,电池循环使用寿命延长了 45%;③安全性高,安全工作温度可达 170 ℃,而钴酸锂仅为 130 ℃。另外,与 $LiNi_{1/3}Co_{1/3}Mn_{1/3}O_2$ 类似的高 Ni 三元材料($LiNi_{0.8}Co_{0.1}Mn_{0.1}O_2$)有更高的能量密度和功率密度(高 Ni 含量下更多的 Li 脱出而保持其结构稳定)。目前,常规

$LiNi_{0.5}Co_{0.2}Mn_{0.3}O_2$ 和 $LiNi_{0.6}Co_{0.2}Mn_{0.2}O_2$ 体系则是通过加入更多的 Mn 和 Co 来平衡安全和循环性能。

6) 聚阴离子型化合物

a. 磷酸铁锂

磷酸铁锂($LiFePO_4$)具有良好的热稳定性和功率性能,其主要缺点是工作电势较低和离子导电性较差。纳米化、碳包覆和金属掺杂是提高 $LiFePO_4$ 性能的主要方法,使用性能较好的导电剂也可提升其导电性。通常纳米化的 $LiFePO_4$ 电极材料压实密度低,因而限制了 $LiFePO_4$ 电池能量密度的提升。其他橄榄石结构如 $LiMnPO_4$ 等,平均电压比 $LiFePO_4$ 高 0.4 V,从而提高了其能量密度。

此外,$Li_3V_2(PO_4)_3$ 类聚阴离子型化合物具有相当高的工作电压(4.0 V)和比容量(197 $mA \cdot h \cdot g^{-1}$)。$Li_3V_2(PO_4)_3$/C 纳米复合材料在 5C 高倍率下表现出 95%的容量保持率,低温下也表现出比 $LiFePO_4$ 更好的性能。限制 $Li_3V_2(PO_4)_3$ 大规模应用的主要问题是:①合成成本高;②原材料的毒性对环境和人体伤害大;③高压下电解质的匹配难度大。

b. $LiFeSO_4F$

$LiFeSO_4F$(LFSF)具有 3.6 V 充放电平台和相对较高的理论比容量(151 $mA \cdot h \cdot g^{-1}$),同时具有比 $LiFePO_4$ 更好的离子/电子导电性和结构稳定性,因此无需进行碳涂层或颗粒纳米化,但低容量限制了其进一步商业化应用。

c. 金属氟化物和氯化物

金属氟化物(MF)和氯化物(MCl)由于具有较高的理论比容量,近年来也受到广泛关注和研究。然而,金属氟化物和氯化物在循环过程中通常存在电压滞后严重、体积膨胀、副反应多、活性材料溶解等问题。同时,大多数金属氟化物具有高度离子特性的金属卤键,产生大的带隙,从而具有较差的电子导电性,但它们的开放式结构可以保证良好的离子导电性。

d. 硫和硫化锂

硫具有 1675 $mA \cdot h \cdot g^{-1}$ 的理论比容量,同时具有价格低廉、储量丰富的优势。然而,当以硫为正极时,其电势低,电导率差,反应中间产物(多硫化物)在电解质中溶解,纯硫电极低温时干燥易导致硫损失,并且硫在充放电过程中大约有 80%的体积变化,会破坏碳复合材料与电极之间的接触,造成电池失效。采用渗透和化学沉淀浸渍的方法,将硫包覆在具有过量内部空隙(聚乙烯吡咯烷酮、碳和 TiO_2 等材料)的中空结构中,可减轻溶解和体积膨胀产生的影响。例如,为了避免充放电过程中的电池膨胀,防止电极制备时硫蒸发,可利用 Li_2S 具有高熔点的特性,将硫电极制成碳包覆 Li_2S 的形式,电池在循环 400 次后依然保持良好的稳定性。

电解质的修饰改性也是改善多硫化物溶解的一种方法。在充放电循环过程中,$LiNO_3$ 和 P_2S_5 添加剂可在 Li 金属表面分解形成良好的 SEI 膜,防止多硫化物的还原和沉积,从而提升电池性能。使用固态电解质是最好的办法,既可以防止多硫化物的溶解,又避免了锂枝晶短路,增强了电池安全性。

电池发展至今,性能、安全、体积、环保等方面都已经取得了长足的进步,但相对于便携式电子设备的飞速发展,电池发展却远远不够,亟待开发具备高耐用性、轻薄性、环保性的电池。随着人们对二次电池电极材料、电解质及结构的不断改进，已发展出了能量密度较高、循环性能较好的电极材料。尤其是进入 21 世纪以来，二次电池得到飞速发展，但用电设备的发展对二次电池高容量和大电流放电又提出了更高的要求。因此，未来二次电池的发展仍然任重道远。

1.2 电池种类

电池种类繁多，分类方法也大不相同，目前通用的分类方法如表 1.2 所示。

表 1.2 电池的分类

电池种类	电池组成				
	正极	负极	电解质	电压窗口	特点
一次电池					
锌锰电池	MnO_2	Zn	碱性：NaOH、KOH 溶液 酸性：$ZnCl_2$、NH_4Cl 溶液	碱性：1.5 V 酸性：1.55~1.7 V	—
锂金属电池	MnO_2	Li	有机电解质	3.6 V	
锌银电池	Ag_2O	Zn	KOH 溶液	1.6 V	体积小、质量轻、容量大
锌空气电池	空气/O_2	Zn	NH_4Cl 或 NaOH 溶液	1.4 V	
二次电池					
可充碱锰电池	MnOOH	Zn	NaOH、KOH 溶液	1.5 V	容量大，自放电率低，可反复循环
镍镉电池	NiOOH	Cd	NaOH、KOH 溶液	1.2 V	使用寿命长，内阻小，具有高倍率性能
镍氢电池	NiOOH	金属氢化物	$6 \ mol \cdot L^{-1}$ KOH 溶液	1.2~1.3 V	能量密度高，无枝晶，无记忆效应
铅酸电池	PbO_2	Pb	H_2SO_4 溶液	2.0 V	
锂离子电池	层状氧化物/硫化物，$LiFePO_4$	石墨	有机电解质或固态/胶态高分子电解质	3.0~4.0 V	
钠离子电池	层状过渡金属氧化物，聚阴离子型化合物	硬碳，石墨，合金，钛基氧化物	有机电解质	2.5~3.8 V	
锂/钠空气电池	O_2	Li/Na	醚类有机电解质	2.9/1.9 V	

第一类，按电解质的种类划分，包括：①酸性电池，主要以硫酸水溶液为介质的电池，如锌锰电池、海水电池等；②碱性电池，主要以氢氧化钾溶液为电解质的电池，如

碱性锌锰电池、镍镉电池、镍氢电池等；③有机电解质电池，主要以有机溶液为电解质的电池，如锂金属电池、锂离子电池、钠离子电池等。

第二类，按工作性质和储存方式划分，包括：①一次电池，又称原电池或干电池，即放电后不能再充电的电池，如锌锰电池、锂金属电池等；②二次电池，又称蓄电池，即可充电电池，充放电后能反复多次循环使用，如镍氢电池、镍镉电池、铅酸电池、锂离子电池等；③燃料电池，又称连续电池，即将活性材料连续注入电池，使其连续放电的电池，如氢氧燃料电池等。

第三类，按电池所用正、负极材料划分，包括：①镍系列电池，如镍镉电池、镍氢电池等；②锌系列电池，如锌锰电池、锌银电池等；③二氧化锰系列电池，如锌锰电池、碱锰电池等；④铅系列电池，如铅酸电池等；⑤锂系列电池，如锂离子电池、锂锰电池等；⑥空气系列电池，如锂空气电池、钠空气电池、锌空气电池等。

1.2.1 一次电池

一次电池即原电池(俗称干电池)，主要包括锌锰电池、锌银电池、锌空气电池、锂金属电池等，其放电后不能通过充电使其复原，通常由正极、负极、电解质、容器及隔膜等组成。这种电池是一次性电池，放电后电池不能重复使用。这类电池不能再充电的原因主要有两个：一是电池反应本身为不可逆反应，二是条件限制使可逆反应很难进行。例如

锌锰电池：$Zn|NH_4Cl\text{-}ZnCl_2|MnO_2(C)$

锌汞电池：$Zn|KOH|HgO$

锌银电池：$Zn|KOH|Ag_2O$

与二次电池相比，一次电池具有以下特点：①从电池结构上看，二次电池在放电时电极体积和结构会发生可逆变化，而一次电池内部构造简单，不能进行上述可逆变化；②一次电池的质量比容量和体积比容量均大于普通二次电池，但电池内阻比二次电池大，因此其大电流放电性能差；③一次电池的自放电率远低于二次电池；④一次电池只可放电一次，如碱性电池和碳性电池。

1.2.2 二次电池

二次电池又称蓄电池，这种电池放电后活性物质经充电能够复原，从而再次放电，是一类可循环使用的电池。这类电池实际上是一个化学能量储存装置，充电时电能转化为化学能储存在电池中，放电时化学能再转化为电能，供用电器使用，从而实现能量的转化和存储。二次电池主要包括以下几种：铅酸电池、镍镉电池、镍氢电池、钠硫电池等。

铅酸电池：$Pb|H_2SO_4|PbO_2$

镍镉电池：$Cd|KOH|NiOOH$

镍氢电池：$MH|KOH|NiOOH$

锂离子电池：$C|$有机溶剂$|LiCoO_2$

锌空气电池：$Zn|KOH|O_2(空气)$

铅酸电池和镍镉电池是二次电池的两种主要类型，虽然它们的理论质量能量密度在目前所有的商业化电池中处于较低水平，但是由于它们能反复充放电，因而深受人们的

欢迎。相关资料表明，在相当长的一段时间内铅酸电池产量占电池总产量的 90%，足见其重要性。

1.3 电池工作

在化学电池中，化学能经过自发氧化还原反应直接转化为电能，这种反应分别在正、负极上进行。通常负极活性物质由电势较低的还原剂组成，而正极活性物质由电势较高的氧化剂组成，并且这两种活性物质都需要在电解质中稳定存在。放电时，正极发生还原反应，负极发生氧化反应，化学能转化为电能释放出来；充电过程则正好相反。这种循环可逆的充放电过程实现了能量的储存和利用。

化学电源都涉及化学反应，但不是所有的化学反应都能产生电流。一个化学反应要转变为能够产生电流的电池，必须具备以下几点：

(1) 该反应是氧化还原反应，或者在整个反应过程中经历了氧化还原作用。正、负极反应是隔开的，分别在两个不同的区域进行，这是与一般氧化还原反应的最大区别。

(2) 进行氧化还原反应时，离子在电池内部迁移，电子只能通过外电路传输，这是区别于金属腐蚀过程中的微电池短路原电池反应的显著特点。

(3) 反应必须是自发进行的。理论上，只要把能够发生氧化反应的电对设计成负极，能够发生还原反应的电对设计成正极，任何一个氧化还原反应都可以设计成电池。但是，电池反应能否进行以及进行的快慢是由反应体系的热力学和动力学性质决定的。

(4) 两电极间必须有离子导电性的电解质，以供电池内部离子导电。

满足上述条件就能构成电池，但这不是实际使用的电池。实际使用的电池除了需要具备上述条件外，还应该具有电动势较高、质量比容量或体积比容量大、放电时电压降低随时间变化较小、电池体系储存性能好、维护方便、生产成本低等特点。二次电池还应具备充放电效率高、充放电反应可逆性好、循环寿命长等优势。但从实际应用来说，几乎没有任何电池能够同时满足上述各项要求，通常是从其用途考虑，降低对某些方面的要求。

1.3.1 放电

放电时，负极活性材料失去电子，并伴随金属离子产生，生成的金属离子经过电解质迁移到正极，电子传输给外电路，自身则通过电化学反应被氧化。正极活性材料接受电子和金属离子，自身通过电化学反应被还原。正极活性材料能嵌入的金属离子或负极活性材料能脱出的金属离子越多，放电容量越高。

1.3.2 充电

同理，当电池进行充电时，正极活性材料失去电子，将电子传输给外电路，并释放金属离子，自身则通过电化学反应被氧化。负极活性材料接受电子和金属离子，自身通过电化学反应被还原。负极活性材料能嵌入的金属离子或正极活性材料能脱出的金属离子越多，充电容量越高。

在锂离子电池充放电过程中，锂离子处于正极→负极→正极的运动状态。如果把锂离子电池形象地比喻为一把摇椅，摇椅的两端分别为电池的正、负极，而锂离子在两端之间往复运动，其工作原理如图 1.13 所示。反应方程式如下：

负极反应：$$C + xLi^+ + xe^- \underset{\text{放电}}{\overset{\text{充电}}{\rightleftharpoons}} Li_xC \tag{1.4}$$

正极反应：$$LiMO_2 \underset{\text{放电}}{\overset{\text{充电}}{\rightleftharpoons}} Li_{1-x}MO_2 + xLi^+ + xe^- \tag{1.5}$$

总反应：$$LiMO_2 + C \underset{\text{放电}}{\overset{\text{充电}}{\rightleftharpoons}} Li_{1-x}MO_2 + Li_xC \tag{1.6}$$

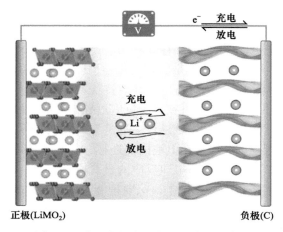

图 1.13　商业化锂离子电池充放电示意图

除了锂离子电池是基于嵌入/脱出机理外，其他各种金属离子电池都涉及金属的电解和电沉积过程。

思　考　题

1. 电池的主要组成部分是什么？各部分的选择依据是什么？
2. 选择电解质时应考虑哪几个主要因素？
3. 与干电池相比，湿电池的结构特征是什么？有哪些优缺点？
4. 试简述 19 世纪化学电源发展中的几个关键性电池技术。
5. 锂电池属于哪一类电池，其有何优点？研究锂电池主要为了解决什么问题？
6. 试从电极材料及电解质等方面简述锂离子电池的发展历程。
7. 试从技术要求及发展方向等方面，结合自己的理解谈谈二次电池未来的发展前景。
8. 电池可分为多种类型，试根据不同的分类方式对电池进行分类。
9. 一次电池和二次电池的区别是什么？燃料电池与一次电池和二次电池相比有哪些优缺点？燃料电池的主要用途有哪些？
10. 电池是如何工作的？如何使电池高效地工作？
11. 电池充放电过程中离子和电荷是如何转移的？试以锂离子电池为例，写出反应方程式，并计算出正、负极反应电势及电池的电压。
12. 结合所学知识，设计一种离子电池，写出电池组成，并阐述设计合理性。

第 2 章　电池的化学与物理原理

电池是将化学能转化为电能的装置，是电化学领域的重要应用之一。本章首先介绍电化学基础知识，从物理化学的角度深刻认识电化学体系中的反应原理。在此基础上，介绍二次电池的基本概念和术语，为后续章节的学习打下基础。

2.1　电　化　学

2.1.1　电化学的研究内容及研究对象

电化学(electrochemistry)是物理化学中的一个重要分支学科。电化学是研究电能和化学能之间相互转化及转化过程中相关规律的科学。电能和化学能之间的转化有两种方式：①体系内自发发生化学变化时，化学能转化为电能，并通过原电池(primary cell)完成；②在外加电压作用下，体系内发生化学变化，电能转化为化学能，借助电解池(electrolytic cell)完成。

从以下三种导电回路的导电机理进一步理解电化学领域的研究对象。

1. 电子导电回路

电子导电回路是电工学和电子学研究的对象。图 2.1 是一种简单的电子导电回路，暂不考虑电源内部的导电机理。在外电路部分，电流 I 从电源 E 的正极流向负极。电流经过负载时，一部分电能转化为热能，灯丝受热发光。回路中形成电流的载流子(可运动输运电流的带电粒子，如电子、带电离子等)是自由电子。凡是依靠物体内部自由电子定向移动而导电的导体称为电子导体，也称为第一类导体。这一类导体的载流子为自由电子

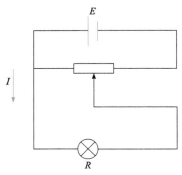

图 2.1　电子导电回路

或空穴,如金属、合金、石墨及某些固态金属化合物都是常见的电子导体。图 2.1 中的外电路是由第一类导体(导线、灯丝)串联组成的,称为电子导电回路。

2. 电解池

图 2.2 为电解池的结构,E 为电源,负载则为电解池 R。同样,在外电路中,电流从电源 E 的正极经电解池流向电源 E 的负极。在金属导线内,载流子是自由电子。在电解池中,由于自由电子不能在溶液中独立存在,因而来自金属导体的自由电子不能经过电解池的溶液直接传导,而是依靠正、负离子的定向移动传递电荷,即载流子是正、负离子。凡是依靠物体内的离子运动导电的导体称为离子导体,也称为第二类导体,如各种电解质溶液、熔融态电解质和固体电解质。由此可见,图 2.2 中的外电路是由第一类导体和第二类导体串联组成的电解池回路。

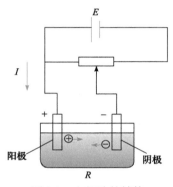

图 2.2　电解池的结构

以镀锌过程为例,在正极(锌板)上发生氧化反应:

$$Zn \longrightarrow Zn^{2+} + 2e^- \tag{2.1}$$

$$2OH^- \longrightarrow H_2O + \frac{1}{2}O_2 \uparrow + 2e^- \tag{2.2}$$

负离子 OH^- 通过氧化反应失去电子,并将电子传递给锌板,成为金属中的自由电子。在负极(镀件)上发生还原反应:

$$Zn^{2+} + 2e^- \longrightarrow Zn \tag{2.3}$$

$$2H^+ + 2e^- \longrightarrow H_2 \uparrow \tag{2.4}$$

正离子 Zn^{2+}、H^+ 从负极得到电子,发生还原反应。

这样,从外电源 E 的负极流出电子,阴极得到电子,发生还原反应呈负电荷状态,吸引溶液中的正离子向阴极移动,负离子向阳极移动,将负电荷传递到阳极。又经过氧化反应,将负电荷以电子形式传递给电极,极板上累积的自由电子经过导线流回电源 E 的正极。两类导体导电方式的转化是通过电极上的氧化还原反应实现的。

在电化学中,发生氧化反应(失电子)的电极称为阳极;发生还原反应(得电子)的电极称为阴极。电解池中的正极通常称为阳极，负极称为阴极。

3. 原电池

图 2.3 为原电池的结构，R 为负载，E 为电源。原电池内部通过离子导电，同时在负极和正极分别发生氧化反应和还原反应。与电解池不同的是，原电池中的电极氧化还原反应是自发的，而电解池中的氧化还原反应是由外电路中的电源 E 提供电能引发的。原电池发生氧化还原反应后为外电路中的负载提供电流，原电池实质上是一种电源。原电池阳极上因发生氧化反应而积累了电子，电势较负，是负极；阴极上则因发生还原反应而缺电子，电势较正，是正极。在外电路中，电子由阳极流向阴极，即电流从阴极(正极)流出，经过外电路流入阳极(负极)。整个原电池回路与电解池相似，也是由第一类导体和第二类导体串联组成的。

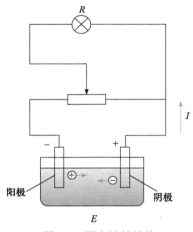

图 2.3　原电池的结构

在电子导电回路中，回路的各部分(除电源外)都是由第一类导体组成的，只有自由电子作为载流子。自由电子从一个相跨越相界面进入另一个相进行定向运动，在相界面上不发生任何化学反应。电解池和原电池回路由第一类导体(导线)和第二类导体(电解质溶液)串联组成。导电时，电荷的连续流动是在两类导体界面上依靠两种不同载流子之间的电荷转移实现的，即通过在电极与电解质界面上发生氧化还原反应，得失电子的同时伴随物质的变化。因此，电化学又定义为研究电子导电相(金属和半导体)和离子导电相(溶液、熔融盐和固体电解质)之间界面上所产生的各种界面效应，即伴随有电现象发生的化学反应的科学。电化学的研究对象包括第一类导体、第二类导体以及两类导体的界面性质与相关的界面反应。第一类导体属于物理学研究范畴，在电化学中只需引用它们所得出的结论；电解质溶液理论是第二类导体研究中最重要的组成部分，包括电解质的导电性质、离子的传输特性、参与反应离子的平衡性质等；两类导体的界面性质及其反应包括电极界面(电子导体-离子导体界面)和电化学界面(离子导体-离子导体界面)的平衡性质和非平衡性质研究，现代电化学研究侧重研究电化学界面结构与界面上的电化学及其动力学行为。电化学的研究内容如图 2.4 所示。

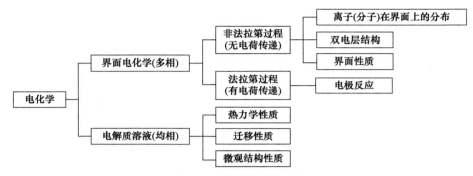

图 2.4　电化学的研究内容

　　电化学是一门交叉学科，它研究带电界面的性质，凡是与带电界面有关的学科都与电化学有关。电化学是多科际、具有重要应用背景和前景的学科。电化学领域中所运用的理论方法与技术应用越来越多地与其他学科和技术领域相互交叉、渗透，如图 2.5 所示。

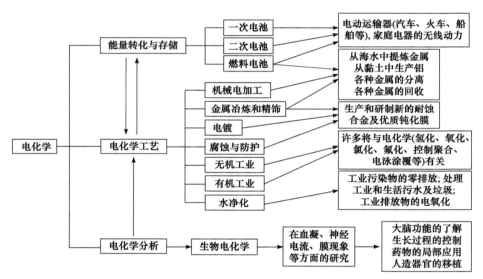

图 2.5　电化学的应用

2.1.2　电池的热力学原理

1. 可逆电化学过程的热力学

　　通过对一个体系的热力学研究可以知道一个化学反应在指定条件下可能进行的方向和达到的限度。电池是将化学能转化为电能的装置。如果一个化学反应设计在电池中进行，通过热力学研究能够计算出该电池对外电路所能提供的最大能量，这就是电化学热力学的主要研究内容。若所设计的电池反应是以热力学可逆的方式进行的，则称其为可逆电池，即电池是在平衡态或无限趋近于平衡态(电流趋于零)的情况下工作的。在等温等压条件下发生的一个电池反应，体系吉布斯(Gibbs)自由能的减少等于体系对外所做的最

大非体积功。公式为

$$\Delta_r G_{T,p} = W_{f,max}$$

如果非膨胀功只有电功，则上式又可写成

$$\Delta_r G_{T,p} = W_{f,max} = -nEF \tag{2.5}$$

式中，n 为电池输出电荷的物质的量(mol)；F 为法拉第(Faraday)常量(96 485 C·mol^{-1})。当电池反应进度 ξ =1 mol 时，吉布斯自由能的变化值可表示为

$$\Delta_r G_{m,T,p} = -nEF/\xi = -zEF \tag{2.6}$$

式中，z 为电极反应中电子的计量系数，是量纲一的量(单位为 1)；$\Delta_r G_{m,T,p}$ 的单位为 J·mol^{-1}。

根据电池反应的吉布斯自由能的变化可以计算电池的电动势和最大输出电功等。若参加电池反应的各物质都处于标准状态，则式(2.6)可写为

$$\Delta_r G_{m,T,p}^{\ominus} = -zE^{\ominus}F \tag{2.7}$$

已知 $\Delta_r G_{m,T,p}^{\ominus}$ 与反应平衡常数 $K_a^{\ominus}$ 的关系为

$$\Delta_r G_{m,T,p}^{\ominus} = -RT\ln K_a^{\ominus} \tag{2.8}$$

由式(2.7)和式(2.8)可得

$$E^{\ominus} = (RT/zF)\ln K_a^{\ominus} \tag{2.9}$$

标准电池电动势 $E^{\ominus}$ 的值可由电极电势表获得，通过式(2.9)可以计算电池反应的平衡常数 $K_a^{\ominus}$。

根据吉布斯-亥姆霍兹(Gibbs-Helmholtz)公式，将式(2.6)代入可得

$$-zFT\left(\frac{\partial E}{\partial T}\right)_p = -zEF - \Delta_r H_m$$

即

$$\Delta_r H_m = -zEF + zFT\left(\frac{\partial E}{\partial T}\right)_p \tag{2.10}$$

根据实验测得的电池电动势和温度系数 $\left(\frac{\partial E}{\partial T}\right)_p$，通过式(2.10)就可以求出电池放电反应的 $\Delta_r H_m$，即电池短路(直接发生化学反应，不做电功)时的热效应 Q_p。同时，由热力学第二定律的基本公式可知，在等温时，$\Delta_r H_m = \Delta_r G_m + T\Delta_r S_m$，与式(2.10)比较得

$$\Delta_r S_m = zF\left(\frac{\partial E}{\partial T}\right)_p \tag{2.11}$$

因此，从实验测得的电动势的温度系数，就可以计算电池反应的熵变。在等温情况下，可逆电池反应的热效应为

$$Q_R = T\Delta_r S_m = zFT\left(\frac{\partial E}{\partial T}\right)_p \tag{2.12}$$

从电池温度系数数值的正负,可以确定可逆电池在工作时是吸热还是放热。依据热力学第一定律,若体积功为零,电池反应的热力学能变化 $\Delta_r U_m$ 为

$$\Delta_r U_m = Q_R - W_{f,max} = zFT\left(\frac{\partial E}{\partial T}\right)_p - zEF \tag{2.13}$$

以上讨论的是可逆电池放电时的反应。对于等温、等压下发生的反应进度 $\xi = 1\ mol$ 的可逆电解反应,是环境对体系做电功,与上述推导过程类似,同样可以得到有关热力学函数的变化量和过程函数。

2. 不可逆电化学过程的热力学

以上介绍了可逆电化学过程的热力学,而实际发生的电化学过程都有一定的电流通过,因而电极反应是处于非平衡态的,实际发生的电化学过程基本上均为不可逆过程。在等温、等压下发生反应进度 $\xi = 1\ mol$ 的化学反应在不可逆电池中,体系状态函数的变化量 $\Delta_r G_m$、$\Delta_r S_m$、$\Delta_r H_m$ 和 $\Delta_r U_m$ 均与反应在相同始、末状态下在可逆电池中发生时相同,但过程函数 W 和 Q 却发生了变化。

对于电池实际放电过程,当放电时电池的端电压为 V 时,不可逆过程的电功 $W_{i,f}$ 可表示为

$$W_{i,f} = zVF \tag{2.14}$$

根据热力学第一定律,电池不可逆放电过程的热效应为

$$Q_i = \Delta_r U_m + W_{i,f} = zFT\left(\frac{\partial E}{\partial T}\right)_p - zF(V - E) \tag{2.15}$$

式(2.15)右边第一项表示的是电池可逆放电时产生的热效应,第二项表示的是由于电化学极化、浓差极化及电极和溶液电阻等引起的电压降的存在,过程克服电池内各种阻力而放出的热量。电池放电时放出的热量主要与放电条件有关,因此电池放电时必须注意放电条件的选择,以保证放出的热量不至于引起电池性能的显著变化。

对于等温、等压下发生的 $\xi = 1\ mol$ 的不可逆电解反应,环境对体系做电功,当施加在电解槽上的电压为 V 时,不可逆过程的电功 $W_{i,f}$ 可表示为

$$W_{i,f} = -zVF \tag{2.16}$$

不可逆电解过程的热效应为

$$Q_i = \Delta_r U_m + W_{i,f} = -zFT\left(\frac{\partial E}{\partial T}\right)_p + zF(E - V) \tag{2.17}$$

式(2.17)右边第一项表示的是可逆电解时体系吸收的热量,第二项表示的是克服电解过程各种阻力而放出的热量。对于实际发生的电解过程,体系从可逆电解时的吸收热量

变成不可逆电解时放出的热量。为了维持电化学反应在等温条件下进行，必须移走放出的热量。因此，必须注意与电化学反应相应的热交换器的选择。

2.1.3　电极电势与电池电动势

电极电势(electrode potential)与电池电动势是电化学中的基本概念。相界面的电势差是影响电化学反应的主要因素，电池电动势源于组成电池各部分界面的电势差。由于电动势的存在，当外界负载时，原电池对外做功，电解时外界对内(电解池)做功。

1. 电极电势的产生原理

电化学中的各种界面反应都是在电极-电解质界面上发生的，其中最常见的是电极-电解质溶液界面。凡是有两相界面的，均存在电势差。

把任意一种金属(如锌片)插入水中，由于水分子极性很大，它的负端与锌片中构成晶格的锌离子相互吸引，产生水合作用。结果一部分锌离子与金属中其他离子键的键合力减弱，甚至可以离开金属而进入与锌片表面接近的水层之中。金属因失去锌离子带负电荷，溶液中因含有锌离子带正电荷。这两种相反的电荷又彼此互相吸引，以致大多数锌离子聚集在锌片附近的水层而使溶液带正电，对金属离子有排斥作用，阻碍了金属的继续溶解。已经溶于水中的锌离子仍然可以再沉积到金属表面上。当金属的溶解速率等于离子的沉积速率时，电极达到动态平衡。

如果金属带负电荷，则溶液中金属附近的正离子被吸引并集中在金属表面附近，负离子则被金属排斥，以致它在金属附近的溶液中的浓度较低。结果金属附近的溶液所带的电荷与金属本身的电荷相反。这样电极表面上的电荷层与溶液中多余的相反电荷的离子层就形成了双电层(double electric layer)。由于离子的热运动，这些相反电荷的离子并不完全集中在金属表面的液层中，而逐渐扩散远离金属表面，溶液层中与金属靠得较紧密的一层称为紧密层(compact layer)，其余扩散到溶液中的称为扩散层(diffusion layer)。紧密层的厚度一般只有 0.1 nm 左右，而扩散层的厚度与溶液的浓度、金属的电荷及温度等有关，其变动范围通常为 $10^{-10}\sim10^{-6}$ m。双电层结构示意图如图 2.6 所示。

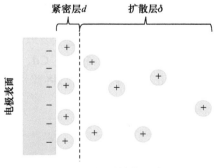

图 2.6　双电层结构示意图

若液体不是纯水，而是组成电极的金属盐溶液，由于金属离子从溶液沉积到电极表面的速率加快，这时双电层电势与纯水中的情况不同。若金属离子较容易进入溶液，则金属电极带负电，电势数值比在纯水中大；若金属离子不易进入溶液，溶液中的金属离子向电极表面沉积的速率较大，则金属电极带正电。

下面从化学势的角度讨论电极与溶液界面电势差的产生原理。金属晶格中有金属离子和能够自由移动的电子存在。将一种金属置于含有同种金属离子的溶液中，如将铜置于硫酸铜水溶液中，则有如下平衡：

$$Cu \rightleftharpoons Cu^{2+}(aq) + 2e^- \tag{2.18}$$

当金属开始与溶液接触时，铜离子在电极相与溶液相中的化学势不相等，铜离子从化学势较高的相转移到化学势较低的相中，即自发地发生铜离子在金属铜上沉积或金属铜溶于溶液中的化学反应。在该过程中生成或消耗电荷，同时伴随着在两相之间产生电势差。如果金属铜的化学势比溶液中的铜离子和金属中电子的化学势高，则金属将溶解，即在金属表面留下多余的电子，而靠近金属表面的溶液层将带有正电荷，即形成了双电层。反之，如果溶液中的铜离子和金属中电子的化学势高于金属本身的化学势，则金属铜在电极上沉积，并在界面区建立相反符号的电势差，阻碍铜离子的进一步沉积，如图 2.7 所示。无论哪一种情况，电极和溶液各相的电中性都被破坏，相间出现电势差。由于静电作用，这种金属离子间的相转移很快会停止，达到平衡状态，于是相间电势(金属和其他盐溶液间的电势)差趋于稳定。

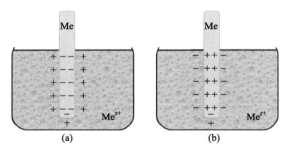

图 2.7　电极和溶液间的电势差起源于金属与电解质溶液的相边界形成的双电层

(a) $\mu_{Me^{z+}}$ (金属) $> \mu_{Me^{z+}}$ (溶液)；(b) $\mu_{Me^{z+}}$ (金属) $< \mu_{Me^{z+}}$ (溶液)

金属晶格由金属离子和自由电子组成，若要使金属离子脱离金属晶格，需要克服金属离子与晶格的结合力。金属表面带正电还是负电主要取决于晶格能和水合能的相对大小，若水合能大于晶格能，金属表面带负电，如 Zn、Cd、Mg、Fe 等；若水合能小于晶格能，金属表面带正电，如 Cu、Au、Pt 等。例如，将锌片插入硫酸锌溶液中，如图 2.8 所示。

2. 电池电动势的组成

构成电池的总电动势除了包含上述介绍的最基础的电极与电解质界面产生的电势差之外，还包含导线与电极之间的接触电势差以及由于不同的电解质溶液或同一电解质溶液但浓度不同而产生的液体接界电势差等。

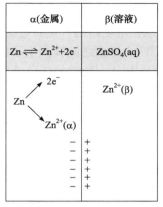

图 2.8　锌电极-硫酸锌界面电势差示意图
电子不能越过界面进入溶液

1) 接触电势

接触电势(contact potential)是指两种金属接触或用导线连接时，在界面上产生的电势差(图 2.9)。由于不同种类金属的自由电子逸出金属相的难易程度不同，一般以电子离开金属逸出到真空中所需的最低能量来衡量电子逸出金属的难易程度，这一能量称为电子逸出功(φ_e)。φ_e 高的金属，电子较难逸出。当两种金属接触时，φ_e 高的金属相的电子过剩，带负电荷；在 φ_e 低的金属相一侧缺少电子带正电。不同金属电子逸出功不同，相互接触时由于相互逸入的电子数目不相等，接触界面上的电子分布不均匀，由此产生的电势差就是接触电势($\varphi_{接触}$)。接触电势一般很小，可忽略不计。

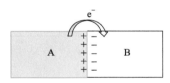

图 2.9　A、B 两种金属接触时在界面产生的电势差

2) 液体接界电势

在两种含有不同溶质的溶液或两种溶质相同而浓度不同的溶液界面上存在的电势差称为液体接界电势(liquid junction potential)或扩散电势。一般来说，液体接界电势较小，其数值不超过 30 mV。产生液体接界电势的原因是溶液中离子迁移速率不同。如图 2.10

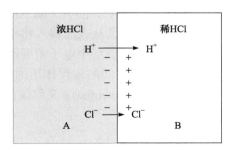

图 2.10　在不同浓度的 HCl 溶液界面处产生电势差

所示，在两种不同浓度的 HCl 溶液界面上，HCl 从浓度高的一侧向浓度低的一侧扩散，因为 H^+ 的迁移速率比 Cl^- 快，所以在浓度高的一侧有过剩的 Cl^- 而带负电，浓度低的一侧出现过剩的 H^+ 而带正电。这样，两个界面之间就产生了电势差。电势差的存在对界面两侧离子的迁移速率产生一定的调节作用，使 H^+ 的迁移速度减慢，Cl^- 的迁移速率加快，最后达到平衡状态。在稳定的电势下，两种离子以相同的速度通过界面，这个稳定的电势就是液体接界电势。

由扩散过程引起的液体接界电势是不可逆的。虽然液体接界电势比较小，但在电动势的精确测量中不容忽略。为了尽可能地减小液体接界电势，通常在两电解质溶液之间连接一个盐桥(salt bridge)。盐桥一般是在 U 形管中装入含有 3%琼脂的 KCl 饱和溶液。琼脂是一种固态凝胶，起到固定溶液的作用，不会妨碍电解质溶液的导电性。将盐桥置于两电解质溶液之间，则产生两个新的界面，在两个新界面处的扩散作用主要来自盐桥中的高浓度电解质(如 KCl 饱和溶液)，盐桥中的 K^+ 与 Cl^- 向外扩散。K^+ 与 Cl^- 的扩散速率相近，因此在界面处产生很小的液体接界电势，两个界面处的微小接界电势大小相等、方向相反，可以互相抵消，这样就大幅降低了液体接界电势(由 30 mV 降低至 1 mV)，如图 2.11 所示。

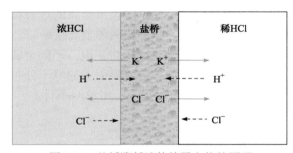

图 2.11　盐桥降低液体接界电势的原理

3) 电池电动势的组成

以上介绍了构成电池总电动势的几种电势差的形成原理。下面从物理学角度引入内电势的概念进一步理解电势和电势差的概念。

根据静电学，某一位置的电势 φ 是指把电荷 ze^- 从无穷远处移入一个实体相 α 内所做的电功。当把这一过程应用于电化学系统时，除了电化学作用之外，还应当考虑化学作用。该过程所做的功可以归纳为三部分：①单位电荷在真空中从无穷远处移到距离物体表面 10^{-4} cm 处所做的电功 $W_1 = ze\Psi$，Ψ 称为外电势(outer potential)或伏特电势，此时实验电荷与 α 相化学作用的短程力尚未开始；②从表面移入物相内部，由于液相中极性分子在带电物相表面定向形成偶极层或金属表面层中电子密度不同出现的偶极层，需要克服表面电势做的功 $W_2 = ze\chi$；③克服粒子之间的短程作用的化学功(这个功就是化学势 μ)。因此，物体内某一位置的内电势(inner potential) ϕ 又称伽伐尼电势，由外电势和表面电势两部分组成(图 2.12)，即

$$\phi = \Psi + \chi \tag{2.19}$$

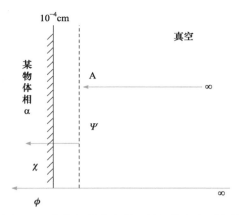

图 2.12　物体相的内电势、外电势和表面电势

在电化学中，电极与溶液界面间的电势差是由带电质点从一相内部转移至另一相内部过程所做的功来度量的，即电极体系中的电子导电相(如金属)相对于离子导电相(如电解质溶液)的内电势差(图 2.13)。

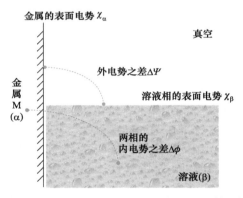

图 2.13　电极与电解质溶液间的内电势之差与外电势之差

两相界面的电势差可表示为

$$\Delta\phi = \phi_\alpha - \phi_\beta = (\Psi_\alpha + \chi_\alpha) - (\Psi_\beta + \chi_\beta) = (\Psi_\alpha - \Psi_\beta) + (\chi_\alpha - \chi_\beta) = \Delta\Psi + \Delta\chi = \pm\varphi \quad (2.20)$$

式中，$\Delta\Psi$ 为两相外电势之差，原则上是可以测量的。而表面电势差 $\Delta\chi$ 由于涉及化学作用，不能直接测量，因此内电势之差不能测量。另外，按照规定，相间电势与书写次序有关，即 $_\alpha\varphi_\beta = -_\beta\varphi_\alpha$。

对于一个电池，连接正极的金属引线与连接负极的相同金属引线之间的电势差称为电池电势，在电流为零时的电池电势称为电动势(electromotive force)。

$$E = \lim_{I \to 0}[\phi(正极引线) - \phi(负极引线)] \quad (2.21)$$

电池电动势等于组成电池的各个界面上所产生的电势差的代数和。以丹尼尔电池为例：

$$\overbrace{\hspace{6cm}}^{E}$$

(−)Cu|Zn|ZnSO₄(1mol·kg⁻¹)|CuSO₄(1mol·kg⁻¹)|Cu(+)

$$\Delta\phi(\text{Zn/Cu}) \quad \Delta\phi(\text{Zn}^{2+}/\text{Zn}) \quad \Delta\phi(\text{Cu}^{2+}/\text{Zn}^{2+}) \quad \Delta\phi(\text{Cu}^{2+}/\text{Cu})$$

$$\qquad 1 \qquad\qquad 2 \qquad\qquad\quad 3 \qquad\qquad\quad 4$$

1. 接触电势

2. φ_-

3. 液体接界电势

4. φ_+

$$\begin{aligned}
E &= \phi[\text{Cu}(+)] - \phi[\text{Cu}(-)] \\
&= \phi[\text{Cu}(+)] - \phi(\text{CuSO}_4) + \phi(\text{CuSO}_4) - \phi(\text{ZnSO}_4) \\
&\quad + \phi(\text{ZnSO}_4) - \phi(\text{Zn}) + \phi(\text{Zn}) - \phi[\text{Cu}(-)] \\
&= \Delta\phi_4 + \Delta\phi_3 + \Delta\phi_2 + \Delta\phi_1 = \sum_{i=1}^{4} \Delta\phi_i
\end{aligned} \tag{2.22}$$

若用盐桥除去液体接界电势，且 1 项中的接触电势相比于 2 和 3 很小，则电池电动势仅取决于两个半电池的电极-电解质溶液界面电势差，即

$$E \approx \Delta\phi(\text{Zn}^{2+}/\text{Zn}) + \Delta\phi(\text{Cu}^{2+}/\text{Cu}) = \varphi_+ - \varphi_- \tag{2.23}$$

3. 标准电极电势

到目前为止，单个电极的电极电势数值是无法测量的，因为任何用来测量该电势的装置将同时与这两相接触，探针与溶液相的任何接触都将导入第二个金属与溶液间的相边界，建立第二个平衡状态的电势差。在实际应用中，电极电势与焓、吉布斯自由能等一样，只需要知道它们的相对值而不必追究它们的绝对值。国际纯粹与应用化学联合会(IUPAC)规定，选择标准氢电极作为理想的标准电极。把镀有铂黑的铂片插入氢离子活度为 1 mol·L⁻¹ 的溶液中，通入标准压力的纯净氢气，并规定其电极电势为零。标准氢电极的示意图如图 2.14 所示。在固体物理等理论研究中，则采用无穷远处真空中电子电势为零作为参考点，这样给出的电极电势就是真空电子标准电极电势，氢标准电极电势比真空电子标准电极电势的值负(4.5±0.2)V。通常所说的某电极的"电极电势"实际上是相对电极电势(relative electrode potential)，以标准氢电极为参比电极。

$$E = \varphi_{待测} - \varphi^{\ominus}(\text{H}^+/\text{H}_2) = \varphi_{待测} - 0 = \varphi_{待测} \tag{2.24}$$

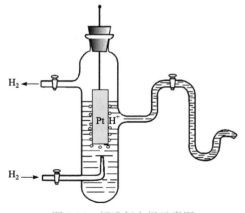

图 2.14 标准氢电极示意图

标准电极电势(standard electrode potential)是指参与电极反应的各物质均处于标准状态时的电极电势，其数值是相对于标准氢电极 $\varphi^{\ominus}(\text{H}^+/\text{H}_2)$ 而确定的。在 298.15 K、活度为 1 mol $\cdot$ L^{-1}、压力为标准压力条件下，常见物质的电极电势数据均可以在化学手册(如《兰氏化学手册》等)中查到。当溶液活度(或气体压力)不处在标准状态时，或者说在任意状态下的电极电势，可通过能斯特方程(Nernst equation)计算出来。对任一电极反应：

$$氧化态 + z\text{e}^- \longrightarrow 还原态$$

$$a_{\text{Ox}} + z\text{e}^- \longrightarrow a_{\text{R}}$$

$$E = E^{\ominus} - \frac{RT}{zF}\ln\frac{a_{\text{R}}}{a_{\text{Ox}}} \tag{2.25}$$

将式中常数项 $T = 298.15$ K、$R = 8.314$ J $\cdot$ K^{-1} $\cdot$ mol^{-1}，$F = 96\,485$ C $\cdot$ mol^{-1} 代入，式(2.25)改写为

$$E = E^{\ominus} - \frac{0.0591}{z}\lg\frac{a_{\text{R}}}{a_{\text{Ox}}}$$

能斯特方程反映了非标准电极电势和标准电极电势的关系。

标准氢电极能够快速可逆地达到平衡电势且重现性好，因此非常适合电极电势的测量。但在实际操作时存在一些缺点，如配制电解质溶液时，氢离子的活度必须非常准确，氢气必须纯化不含氧气，所用的铂电极必须经过铂黑化处理等，因此氢电极使用并不方便。为此，化学家设计了一种更容易制作、容易达到平衡电势且重现性更好的第二类参比电极。第二类参比电极中最重要的一类是金属离子电极，通过含有 M^{z+} 的难溶盐接触的溶液离子(X^{z-})浓度控制 M^{z+} 的活度。常用的第二类参比电极有银-氯化银电极、甘汞电极等。25 ℃下常用的参比电极如表 2.1 所示。

表 2.1　25 ℃下常用的参比电极

参比电极名称	内充液浓度	电极反应式	电势/V
Ag|AgCl|Cl⁻ (银-氯化银)	$a_{\text{Cl}^-} = 1$ mol $\cdot$ L^{-1}	$\text{AgCl} + \text{e}^- \longrightarrow \text{Ag} + \text{Cl}^-$	0.2224
	饱和 KCl		0.1976
	KCl ($c = 1.0$ mol $\cdot$ L^{-1})		0.2368
	KCl ($c = 0.1$ mol $\cdot$ L^{-1})		0.2894
Hg|Hg₂Cl₂|Cl⁻ (甘汞电极)	$a_{\text{Cl}^-} = 1$ mol $\cdot$ L^{-1}	$\text{Hg}_2\text{Cl}_2 + 2\text{e}^- \longrightarrow 2\text{Hg} + 2\text{Cl}^-$	0.2682
	饱和 KCl		0.2415
	KCl ($c = 1.0$ mol $\cdot$ L^{-1})		0.2807
	KCl ($c = 0.1$ mol $\cdot$ L^{-1})		0.3337
Pb|PbSO₄|SO₄²⁻	$a_{\text{SO}_4^{2-}} = 1$ mol $\cdot$ L^{-1}	$\text{PbSO}_4 + 2\text{e}^- \longrightarrow \text{Pb} + \text{SO}_4^{2-}$	−0.276
Hg|Hg₂SO₄|SO₄²⁻	$a_{\text{SO}_4^{2-}} = 1$ mol $\cdot$ L^{-1}	$\text{Hg}_2\text{SO}_4 + 2\text{e}^- \longrightarrow 2\text{Hg} + \text{SO}_4^{2-}$	0.6158
	H₂SO₄ ($c = 0.5$ mol $\cdot$ L^{-1})		0.682
	饱和 H₂SO₄		0.650

续表

参比电极名称	内充液浓度	电极反应式	电势/V
Hg|HgO|OH⁻	$a_{OH^-} = 1\,mol \cdot L^{-1}$	$HgO + H_2O + 2e^- \longrightarrow Hg + 2OH^-$	0.097
	NaOH $(c = 1.0\,mol \cdot L^{-1})$		0.140
	NaOH $(c = 0.1\,mol \cdot L^{-1})$		0.165

2.1.4 电极过程

在电化学中，电极过程是指发生在电极与溶液界面上的电极反应和电极附近液层中的传质作用等一系列变化的总和。无论是在原电池还是电解池中，整个电池体系的电化学反应过程至少包含阳极反应过程、阴极反应过程和反应物在溶液中的传递过程(液相传质过程)等三个部分。由于液相传质过程不涉及物质的化学变化，且对电化学反应过程有影响的主要是电极表面附近液层中的传质作用，因此在研究单个电极过程中，对溶液本体传质过程的研究并不多，主要研究阴极和阳极上发生的电极反应。电极过程动力学是专门研究电极反应的机理、速率及其影响因素的学科。

1. 电极过程中的液相传质过程

液相物质传递是指存在于溶液中的物质(可以是电活性的，也可以是非电活性的)从一个位置到另一个位置的运动。液相传质过程是整个电极过程中的一个重要环节，因为液相中的反应粒子需要通过液相传质，不断地向电极表面扩散，而电极反应产物又需要通过液相传质离开电极表面，只有这样，才能保证电极过程的连续性。引起液相传质过程的原因是两个位置上存在电势或化学势的差别，或是由于溶液体积单元的运动。液相物质传递过程有三种形式，即扩散(diffusion)、电迁移(electromigration)和对流(convection)。

(1) 扩散是指当溶液中某一组分的浓度差，即在不同区域内组分的浓度不同时，该组分将自发地从浓度高的区域向浓度低的区域移动。扩散过程可以分为非稳态扩散和稳态扩散两个阶段。当电极反应开始的瞬间，反应物扩散到电极表面的量不及电极反应消耗的量，这时电极附近溶液区域各位置上的浓度与距电极表面的距离和反应进行的时间有关，这种扩散称为非稳态扩散。随着反应的继续进行，在某一特定条件下，电极附近液层的某个位置上浓度不再随时间改变，仅是距离的函数，这种扩散称为稳态扩散。通常采用菲克(Fick)第一定律描述稳态扩散过程中时间 t、位置 x 处物质的流量和浓度的关系：

$$J(x,t) = -D\frac{\partial c(x,t)}{\partial x} \tag{2.26}$$

式中，D 为研究物质的扩散系数。

而对于非稳态扩散，物质扩散到电极表面，反应物质的量可以由菲克第二定律推导出，即

$$\frac{\partial c(x,t)}{\partial t} = D\nabla^2 c(x,t) \tag{2.27}$$

式中，∇^2 为拉普拉斯算符，等价于 $\partial^2/\partial x^2$。

(2) 电迁移是指电解质溶液中的带电粒子在电场作用下定向运动。电化学体系由阴极、阳极和电解质溶液组成。当有电流通过时，阴极和阳极之间形成电场。在电场作用下，电解质溶液中的阴离子定向地向阳极移动，而阳离子定向地向阴极移动。在远离电极表面的本体溶液中，浓度梯度通常很小，此时反应的总电流主要通过所有带电物质的电迁移来实现。电荷借助电解质溶液中的电迁移，达到传输电流的目的，因此电迁移是液相传质的一种重要方式。一个载流离子 j 在横截面积为 A 的线性物质传递体系中所贡献的电流

$$i_j = \frac{z_j^2 F^2 A D_j c_j}{RT} \frac{\partial \varphi}{\partial x} \tag{2.28}$$

式中，D_j 为 j 物质的扩散系数；$\dfrac{\partial \varphi}{\partial x}$ 为电势梯度，对于线性电场，$\dfrac{\partial \varphi}{\partial x} = \dfrac{\Delta E}{l}$。式(2.28)表明电迁移对电流的贡献与离子所带电荷、扩散系数、温度及电势梯度有关。

(3) 对流是一部分溶液与另一部分溶液之间的相对流动。流体借助本身的流动携带物质转移。对流分为自然对流和强制对流。自然对流是由于溶液中各部分之间存在密度差或温度差。强制对流是由外力搅拌溶液引起的。通过对流作用，电极表面附近流层中的溶液浓度发生变化，其变化量用对流流量表示，离子 i 的对流流量如下：

$$J_i = v_x c_i \tag{2.29}$$

式中，J_i 为离子 i 的对流流量($\mathrm{mol \cdot cm^{-2} \cdot s^{-1}}$)；$c_i$ 为离子 i 的浓度($\mathrm{mol \cdot cm^{-3}}$)；$v_x$ 为与电极表面垂直方向上的液体流速($\mathrm{cm \cdot s^{-1}}$)。

物质向电极表面的传递可以通过以上三种方式实现，其流量大小由普朗克(Planck)-能斯特方程决定。对于沿着 x 轴的一维物质传递，其流量大小可以表示为

$$J_i(x) = -D_i \frac{\partial c_i(x)}{\partial x} - \frac{z_i F}{RT} D_i c_i \frac{\partial \varphi(x)}{\partial x} + c_i v(x) \tag{2.30}$$

式中，$J_i(x)$ 为在距电极表面距离为 x 处的物质 i 的流量($\mathrm{mol \cdot s^{-1} \cdot cm^{-2}}$)；$z_i$ 和 $c_i(x)$ 分别为物质 i 所带的电荷和距电极 x 处物质 i 的浓度。方程式右边三项分别为扩散、电迁移和对流流量。

在一般的电化学体系中，三种传质方式共存于电解质溶液中，它们之间相互联系、相互影响。在实际讨论过程中，需要依照特定条件，具体分析其中哪一种或几种传质方式起主导作用。例如，当溶液中存在大量支持电解质时，电迁移流量的影响可以忽略不计；如果溶液保持静止，对流的影响一般可以忽略，此时扩散起主要作用；当剧烈搅拌溶液时，扩散和对流同时起作用。

2. 电极过程的一般机理

电极过程是指电极-溶液界面上发生的一系列变化的总和。电极反应是由一系列性质不同的单元步骤串联组成的复杂过程。通常存在平行进行的单元步骤的情况很少。一般情况下，电极过程主要由以下单元步骤串联组成：

(1) 液相传质过程，即反应粒子向电极表面附近溶液传递。

(2) 前置表面转化步骤。反应粒子在电极表面附近进行电化学反应前的转化，如反应粒子在电极表面的吸附、配离子配位数的变化等。该过程没有电子得失，其反应速率与电极电势无关。

(3) 电子转移或电化学反应步骤。反应物在电极上得失电子，发生氧化还原反应。

(4) 随后的表面转化步骤。产物在电极表面附近进行后续的电化学反应或转化过程。例如，产物在电极表面脱附，反应产物的复合、分解、歧化或其他化学变化。

(5) 反应后的液相传质步骤。产物生成气体、固相沉积层等新相，或可溶性产物离子从电极表面向溶液内部或液态电极内部迁移。

图 2.15 是电极反应的一般机理。在电极过程的一系列步骤中，最重要的有：①扩散，反应物向电极表面转移；②电极反应，在电极表面发生氧化还原反应和电子转移，生成产物；③扩散，产物向溶液本体扩散。若扩散步骤慢，则产生浓差极化；若电极反应慢，则产生电化学极化。

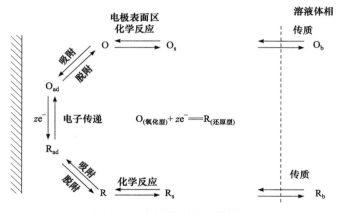

图 2.15　电极反应的一般机理

图 2.16 为银氰配离子在阴极还原的电极过程，它只包含以下四个单元步骤：

(1) 液相传质。

$$[Ag(CN)_3]^{2-}(溶液深处) \longrightarrow [Ag(CN)_3]^{2-}(电极表面附近)$$

(2) 前置转化。

$$[Ag(CN)_3]^{2-} \longrightarrow [Ag(CN)_2]^- + CN^-$$

(3) 电子转移(电化学反应)。

$$[Ag(CN)_2]^- + e^- \longrightarrow Ag(吸附态) + 2CN^-$$

(4) 生成新相或液相传质。

$$Ag(吸附态) \longrightarrow Ag(结晶态)$$

$$2CN^-(电极表面附近) \longrightarrow 2CN^-(溶液深处)$$

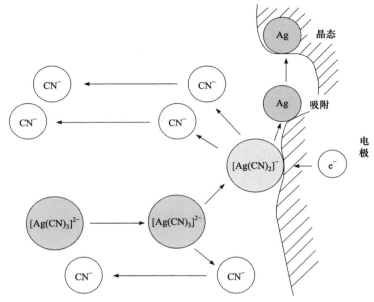

图 2.16　银氰配离子阴极还原过程示意图

对于一个具体的电极过程，必须通过实验判断其反应机理。

3. 电极极化

当电极体系处于热力学平衡状态时，氧化反应和还原反应速率相等，电荷交换和物质交换都处于动态平衡，净反应速率为零，电极上没有电流通过。发生可逆电极反应时所具有的电势称为可逆电势(reversible potential)φ_r。在实际电化学过程中，电化学反应总是以一定的速率进行，无论是原电池的放电过程还是电解池的充电过程，体系总会有显著的电流通过，即电化学过程偏离了平衡状态。这种有电流通过而使电极电势偏离平衡电势的现象称为极化(polarization)。描述电流密度与电极电势之间关系的曲线称为极化曲线。极化的大小用过电势(overpotential)或超电势表示。

电极体系是由两类导体串联组成的体系。断路时，两类导体中没有载流子流动，只在电极-电解质溶液界面发生氧化还原反应的动态平衡以及由此建立的相间电势(平衡电势)。当有电流通过时，外电路和金属电极中有自由电子的定向移动，溶液中有正、负离子的定向迁移，界面上发生一定的净电极反应。这时，如果界面反应速率足够快，电子能够快速地传递到界面并转移给离子导体，就能够避免电荷在电极表面累积，减少相间电势差的变化，从而在有电流通过时依然保持平衡状态。一方面，电子的流动使电极表面电荷累积、电极电势产生偏离平衡状态的极化作用；另一方面，电极反应吸收电子运动所传递过来的电荷，进而使电极电势恢复到平衡状态。通常电子的运动速率大于电极反应速率，因此极化占主导作用。当有电流通过时，阴极上，电子流入电极的速率较大，造成负电荷累积；阳极上，电子流出电极的速率大，造成正电荷累积。因此，实际发生电解反应时，正离子在阴极发生还原反应的外加电势比可逆电极的电势更负一些；负离子在阳极发生氧化反应的外加电势比可逆电极的电势更正一些，结果是都偏离了原来的平衡状态。实质上,产生极化现象的内在原因是电极反应速率与电子运动速率不匹配而造成电荷在界面的累积。

影响过电势的因素有很多,如电极材料、电极表面状态、电流密度、温度、电解质的性质与浓度、溶液中的杂质等。η 为某一电流下极化电势 φ_l 与平衡电势 φ_r 的差值:

$$\eta = \varphi_l - \varphi_r \tag{2.31}$$

习惯上取过电势为正值。规定:

$$\eta_{阳} = \varphi_l - \varphi_r \tag{2.32}$$

$$\eta_{阴} = \varphi_r - \varphi_l \tag{2.33}$$

根据极化产生的原因,可分为电化学极化、浓差极化和欧姆极化。与之相对应的过电势称为电化学过电势、浓差过电势和欧姆过电势。

1) 电化学极化

电极反应通常分若干步进行,反应过程中可能有某一步反应速率比较缓慢,需要较高的活化能,这将阻碍电极反应的进行。这种由电化学反应本身迟缓引起的极化称为电化学极化。

2) 浓差极化

产生浓差极化的原因是电极反应过程中电极附近(电极与溶液之间的界面区域,在通常搅拌的情况下,其厚度不大于 10^{-3} cm)溶液的浓度和本体溶液(指离开电极较远、浓度均匀的溶液)的浓度不一致。例如,将两根银电极插入含有硝酸银的溶液中进行电解反应。在阳极附近,发生氧化反应:$Ag \longrightarrow Ag^+ + e^-$,使阳极周围的 Ag^+ 浓度不断增加。如果阳极附近的 Ag^+ 扩散到溶液本体的速率不及 Ag^+ 生成的速率,则在阳极附近 Ag^+ 的浓度 c_s 高于溶液本体 Ag^+ 的浓度 c_0。

当无电流通过时,电极的可逆电势由溶液的浓度 c_0 决定:

$$\varphi_r = \varphi_{Ag^+/Ag}^{\ominus} - \frac{RT}{F}\ln\frac{1}{c_0} \tag{2.34}$$

当有电流密度为 j 的电流经过时,阳极附近 Ag^+ 的浓度为 c_s:

$$\varphi_l = \varphi_{Ag^+/Ag}^{\ominus} - \frac{RT}{F}\ln\frac{1}{c_s} \tag{2.35}$$

$$\eta_{阳} = \varphi_l - \varphi_r = \frac{RT}{F}\ln\frac{c_s}{c_0} \tag{2.36}$$

由此可以看出,浓差过电势的大小取决于扩散层两侧的浓度大小。

浓差极化是由扩散缓慢引起的。在外加电势较小的情况下,采取加快扩散速率的方法,如加快搅拌速度、加热等,就可以降低浓差极化。但用搅拌方法仍无法完全消除浓差极化,扩散层的极限厚度约为 $1\,\mu m$。在有些情况下,人们也会利用这种极化。例如,极谱分析就是利用滴汞电极上形成的浓差极化进行分析的一种方法。

3) 欧姆极化

欧姆极化又称电阻极化,是指电流通过时,在电极表面或电极与溶液的界面上生成一层氧化物的薄膜或其他物质，从而对电流的通过产生了阻力。若以 R 表示电极表面层的电阻，I 表示通过的电流，则在氧化膜表面产生的电势降在数值上等于 IR。阴极极化时，$\eta_{\text{电阻}}<0$；阳极极化时，$\eta_{\text{电阻}}>0$。

4. 电极反应动力学简介

电极反应是伴有电极-电解质溶液界面上电荷传递步骤的多相化学反应过程，具有以下特点。首先，电极反应的速率除了与温度、压力、溶液介质、固体表面状态、传质条件等有关外，还与施加于电极-电解质溶液界面的电势密切相关。对于一般的化学反应，如果反应活化能为 40 kJ·mol^{-1}，反应温度从 25 ℃升高到 1000 ℃时，反应速率相应提高 10^5 倍。而在许多电化学反应中，电极电势每改变 1 V 可使电极反应速率改变 10^{10} 倍。通过改变外部施加到电极上的电极电势，能够改变反应的活化能，进而改变电极反应的速率。另外，电极反应的速率还依赖于电极-电解质溶液界面的双电层结构，因为电极附近的离子分布和电势分布与双电层结构有关，所以电极反应速率也可以通过修饰电极表面而改变。电极反应动力学主要研究内容包括：确定电极过程的各步骤，阐明反应机理和速率方程，进而更深入地掌握电化学反应规律。

电化学反应的核心步骤是电子在电极-电解质溶液界面上的异相传递。要认识整个电极反应的动力学规律，首先应知道电极反应速率控制步骤的有关动力学信息。电化学过程的准确动力学描述可以用极限平衡下热力学方程式表示。对于一个可逆的电极反应，平衡态可以用能斯特方程表达。

$$\text{Ox} + z e^- \rightleftharpoons \text{Red} \tag{2.37}$$

$$\varphi = \varphi^\ominus - \frac{RT}{zF}\ln\frac{c_R^*}{c_{Ox}^*} \tag{2.38}$$

式中，c_R^* 和 c_{Ox}^* 分别为还原态和氧化态物质的溶液本体浓度；$\varphi^\ominus$ 为该电极反应的标准电极电势。

1) 电化学反应速率的表达式
对于以下电极反应：

$$\text{Ox} + z e^- \underset{k_b}{\overset{k_f}{\rightleftharpoons}} \text{Red} \tag{2.39}$$

式中，k_f 和 k_b 分别为上述反应正向进行和逆向进行时的速率常数(m·s^{-1})。

电极反应是一个异相过程，发生在电极/电解质溶液界面上，所以反应物向界面的扩散和产物由界面向溶液本体的扩散是必不可少的步骤，这就决定了电极表面物质的浓度不同于本体溶液相。电极表面附近氧化态物质和还原态物质的浓度分别为 c_{Ox}^s 和 c_R^s，则电极反应正、逆反应速率为

正向速率：
$$v_f = k_f c_{Ox}^s \tag{2.40}$$

逆向速率：
$$v_b = k_b c_R^s \tag{2.41}$$

净速率：
$$v_{\text{净}} = v_f - v_b = k_f c_{Ox}^s - k_b c_R^s \tag{2.42}$$

电极反应速率可用单位表面积、单位时间内参与反应的电子数量表示，即电极反应速率可直接用电流 i 或电流密度 j 表示：

$$v(\text{mol} \cdot \text{cm}^{-2} \cdot \text{s}^{-1}) = -\frac{1}{A} \times \frac{\mathrm{d}n}{\mathrm{d}t} \tag{2.43}$$

$$i(\text{A}) = -\frac{\mathrm{d}Q}{\mathrm{d}t} = -\frac{zF\mathrm{d}n}{\mathrm{d}t} \tag{2.44}$$

由式(2.43)和式(2.44)可得 $v = \dfrac{i}{zFA}$，其中 A 为电极面积；F 为法拉第常量。

$$i_{\text{f}} = zFAv_{\text{f}} = zFAk_{\text{f}}c_{\text{Ox}}^{\text{s}} \tag{2.45}$$

$$i_{\text{b}} = zFAv_{\text{b}} = zFAk_{\text{b}}c_{\text{R}}^{\text{s}} \tag{2.46}$$

$$i_{\text{净}} = i_{\text{f}} - i_{\text{b}} = zFA(k_{\text{f}}c_{\text{Ox}}^{\text{s}} - k_{\text{b}}c_{\text{R}}^{\text{s}}) \tag{2.47}$$

对于电极反应，电极电势是可以控制的量，即可以通过电极电势控制电极反应速率的大小和 k_{f}、k_{b}。将电极电势与电化学反应速率关联，其关系式可表示为

$$k_{\text{f}} = k_{\text{f}}^{\ominus} \exp\left[-\left(\frac{\alpha zF}{RT}\right)\varphi\right] \tag{2.48}$$

$$k_{\text{b}} = k_{\text{b}}^{\ominus} \exp\left[\left(\frac{\beta zF}{RT}\right)\varphi\right] \tag{2.49}$$

式中，φ 为工作电极相对于参比电极的电极电势，故 $k_{\text{f}}^{\ominus}$、$k_{\text{b}}^{\ominus}$ 应分别为电极电势等于该参比电极电势 $(\varphi = 0)$ 时正、逆向反应的速率常数；α、$\beta(\beta = 1 - \alpha)$ 为电子传递系数 $(\alpha < 0, \beta < 1)$，是描述电极电势对反应活化能(或反应速率)影响程度的物理量，其物理意义在于用来说明电场强度并不能全部用于改变反应的活化能。实验证明：电极电势对速率常数的影响也呈指数关系，即对于正向还原反应，φ 值变负，速率常数 k_{f} 呈指数增加；对于逆向氧化反应，φ 值变正，速率常数 k_{b} 呈指数增加。φ 值对速率常数 k 的影响不是电能 zEF 的 100%，只是它的一部分，即 αzEF 或 $(1-\alpha)zEF$。例如，$\alpha = 0.5$，说明在所施加的电势中，只有 50% 是对阴极电荷传递产生影响的有效部分，剩余的 50% 用于影响阳极反应速率。

将式(2.48)和式(2.49)代入式(2.47)可得电极反应的净速率，即外电路上流过的电流大小和电极电势关系的速率方程，称为巴特勒-福尔默(Butler-Volmer)方程：

$$i = zFA\left\{k_{\text{f}}^{\ominus}c_{\text{Ox}}^{\text{s}} \exp\left[-\left(\frac{\alpha zF}{RT}\right)\varphi\right] - k_{\text{b}}^{\ominus}c_{\text{R}}^{\text{s}} \exp\left[\left(\frac{\beta zF}{RT}\right)\varphi\right]\right\} \tag{2.50}$$

当溶液中 $c_{\text{Ox}}^{*} = c_{\text{R}}^{*}$，且电极界面与溶液处于平衡态时，$c_{\text{Ox}}^{\text{s}} = c_{\text{R}}^{\text{s}}$，可推出 $k_{\text{f}}^{\ominus} = k_{\text{b}}^{\ominus} = k^{\ominus}$，$k^{\ominus}$ 为标准速率常数，则

$$i = zFAk^{\ominus}\left\{c_{\text{Ox}}^{\text{s}} \exp\left[-\left(\frac{\alpha zF}{RT}\right)\varphi\right] - c_{\text{R}}^{\text{s}} \exp\left[\left(\frac{\beta zF}{RT}\right)\varphi\right]\right\} \tag{2.51}$$

式(2.50)和式(2.51)表明，电极电势为 φ 时，用电流表示反应净速率的大小，$k^{\ominus}$ 是反

映氧化/还原电对动力学难易程度的物理量，体系的 $k^{\ominus}$ 较大，说明它达到平衡较快。速率常数的大小反映了电极反应速率的快慢。一般情况下，$k>10^{-2}$ cm·s^{-1} 时，电荷传递步骤的速率很快，电极反应是可逆进行的；速率常数 10^{-2} cm·s$^{-1}>k>10^{-4}$ cm·s^{-1} 时，电荷传递步骤进行得较慢，此时处于电荷传递步骤和传质步骤的混合控制区，电极反应以准可逆方式进行；当 $k<10^{-4}$ cm·s^{-1} 时，电荷传递步骤的速率很慢，此时电极反应可以看成是完全不可逆的。

2) 平衡电势下的电极反应速率——交换电流

当施加电势等于平衡电势时，电极反应处于平衡态，通过的净电流为零，有 $i=i_{\mathrm{f}}-i_{\mathrm{b}}=0$，故 $i_0=i_{\mathrm{f}}=i_{\mathrm{b}}$，$i_0$ 称为交换电流(exchange current)，是描述平衡电势下电极反应能力大小的物理量。同时，当电极反应处于平衡态时，$\varphi=\varphi_{\mathrm{r}}$ 时，$c_{\mathrm{Ox}}^{\mathrm{s}}=c_{\mathrm{Ox}}^{*}$，$c_{\mathrm{R}}^{\mathrm{s}}=c_{\mathrm{R}}^{*}$。由式(2.50)可得

$$i_0=zFAk_{\mathrm{f}}^{\ominus}c_{\mathrm{Ox}}^{\mathrm{s}}\exp\left[-\left(\frac{\alpha zF}{RT}\right)\varphi_{\mathrm{r}}\right] \tag{2.52}$$

$$i_0=zFAk_{\mathrm{b}}^{\ominus}c_{\mathrm{R}}^{\mathrm{s}}\exp\left[\left(\frac{\beta zF}{RT}\right)\varphi_{\mathrm{r}}\right] \tag{2.53}$$

联立式(2.52)和式(2.53)得

$$\frac{k_{\mathrm{f}}^{\ominus}c_{\mathrm{Ox}}^{\mathrm{s}}}{k_{\mathrm{b}}^{\ominus}c_{\mathrm{R}}^{\mathrm{s}}}=\exp\left\{\left[\left(\frac{\beta zF}{RT}\right)-\left(-\frac{\alpha zF}{RT}\right)\right]\varphi_{\mathrm{r}}\right\}=\exp\left[\left(\frac{zF}{RT}\right)\varphi_{\mathrm{r}}\right] \tag{2.54}$$

即

$$\varphi_{\mathrm{r}}=\frac{RT}{zF}\ln\frac{k_{\mathrm{f}}^{\ominus}}{k_{\mathrm{b}}^{\ominus}}+\frac{RT}{zF}\ln\frac{c_{\mathrm{Ox}}^{\mathrm{s}}}{c_{\mathrm{R}}^{\mathrm{s}}}=\varphi^{\ominus}+\frac{RT}{zF}\ln\frac{c_{\mathrm{Ox}}^{*}}{c_{\mathrm{R}}^{*}} \tag{2.55}$$

式中，φ_{r} 为标准电极电势，是与相应电极反应速率常数相关的物理量。式(2.55)是巴特勒-福尔默方程在平衡态时推导出的能斯特方程。

虽然平衡时净电流为零，但不表示电极反应的正、逆向速率为零。在平衡条件下，交换电流 $i_0=i_{\mathrm{f}}=i_{\mathrm{b}}$，将式(2.55)代入式(2.53)可得

$$i_0=zFA\left[k_{\mathrm{b}}^{\ominus}\exp\left(\beta\ln\frac{k_{\mathrm{f}}^{\ominus}}{k_{\mathrm{b}}^{\ominus}}\right)\right]c_{\mathrm{R}}^{\mathrm{s}}\left(\frac{c_{\mathrm{Ox}}^{\mathrm{s}}}{c_{\mathrm{R}}^{\mathrm{s}}}\right)^{\beta}=zFAk^{\ominus}c_{\mathrm{Ox}}^{\mathrm{s}\beta}c_{\mathrm{R}}^{\mathrm{s}(1-\beta)}=zFAk^{\ominus}c_{\mathrm{Ox}}^{*(1-\alpha)}c_{\mathrm{R}}^{*\alpha} \tag{2.56}$$

因此，平衡时，交换电流与标准速率常数 $k^{\ominus}$ 成正比，动力学方程中 $k^{\ominus}$ 通常可以用交换电流代替。交换电流有时也用交换电流密度表示，$j_0=\dfrac{i_0}{A}$。由于 $k^{\ominus}$ 的大小反映了电极反应速率的大小，因此电极反应速率的大小也可以用交换电流或交换电流密度的大小表示。

对于同一电化学反应，若在不同电极材料上进行，则可通过动力学方法测定 $k^{\ominus}$ 和 i_0 的值，由此可以判断电极材料对该反应催化活性的大小。$k^{\ominus}$ 和 i_0 越大，表示电极材料对反应的催化活性越高。

3) 电流与过电势之间的关系

已知电极电势与过电势的关系式为 $\eta = \varphi_1 - \varphi_r$，代入式(2.50)，并利用式(2.48)、式(2.49) 导出

$$i = i_0 \left\{ \exp\left[-\left(\frac{\alpha z F}{RT} \right) \eta \right] - \exp\left[\left(\frac{\beta z F}{RT} \right) \eta \right] \right\} \qquad (2.57)$$

式(2.57)表明了电流 i 与过电势 η 的关系，即过电势对电化学反应速率的影响，该方程同样可以称为巴特勒-福尔默方程。受电化学极化控制的电极反应的电流与过电势之间的关系如图 2.17 所示。

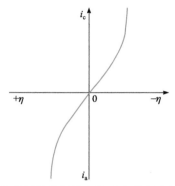

图 2.17　受电化学极化控制的电极反应的电流与过电势的关系

显然，对于电化学步骤控制的电极反应，电流随着过电势的变化而变化。当过电势增加到一个足够大的数值时，电流将陡直上升，并不出现极限电流。因此，以下 3 种情况可以做近似处理。

a. 低过电势时的线性特征

当 x 值很小时，$e^x \approx 1 + x$。因此，当过电势足够小时，式(2.57)可简化为

$$i = -i_0 \left(\frac{zF}{RT} \right) \eta \qquad (2.58)$$

式(2.58)表示在接近平衡电势的狭小范围内，电极反应的电流与过电势呈线性关系。$-\dfrac{\eta}{i}$ 具有电阻的因次，通常称为电荷传递电阻 R_{ct} 或电化学反应电阻，表示为

$$R_{ct} = \frac{RT}{zFi_0} \qquad (2.59)$$

显然，当 $k^\ominus$ 很大、i_0 很大时，R_{ct} 趋近于 0。实际上，电极反应电流的大小通常包括电化学步骤的电流和扩散步骤的电流等。在电流数值比较小时，主要表现为由电化学步骤控制的特征，电流与过电势呈指数关系。但当过电势增加到一定数值后，电流增加的趋势较为平缓，扩散步骤控制的特征逐步显现，最后出现平阶，转入由扩散控制的区域，得到极限电流。中间阶段有一个由电化学步骤控制转化为扩散步骤控制的混合控制区。

b. 高过电势的塔费尔行为

高过电势时，式(2.57)右边两项中的一项可以忽略。当发生阴极还原反应，且过电势很大时，$\exp\left[-\left(\dfrac{\alpha zF}{RT}\right)\eta\right] \gg \exp\left[\left(\dfrac{\beta zF}{RT}\right)\eta\right]$，式(2.57)可简化为

$$i = i_0\exp\left[-\left(\frac{\alpha zF}{RT}\right)\eta\right] \tag{2.60}$$

或

$$\eta = \frac{RT}{\alpha zF}\ln i_0 - \frac{RT}{\alpha zF}\ln i \tag{2.61}$$

对于一定条件下在指定电极上发生的特定反应，$\dfrac{RT}{\alpha zF}\ln i_0$ 和 $-\dfrac{RT}{\alpha zF}\ln i$ 为确定值，即式(2.61)可简化为：$\eta = a + b\lg i$。因此，在强极化条件下，由巴特勒-福尔默方程可以推导出塔费尔(Tafel)经验方程。塔费尔方程中的 a、b 可以确定为

$$a = \frac{2.303RT}{\alpha zF}\lg i_0$$
$$b = -\frac{2.303RT}{\alpha zF} \tag{2.62}$$

阳极氧化高过电势时，i-η 方程的塔费尔关系可以通过上述方法得到

$$\eta = \frac{RT}{\beta zF}\ln i_0 - \frac{RT}{\beta zF}\ln i \tag{2.63}$$

根据式(2.61)和式(2.63)，以 $\ln i$ 对过电势 η 作图应得直线，如图 2.18 所示，此图通常称为塔费尔曲线。根据图上直线的截距可以求出交换电流 i_0 的值，根据直线的斜率可以求出电荷传递系数 α 和 β 的值。

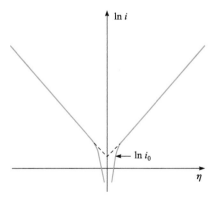

图 2.18　典型的塔费尔曲线

c. 塔费尔方程

塔费尔方程是人们经验的总结。该方程只适用于不存在物质传递对电流影响(极化过

电势较大)的情况。相反，如果电极反应动力学过程相对简单，在过电势不是很大时，就能够达到物质传递的极限电流，对于这样的体系，塔费尔方程不适用。塔费尔行为是完全不可逆电极过程的标志。

尽管如此，塔费尔曲线($\lg i$ - η 曲线)仍然是求解电极过程动力学参数的有力工具。对于塔费尔方程，高负过电势下阴极支的斜率为 $-\dfrac{\alpha z F}{2.303RT}$，高正过电势下阳极支的斜率为 $\dfrac{(1-\alpha)z F}{2.303RT}$，将阴极、阳极的 $\lg i$ - η 曲线外推到 $\eta = 0$，可得到截距为 $\lg i_0$，从而求得交换电流的大小。

2.1.5　电化学测试方法

电极过程一般要经过复杂的多步骤过程。电池中的电极过程一般包括溶液相中离子的迁移，电极中离子的传输和电子的传导，电荷转移，双电层或空间电荷层充放电，溶剂、电解质中阴、阳离子及气相反应物或产物的吸/脱附，新相成核长大，与电化学反应耦合的化学反应，体积变化，吸/放热等。对一个体系的电化学研究主要包括三个基本步骤：选择和控制实验条件，实施实验及实验数据的分析。在电化学测试之前，需要详细分析目标电化学体系的特点，明确研究目的，并在电化学理论的指导下选择并控制实验条件，以电极过程的主要问题为导向，突出某一基本过程。电化学测试方法主要依托电化学测试技术测量电势、电流或电量随时间的变化，并加以记录，随后进行数据的处理和解析，进而确定电极过程和一些热力学、动力学参数等。基本的电化学测量过程如图 2.19 所示。

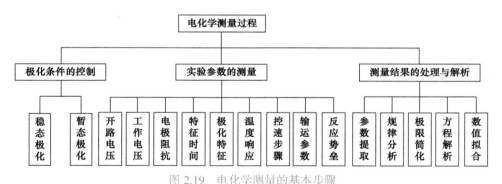

图 2.19　电化学测量的基本步骤

一般电化学测量要结合稳态和暂态方法。

稳态是指在特定时间范围内，被研究的电化学体系的参量(如电极电势、极化电流、反应产物和产物浓度分布、电极表面状态等)随时间变化很小或基本不变。稳态不是平衡态。例如，将金属锌电极插入锌盐(如 $ZnCl_2$)溶液中，当锌电极表面 $Zn \longrightarrow Zn^{2+} + 2e^-$ 氧化反应(锌溶解)的速率与 $Zn^{2+} + 2e^- \longrightarrow Zn$ 还原反应(锌沉积)的速率相等时，电极处于平衡态。当电极处于平衡态时，电极表面所发生的电子得、失反应速率相同，得失电子数相等。

通常情况下,稳态不是平衡态,平衡态只是稳态的一个特例。例如, $Zn \longrightarrow Zn^{2+} + 2e^-$ 的锌阳极溶解过程,当电极达到稳态时,锌的氧化反应速率大于锌离子的还原反应速率,两者相差一个稳定值,即阳极电流是稳定的。净结果是金属锌以一定的速率溶解变为锌离子,进入电极附近的溶液中。电极界面处的锌离子又因扩散、电迁移和对流的作用转移到溶液内部。当体系达到稳态时,电极界面处的锌离子浓度保持不变,说明锌离子的转移速率恰好等于锌的阳极溶解速率,净结果表现为反应物的浓度不变,极化电流不变,电极电势不变,此时电极基本进入稳态。

实际上,绝对的稳态是不存在的。对于上面所举的例子 $Zn \longrightarrow Zn^{2+} + 2e^-$ 阳极溶解过程,随着金属锌的不断溶解,锌电极表面的状态还是有所变化,溶液内部锌离子的浓度还是有所增加,只不过这些变化不太显著而已。稳态是相对于变化更为显著的状态而言的。若起初锌的阳极溶解速率大于锌离子向溶液内部转移的速率,净结果是电极界面处的锌离子浓度的增加必然导致锌离子向溶液内部转移速率的增加。当锌的阳极溶解速率基本上等于锌离子向溶液内部转移的速率时,电极界面处的锌离子浓度基本不再上升,电极电势也基本不再改变,此时体系进入稳态。在达到稳态以前的那个过程称为暂态。

稳态测量根据控制自变量的不同分为控制电流法和控制电势法。稳态极化曲线就是稳态电流密度 j 与稳态电极电势 φ(或电极电势 η)的关系曲线。控制电流法也称恒电流法,将研究电极的电流密度依次恒定在不同数值,同时测量相应的稳态电极电势,也就是恒定地施加电流并测量相应的电势, φ-j 之间的函数关系为 $\varphi = f(j)$。然后把测得的一系列不同电流密度下的电极电势画成曲线,即可得到恒电流法测量的稳态极化曲线。控制电势法也称恒电势法,该法将研究电极的电势控制在不同的数值,同时测量相应的稳态电流密度,即控制研究电极的电势并测量响应电流。恒电流法和恒电势法各有特点,要根据具体情况选用。对于单调函数的极化曲线,即对应一个电流密度只有一个电极电势,或者对应一个电极电势只有一个电流密度的情况下,恒电流法和恒电势法在测量中可以得到同样的稳态极化曲线。如果一个电流密度对应两个或两个以上电极电势时,则不可以采用恒电流法,只能采用恒电势法。

暂态是相对于稳态而言的。当极化条件改变时,电极从一个稳态向另一个稳态转变,期间要经历一个不稳定的、变化的过渡阶段。电极过程是由许多基本过程组成的。在电极由一个稳态向另一个稳态转变的过渡阶段中,任意一个电极基本过程达不到新的稳态,都会使整个电极过程处于暂态过程之中,如双电层充电过程、电化学反应过程、扩散传质过程。某一个基本过程没有达到稳态时,表现出来的结果就是这个过程的参量处于变化之中,如处于暂态过程时,界面双电层的电荷分布状态、电极界面的吸附覆盖状态、扩散层中的浓度分布、电极电势和极化电流都可能处在变化之中,至少其中之一处于变化之中。暂态过程的基本特征有:①存在暂态电流,该电流由双电层充电电流(称为非法拉第电流或电容电流)和电化学反应电流组成;②界面处存在反应物与产物的浓度梯度,电极-电解质溶液界面处反应物与产物的浓度同时为空间和时间的函数。

暂态系统随时间变化,非常复杂。通常电极过程用等效电路描述,每个基本电极过程对应一个等效电路的元件。如果已知等效电路中某个元件的数值,也就相当于知道了这个元件对应的电极过程动力学。因此，复杂的电极过程研究就简化为对等效电路的研究。或者说，把抽象的电化学反应用熟悉的电子电路模拟，只要研究通电时的电子学问题即可。利用各电极基本过程对时间的不同响应，可以使复杂的等效电路得以简化，从而简化问题的分析和计算过程。通常需要根据各个电极基本过程的电流、电势关系确定它们的等效电路以及等效电路之间的关系。

表 2.2 为几种锂离子电池中常用的电化学测试方法，下面将重点介绍这些方法。

表 2.2　电池中常用的电化学测试方法

测量方法类型	测量方法名称
稳态测量方法	恒电流法、恒电势法
准稳态测量方法	交流阻抗法
暂态测量方法	线性电势扫描法、循环伏安法、恒电流间歇滴定技术、恒电压间歇滴定技术、电势弛豫技术

1. 循环伏安法

循环伏安法(cyclic voltammetry，CV)是比较常见的电化学研究方法之一。施加在工作电极上的电势从起始电势 E_0 开始，以一定速率 v 扫描到截止电势 E_1 后，再将扫描向反方向进行，回到起始电势 E_0(或再进一步扫描到另一截止电势值 E_2)，然后在 E_0 和 E_1 或 E_2 和 E_1 之间进行循环扫描。施加电势和时间的关系式为

$$E = E_0 - vt \tag{2.64}$$

式中，v 为扫描速率；t 为扫描时间。电势和时间的关系曲线如图 2.20(a)所示。循环伏安法得到的实验电流-电势曲线如图 2.20(b)所示。

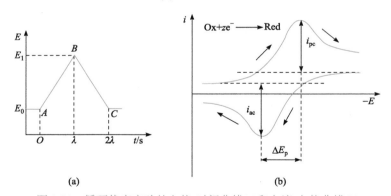

图 2.20　循环伏安实验的电势-时间曲线(a)和电流-电势曲线(b)

由图 2.20(b)可见，在负扫方向出现了一个阴极还原峰，对应电极表面氧化态物质的还原；在正扫方向出现了一个氧化峰，对应还原态物质的氧化。需要注意氧化还原过程中双电层的存在，峰电流不是从零电流线测量，而是应扣除背景。循环伏安图上峰电势、峰电流的比值以及阴、阳极峰电势差是研究电极过程和反应机理、测定电极反应动力学参数最重要的参数。对于可逆电极体系且其反应产物稳定，循环伏安曲线中的阳极峰电

流 i_{pa} 和阴极峰电流 i_{pc} 相等。峰电势 E_p 不随扫描速率的变化而变化。此外，可逆电极体系的阳极峰电势 E_{pa} 和阴极峰电势 E_{pc} 与扫描速率无关。

对于可逆氧化还原反应，令 $a = \dfrac{nF}{RT}v$，电流与扫描时间的关系式为

$$i(t) = nFAc^* \sqrt{\pi Da}\, \chi(at) \tag{2.65}$$

式中，n 为转移电子数；F 为法拉第常量；A 为电极的真实表面积；c^* 为溶液中物质的浓度；D 为扩散系数；$\chi(at)$ 为无因次电流函数。

氧化和还原过程的峰电流大小为

$$i_p = KnFAc^* \left(\frac{nF}{RT}\right)^{\frac{1}{2}} v^{\frac{1}{2}} D^{\frac{1}{2}} \tag{2.66}$$

式中，$K = \sqrt{\pi}\chi(at)$，取其极大值时 $K=0.4463$。

对于符合能斯特方程的电极反应(可逆反应)，在 25 ℃时，两个峰电势之差 ΔE_p 为

$$\Delta E_p = E_{pa} - E_{pc} = \frac{57 \sim 63}{n}\,\mathrm{mV} \tag{2.67}$$

即阳极峰电势 E_{pa} 与阴极峰电势 E_{pc} 之差为 $\left(\dfrac{57}{n} \sim \dfrac{63}{n}\right)\mathrm{mV}$，确切的大小与扫描过阴极峰电势之后多少毫伏再回扫有关。一般在过阴极峰电势之后有足够的毫伏之后再回扫，ΔE_p 为 $\dfrac{58}{n}\mathrm{mV}$。

25 ℃时，峰电势与标准电极电势的关系为

$$E^{\ominus} = \frac{E_{pa} + E_{pc}}{2} + \frac{0.029}{n}\lg\frac{D_{Ox}}{D_R} \tag{2.68}$$

式中，$E^{\ominus}$ 为氧化/还原电对的标准电极电势；D_{Ox} 和 D_R 分别为氧化态物质和还原态物质的扩散系数；n 为电子转移数。

根据氧化还原反应的电势差，可以判断反应的可逆性。若反应速率常数小，偏离能斯特方程，则峰形变宽，$E_{pa} - E_{pc} > \dfrac{58}{n}\mathrm{mV}$。速率常数越小，两峰电势的差别越大。电流响应还与扫描速率 v 有关，当扫描速率比较慢时，E_p 不再恒定，而是与扫描速率有关。

$$E_p(\mathrm{mV}) = 常数 + \frac{30}{an}\lg v \tag{2.69}$$

循环伏安法还可以用于研究活性物质的吸附以及电化学-化学偶联反应机理。

2. 交流阻抗法

对某一电极施加扰动信号时，体系会产生各种响应，其响应信号的规律取决于该电极体系动力学过程的特征。在小幅值扰动信号的作用下，各种动力学过程的响应与扰动

信号之间的关系可以看成线性关系。给电化学体系输入扰动函数 X，则输出一个响应信号 Y。描述扰动与响应之间关系的函数称为传输函数 $G(\omega)$。输出信号是扰动信号的线性函数 $Y = G(\omega)X$。如果 X 为角频率为 ω 的正弦波电流信号，则 Y 为角频率也为 ω 的正弦电势信号。此时，传输函数 $G(\omega)$ 也是频率的函数，称为频响函数，这个频响函数就称为电化学体系的阻抗(impedance)，用 Z 表示。如果 X 为角频率为 ω 的正弦波电势信号，则 Y 为角频率也为 ω 的正弦电流，频响函数 $G(\omega)$ 就称为电化学体系的导纳(admittance)，用 Y 表示。

交流阻抗法(alternating current impedance)是将不同频率的小幅值正弦波动扰动信号作用于体系，从电极体系的响应信号与正弦波扰动信号之间的关系得到电极阻抗，然后推测电极过程的等效电路，进而分析电极体系的动力学过程及其特征，计算电化学参量，研究电极反应机理。由等效电路中相关元件的参量估算电极体系的动力学参量，如电极的双电层电容、电荷转移过程的反应电阻、扩散传质过程参量等。交流阻抗法包括电化学阻抗谱(electrochemical impedance spectroscopy，EIS)技术和交流伏安法(alternating current voltammetry)。电化学阻抗谱技术是在某一直流极化条件下，特别是在平衡电势条件下，研究电化学体系的交流阻抗随频率的变化关系。而交流伏安法是在某一选定的频率下，研究交流电流的振幅和相位随直流极化电势的变化关系。阻抗测量示意图如图 2.21 所示。

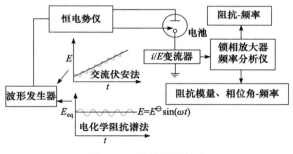

图 2.21   阻抗测量技术

一个正弦交流电压的大小可以用式(2.70)表示：

$$\tilde{\varphi} = \varphi_m \exp(\mathrm{j}\omega t) \tag{2.70}$$

式中，φ_m 为电压的幅值；ω 为电压随时间变化的角频率($\omega = 2\pi f$，f 为频率)；$\mathrm{j} = \sqrt{-1}$。将一个正弦交流电压加到一个阻值为 R 的纯电阻器的两端，流过的电流为 $\tilde{i}_R$：

$$\tilde{i}_R = \frac{\tilde{\varphi}}{R} = \frac{\varphi_m}{R} \exp(\mathrm{j}\omega t) = I_{R,m} \exp(\mathrm{j}\omega t) \tag{2.71}$$

即通过纯电阻元件的电流与电压相位相同，幅值为 $I_{R,m}$，此时纯电阻元件的交流阻抗 Z_R 为

$$Z_R = \frac{\tilde{\varphi}}{\tilde{i}_R} = R \tag{2.72}$$

即纯电阻元件的交流阻抗为一个实数，其值等于电阻器的阻值 R。

将一个正弦交流电压加到一个电容值为 C 的纯电容元件的两端时，流过的电流为 $\tilde{i}_C$：

$$\tilde{i}_C = C\frac{\mathrm{d}\varphi}{\mathrm{d}t} = \mathrm{j}\omega C\varphi_m \exp(\mathrm{j}\omega t) = I_{C,m}\exp\left[\mathrm{j}\left(\omega t+\frac{\pi}{2}\right)\right] \tag{2.73}$$

纯电容元件的交流阻抗 Z_C 为

$$Z_C = \frac{\tilde{\varphi}}{\tilde{i}_C} = \frac{1}{\mathrm{j}\omega C} \tag{2.74}$$

同样可以得到流过电感值为 L 的纯电感元件的电流 $\tilde{i}_L$ 及其交流阻抗 Z_L 分别为

$$\tilde{i}_L = \frac{1}{\mathrm{j}\omega L}\varphi_m \exp(\mathrm{j}\omega t) = I_{L,m}\exp\left[\mathrm{j}\left(\omega t-\frac{\pi}{2}\right)\right] \tag{2.75}$$

$$Z_L = \frac{\tilde{\varphi}}{\tilde{i}_L} = \mathrm{j}\omega L \tag{2.76}$$

从以上计算可以看出，在正弦交流电压的作用下，流过纯电容元件的电流为一个相位导前电压 $\frac{\pi}{2}$ 的正弦交流电流；流过纯电感元件的电流则为一个相位落后电压 $\frac{\pi}{2}$ 的正弦交流电流。这两种元件的交流阻抗都是复数。

导纳是阻抗的倒数，纯电阻、纯电容和纯电感的导纳 Y_R、Y_C 和 Y_L 分别为

$$Y_R = \frac{1}{Z_R} = \frac{1}{R} \tag{2.77}$$

$$Y_C = \frac{1}{Z_C} = \mathrm{j}\omega C \tag{2.78}$$

$$Y_L = \frac{1}{Z_L} = \frac{1}{\mathrm{j}\omega L} \tag{2.79}$$

电阻、电容和电感的电路描述码如图 2.22 所示。

图 2.22　电阻、电容和电感的电路描述码

当一个纯电阻 R 和一个纯电容 C 串联时，电路如图 2.23 所示。

图 2.23　纯电阻和纯电容串联的电路

串联电路的总阻抗 Z 为各部分阻抗的复数和，即

$$Z = R + \frac{1}{\mathrm{j}\omega C} = R - \frac{\mathrm{j}}{\omega C} \tag{2.80}$$

当一个纯电阻 R 和一个纯电容 C 并联时，电路如图 2.24 所示。

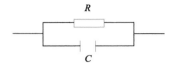

图 2.24　纯电阻和纯电容并联的电路

并联电路的总导纳 Y 为各部分导纳的复数和，即

$$Y = \frac{1}{R} + j\omega C = \frac{1}{R} - \frac{\omega C}{j} \tag{2.81}$$

并联电路的总阻抗 Z 为总导纳 Y 的倒数，即

$$Z = \frac{1}{Y} = \frac{1}{\dfrac{1}{R} + j\omega C} \tag{2.82}$$

当几个电学元件 R_1、R_r、C_d 串并联组合成一个电路时，如图 2.25 所示。

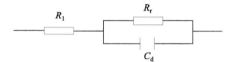

图 2.25　几个电学元件串并联组成的电路

电路的总阻抗为各部分阻抗的复数和，即

$$
\begin{aligned}
Z &= R_1 + \frac{1}{\dfrac{1}{R_r} + j\omega C_d} = R_1 + \frac{R_r}{1 + j\omega C_d R_r} \\
&= R_1 + \frac{R_r(1 - j\omega C_d R_r)}{1 + \omega^2 C_d^2 R_r^2} = R_1 + \frac{R_r}{1 + \omega^2 C_d^2 R_r^2} - \frac{j\omega C_d R_r^2}{1 + \omega^2 C_d^2 R_r^2}
\end{aligned} \tag{2.83}
$$

电路的总阻抗的实部为 Z'：

$$Z' = R_1 + \frac{R_r}{1 + \omega^2 C_d^2 R_r^2} \tag{2.84}$$

电路的总阻抗的虚部为 Z''：

$$Z'' = \frac{j\omega C_d R_r^2}{1 + \omega^2 C_d^2 R_r^2} \tag{2.85}$$

一个交流电路的阻抗是一个矢量，计算交流电路阻抗常采用复数方法，当阻抗的实部为 Z'、虚部为 Z''、模值为 $|Z|$ 及相位角为 φ 时有如下公式，阻抗的矢量表示法如图 2.26 所示。

$$Z = Z' + Z'' \tag{2.86}$$

$$Z' = |Z|\cos\varphi \tag{2.87}$$

$$Z'' = |Z|\sin\varphi \tag{2.88}$$

$$\varphi = \tan^{-1}\frac{Z''}{Z'} \tag{2.89}$$

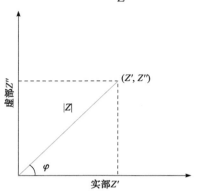

图 2.26 阻抗的矢量表示法

电化学测量中的交流阻抗法通常是指采用小幅度对称正弦交流信号,其交流电压的幅度一般小于 10 mV。在交流电的每个半周期内,电极过程随时间发生变化;在交流电的每一个周期内,电极上交替进行阴极过程和阳极过程,电极过程总是随着时间进行稳定的周期性变化,即第 $(n+1)$ 个周期重现第 n 个周期的电极过程。交流阻抗法适合研究快速电极过程、双电层结构、电极反应速率和吸/脱附现象等,广泛应用于化学电源、金属电沉积和金属腐蚀等电化学研究中。

当施加相同的交流电压信号时,如果通过一个由电学元件组成的电路的交流电流与通过一个电解池的交流电流具有完全相同的振幅和相位角,则这个电路就称为这个电解池的等效电路。通常可以把双电层等效地看成电容,把电极本身的电阻、溶液的电阻和电极反应所引起的阻力看成电阻。

有时交流阻抗实验是在两电极体系(如滴汞电极或超微电极体系)中进行的,通过对电解池电压和极化电流的测量确定电解池的阻抗。电解池的等效电路如图 2.27 所示。

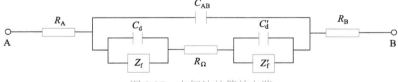

图 2.27 电解池的等效电路

图 2.27 中,A 和 B 两端分别代表研究电极和辅助电极。R_A 和 R_B 分别表示研究电极和辅助电极的欧姆电阻;C_{AB} 表示两电极之间的电容;R_Ω 表示研究电极和辅助电极之间的溶液欧姆电阻;C_d 和 C_d' 分别表示研究电极和辅助电极的界面双电层电容;Z_f 和 Z_f' 分别表示研究电极和辅助电极的法拉第阻抗,其数值大小取决于电极的动力学参数及测量信号的频率。

如果研究电极和辅助电极均为金属电极,电极的欧姆电阻很小,R_A、R_B 可以忽略不计;两电极间的距离比双电层厚度大得多(双电层厚度一般不超过 10^{-5} cm),故 C_{AB} 比双

电层电容 C_d、C'_d 小得多，且 R_Ω 不是很大，则 C_{AB} 支路容抗很大，C_{AB} 可略去。这样电解池等效电路可简化为如图 2.28 所示。

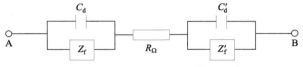

图 2.28　简化后的电解池等效电路

若辅助电极面积很大，远大于研究电极，则 C'_d 很大，其容抗很小，C'_d 支路相当于短路，因而辅助电极的阻抗可以忽略，等效电路进一步简化为如图 2.29 所示。这样研究电极的阻抗部分就被孤立出来了。

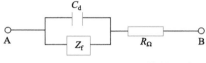

图 2.29　进一步简化后的等效电路

如果采用三电极体系测定研究电极的阻抗，则研究电极体系的等效电路如图 2.30 所示。

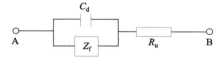

图 2.30　研究电极体系的等效电路

图 2.30 中，A 和 B 两端分别代表研究电极和参比电极；R_u 表示参比电极鲁金毛细管管口与研究电极之间的溶液欧姆电阻。

显然，图 2.29 和图 2.30 的等效电路是完全相同的，这是因为无论是采用两电极体系还是三电极体系，都会采取一定的措施突出研究电极的阻抗部分，从而对研究电极进行研究。应该注意的是，电解池等效电路中的溶液欧姆电阻 R_Ω 是研究电极和辅助电极之间的溶液欧姆电阻，而研究电极体系等效电路中的溶液欧姆电阻 R_u 则是参比电极鲁金毛细管管口与研究电极之间的溶液欧姆电阻。

电化学体系的等效电路与由电学元件组成的电工学电路是不同的，等效电路中的许多元件(如 C_d 和 Z_f)的参数都是随着电极电势的改变而改变的。

$$Z = R_u + \frac{1}{j\omega C_d + Y_f} \tag{2.90}$$

式中，Y_f 为电极体系的法拉第导纳，即法拉第阻抗的倒数。

由于包含电极反应动力学信息的法拉第过程通常是关注的重点，因而代表法拉第过程的法拉第阻抗就成为研究的核心部分。法拉第阻抗的表达式取决于电极的反应机理，不同的电极反应机理可以有不同的法拉第阻抗等效电路。

电化学阻抗谱的表示方法很多，最常用的为阻抗图和波特图。阻抗图是以阻抗的实

部为横轴、负的虚部为纵轴绘制的曲线，又称为奈奎斯特(Nyquist)图或 Cole-cole 图。波特图则由两条曲线组成，其中一条曲线描述阻抗模量$|Z|$随频率的变换关系，称为伯德(Bode)相图。一般测量时会同时给出模图和相图，统称为阻抗伯德图，如图 2.31 所示。通常伯德模图和伯德相图要同时给出，才能完整描述阻抗的特征。

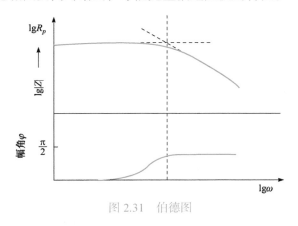

图 2.31　伯德图

图 2.32 表示的是电极过程由电荷传递和扩散过程共同控制时的奈奎斯特图。不同电极体系(如电化学极化控制或扩散控制等)的电化学阻抗谱图是不同的，具体谱图的处理和分析可参考专业书籍。

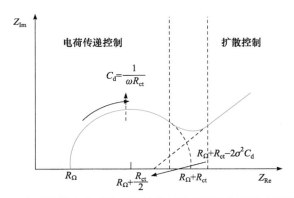

图 2.32　电极过程由电荷传递和扩散过程共同控制时的奈奎斯特图

3. 恒电流间歇滴定技术

恒电流间歇滴定技术(galvanostatic intermittent titration technique, GITT)是由德国科学家 Weppner 提出的，其基本原理是在某一特定环境下对测量体系施加一恒定电流并持续一段时间后切断该电流，观察施加电流段体系电势随时间的变化以及弛豫后达到平衡的电压，通过分析电势随时间的变化可以得出电极过程过电势的弛豫信息，进而推测和计算反应动力学信息。

当电极体系满足：①电极体系为等温绝热体系；②电极体系在施加电流时无体积变

化与相变；③电极响应完全受离子在电极内部的扩散控制；④弛豫时间 $\tau \ll \dfrac{L^2}{D}$，L 为离子扩散长度；⑤电极材料的电子电导远大于离子电导等条件时，可以采用恒电流间歇滴定技术测量锂离子的扩散系数，即

$$D_{Li} = 4\left(\frac{V_m}{nAF}\right)^2 \left[I_0\left(\frac{dE}{dx}\right)\Big/\left(\frac{dE}{dt^{1/2}}\right)\right]^2 \Big/ \pi \qquad (2.91)$$

式中，D_{Li} 为锂离子在电极中的扩散系数；V_m 为活性物质的体积；A 为浸入溶液中的真实电极面积；F 为法拉第常量；n 为参与反应电子数；I_0 为滴定电流值；$\dfrac{dE}{dx}$ 为开路电压下锂离子浓度曲线(库仑滴定曲线)上某浓度处的斜率；$\dfrac{dE}{dt^{1/2}}$ 为极化电压对时间平方根曲线的斜率。

利用 GITT 测量电极材料中锂离子的扩散系数，基本过程包括：①在充放电过程中的某一时刻，施加微小电流并恒定一段时间后切断；②记录电流切断后的电极电势随时间的变化；③作极化电压对时间平方根曲线，即 $E\text{-}t^{1/2}$ 曲线；④测量库仑滴定曲线，即 $E\text{-}x$ 曲线；⑤代入相关参数，利用式(2.91)求扩散系数。

2.2　电池结构

电池总体上是由四个基本部分组成的，包括电极、电解质、隔离物及其他组件(如外壳、栅板等)，见图 2.33。

(a)　　　　　　　　　　　**(b)**

图 2.33　电池结构示意图(a)和 CR2032 扣式电池图示(左图为正极，右图为负极)(b)
CR 表示型号，直径 20 mm，厚度 3.2 mm

2.2.1　电极

电池反应发生在正、负极上，电池所用的正、负极材料一般包括电化学活性物质、黏结剂、导电添加剂、集流体四个部分。

1. 电化学活性物质

正、负极材料中的电化学活性物质是电极的核心部分，它是能够通过化学变化将化学能转化为电能的物质。例如，一种常见的商业化锂离子电池的表达式为($LiPF_6$，六氟磷酸锂；EC，碳酸乙烯酯；DEC，碳酸二乙酯)

$$(-)C_6 \mid LiPF_6 \text{-} EC + DEC \mid LiCoO_2\,(+)$$

锂离子的嵌入、脱嵌反应是在充放电过程时，分别在负极石墨(C_6)和正极钴酸锂($LiCoO_2$)中进行的。在此例中，C_6 和 $LiCoO_2$ 分别为电池的负极活性物质和正极活性物质。正、负极材料均需要有高的电子电导率和离子电导率，这样可以减少极化，并能在大电流下进行充放电反应，保证电池的高效运行(图 2.34)。

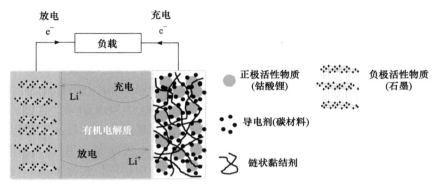

图 2.34　传统锂离子电池结构示意图

对于电池来说，发生还原反应的电极称为阴极，即正极。选择正极活性物质一般有以下要求：活性物质须有较高的氧化还原电势，从而使电池的输出电压高；反应过程中主体结构稳定；材料成本适中且对环境友好等。对于二次电池来说，在满足以上要求的同时，还要保证反应过程的可逆性良好、循环过程中主体结构没有或很少发生变化、充放电过程稳定等，这样可确保良好的循环性能。在电池中发生氧化反应的电极为阳极，即负极。负极活性物质对应的氧化还原电势要尽可能低。

活性物质材料的形貌、结晶状态、颗粒大小及分布、材料的成分及分布、比表面积、热稳定性、化学键合等结构特征都会对电极性能产生影响，因此对活性物质的表征十分重要。基本表征方法有 X 射线衍射法(X-ray diffraction，XRD)、X 射线光电子能谱法(X-ray photoelectron spectroscopy，XPS)、红外光谱法(infrared spectrometry，IR)、拉曼光谱法(Raman spectrometry)、核磁共振波谱法(nuclear magnetic resonance spectroscopy，NMR)、BET(Brunauer-Emmett-Teller)比表面积测量法等结构表征方法，扫描电子显微镜(scanning electron microscope，SEM)、透射电子显微镜(transmission electron microscope，TEM)、原子力显微镜(atomic force microscope，AFM)等形貌表征方法，热重分析法(thermogravimetric analysis，TGA)、差热分析法(differential thermal analysis，DTA)、差示扫描量热法(differential scanning calorimetry，DSC)等热分析方法。对于不同种类的活性物质，所要关注的结构特征也不同。

2. 黏结剂

黏结剂是电池电极片中的非活性成分。绝大多数电极活性物质都采用粉体材料，以增加电极比表面积和降低电极反应阻力。黏结剂的主要作用是黏结活性物质、导电添加剂和集流体，使它们之间具有整体的连接性，以提高容量和延长循环寿命、降低内阻等。优良的黏结剂必须能够抵抗电池在使用过程中各种外在因素的影响，如：①黏结剂与电极材料长期浸泡在电解质中，这就要求黏结剂在电解质中保持形状、结构和性质的稳定；②长期处在高电势(正极黏结剂)或低电势(负极黏结剂)条件下，正极黏结剂需要在高电压条件下不被氧化，负极黏结剂需要在低电压条件下不被还原；③黏结剂必须有足够的柔韧性，以保证活性物质在反应过程中体积反复膨胀、收缩时不脱落，电极微粒间的接触不被破坏。因此，好的黏结剂必须具备以下特征：黏结性能优良，抗拉强度高；柔韧性好，杨氏模量低；化学和电化学稳定性好，在存储和充放电时不反应、不变质；在电解质中不溶胀或溶胀系数小；在浆料介质中分散性良好，有利于将活性物质均匀地黏结在集流体上；对电极中电子、离子的传导影响小；环境友好，成本低廉。

黏结剂按照在电极中的分散情况可分为点型、线型和体型(三维网络型)，如图 2.35 所示。点型黏结剂主要有聚四氟乙烯(PTFE)乳液和丁苯橡胶(SBR)乳液，它们的突出特点是与活性物质以点结合的方式连接，结合面小，黏结剂基团的疏水性大，难以有效地在水介质中分散，在没有合适的分散剂条件下，无法进行电极涂布。另外，使用这种黏结剂制备的电极颗粒间缺乏长程连接，极片的力学性能特别是抗拉强度不高。线型黏结剂品种多，主要包括传统的聚偏二氟乙烯(PVDF)、聚电解质高分子、聚丙烯酸(PAA)、聚乙烯醇(PVA)等，不同黏结剂间的物理和化学性质差异大。体型黏结剂主要是一些树脂型黏结剂，一般来说，这类黏结剂的强度高，但脆性大。

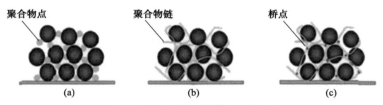

图 2.35　不同物理性状的黏结剂

(a) 点型；(b) 线型；(c) 体型

黏结剂按照分散介质的性质又可分为有机溶剂黏结剂(以有机溶剂作为分散介质)和水性黏结剂(以水作为分散介质)。常用的有机黏结剂为 PVDF，水性黏结剂有羧甲基纤维素钠(CMC)、海藻酸钠、PAA、PVA 等。

黏结剂的导电性、添加量、电阻、黏结力、耐碱性、亲水性等性质都会直接或间接地影响电极材料的性能。黏结剂的添加量不是加入越多越好，加入过多黏结剂会使导电性变差、电活性材料活化变慢、内阻增大、容量下降等；添加过少则会使电极材料松散甚至从集流体上脱落，导致循环寿命骤减。因此，需在保证黏结强度的情况下，添加量适中为宜。选择黏结剂时，可在使用前测试其各自的物理化学性能，如使用旋转黏度计测得绝对黏度，还可进行拉伸剪切强度、抗冲击强度、耐酸碱性的实验等。在使用过程中，要结合实际测量的电池的各方面性能测试结果，进行考察、评估和筛选，选择最合适的黏结剂种类及添加量。

3. 导电添加剂

有一部分构成电极正、负极材料的活性物质导电性差，使得电极的内阻较大，导致活性物质的利用率低，严重影响电池的循环、倍率、安全等方面的性能。要提高活性物质的利用率、改善电池电化学及安全等方面的性能，就需要提高活性材料和集流体之间及活性材料颗粒之间的导电性。因此，选择性地在电极片的制作过程中加入一定量的导电物质，在活性物质之间、活性物质与集流体之间起到收集微电流、减小电极的接触电阻、加速电子传输效率和提高电池整体性能的作用。导电剂一般来说应具有以下特点：优良的导电性、密度低、结构及化学性质稳定等。

导电剂一般可分为金属导电剂(如银粉、铜粉、镍粉等)、金属氧化物系导电剂(如氧化锡、氧化铁、氧化锌等)、碳系导电剂(炭黑、石墨等)、复合导电剂(复合粉、复合纤维等)以及其他导电剂。导电剂加入电池体系中不能参加电池的氧化还原反应，要有很高的耐酸碱腐蚀能力。目前，最常使用的电池导电剂是碳系导电剂，其除了能满足以上条件外，还具有成本低、质量轻等特点。碳系导电剂主要是导电炭黑、导电石墨、纤维状导电剂、石墨烯等。常见的碳系导电剂见表 2.3，不同种类碳系导电剂与电极活性物质接触方式和部分碳系导电剂的扫描电子显微镜照片分别见图 2.36 和图 2.37。导电剂的材料、形貌、粒径、搅拌顺序、添加量与不同类型导电剂的复合状态对电池的性能有不同方面的影响。在设计电极材料时，应根据不同的活性物质材料、不同目的(改善倍率性能、循环性能等)选择与之匹配的导电剂。也可以综合各种导电剂的优缺点，合并使用以补其短板，提高使用效率。

表 2.3　常见的碳系导电剂

导电剂种类	粒径	类型	特点
导电炭黑(super P)	30～40 nm	小颗粒导电炭黑	常用导电剂，价格实惠
乙炔黑(AB)	35～45 nm	炭黑	导电性较低，体积蓬松，对材料的压实影响较大
科琴黑(KB)	30～50 nm	超导炭黑	纯度高，具有独特的质量结构和优越的导电性能
导电石墨(KS-6)	6.5 μm 左右	大颗粒石墨粉	性能优于 super P，价格较贵，可与 super P 混合用于高容量电池
碳纤维(VGCG)	3～20 μm	气相生长碳纤维	呈线型结构，在电极中容易形成良好的导电网络，利用率高
碳纳米管(CNT)	直径在 5 nm 左右，长度可达到 10～20 μm	内部中空的纤维状结构	能够在导电网络中大幅提高导电性，具有双电层效应，导热性良好
石墨烯	厚度<3 nm	片层结构	具有 sp^2 杂化轨道的二维碳原子晶体，导电导热性良好

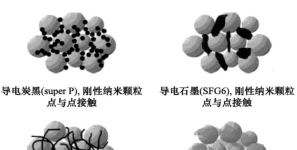

导电炭黑(super P), 刚性纳米颗粒
点与点接触

导电石墨(SFG6), 刚性纳米颗粒
点与点接触

碳纳米管(CNT), 柔性
线与点接触

石墨烯(graphene), 柔性薄片
面与点接触

图 2.36　不同种类碳系导电剂与电极活性物质的接触方式

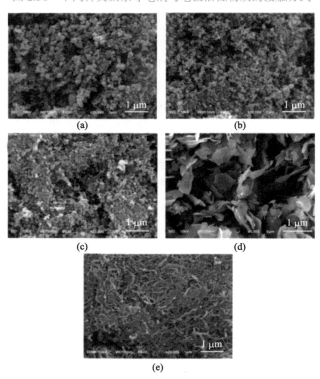

图 2.37　部分导电剂的扫描电子显微镜照片
(a) 乙炔黑；(b) 导电炭黑(super P)；(c) 科琴黑(ECP600JD)；(d) 导电石墨(KS-6)；(e) 碳纳米管
图中标尺为 1 μm

4. 集流体

集流体是电极的重要组成部件之一，主要起到承载活性物质，将电极活性物质产生的电流汇集起来，形成较大的电流输出，使电流分布均匀和集中传导电子的作用。集流体的一端连接电池壳体，一端承载电极材料，理想的集流体应满足以下几个条件：①电导率高；②化学与电化学稳定性好；③机械强度高；④与电极活性物质的兼容性和结合

力好；⑤廉价易得；⑥质量轻。

常见的集流体有铜箔/泡沫铜、铝箔、镍箔/泡沫镍、不锈钢网、纤维碳布/碳纸等。应根据实际电池反应体系，选择合适的集流体种类。例如，在锂离子电池中，铜在较高电势时易被氧化，导致电流振动，适合用作负极集流体。而铝作为负极集流体时腐蚀问题较为严重，适合用作正极的集流体。常见集流体实物如图 2.38 所示。

图 2.38　常见集流体实物

(a) 铜箔；(b) 铝箔；(c) 泡沫镍；(d) 泡沫铜；(e) 不锈钢网(内插图为裁成圆片的不锈钢网)；(f) 碳布

2.2.2　电解质

在电池外电路中电流传输是由电子导电完成的，而在电池内部则是靠离子的定向移动来完成，电解质溶液是离子导电的载体。电解质在正、负极之间起输送离子、传导电流的作用，是离子传输的媒介。电解质不能有电子导电性，否则会造成电池内部短路。电解质必须满足高离子导电性、高离子迁移数、高稳定性(包括热稳定性、化学稳定性和电化学稳定性)、低电阻等要求。一般来说，电解质不能与电池其他组分发生非化学反应。在有的电池体系中，电解质参与电化学反应，如铅酸电池中的硫酸等。电解质可分为：水溶液电解质、非水电解质、离子液体、固体电解质。

1. 水溶液电解质

水溶液电解质体系分为碱性、中性(或弱酸性)及强酸性电解质。

(1) 碱性电解质通常碱性很强，pH 接近 13，高 pH 可提高质子导电性，因此碱性电解质通常比中性电解质具有更高的电导率。采用碱性电解质的电池体系有锌-氧化银纽扣电池、锌空气电池、锌-氧化汞电池、镍镉电池、镍氢电池等。

(2) 中性电解质通常含有强酸/强碱盐，普遍存在二氧化碳溶于水溶液中使溶液呈弱酸性的现象。采用弱酸性电解质的电池主要是勒克朗谢电池或锌-二氧化锰电池。这种电池有两类：一类是采用氯化锌和氯化铵水溶液为电解质(也称为勒克朗谢电解质)的电池；另一类是氯化锌电池，以氯化锌水溶液为电解质，有时添加少量氯化铵。

(3) 酸性电解质主要是硫酸,尽管它用于电池的历史很长,但现在还是主要用于铅酸电池、钒电池及其他氧化还原类型电池。水溶液电解质的平衡电压窗口约为 1.2 V(实际取决于电解质浓度、温度及其他影响因素)。即使电极上有钝化膜,当阳极活性高于氢时将析出氢气,阴极活性高于氧时将析出氧气。因此,在使用水溶液电解质时必须控制阳极腐蚀和阴极析氢等副反应。

2. 非水电解质

非水电解质主要有两类,即有机溶剂电解质和无机溶剂电解质。非水有机电解质广泛应用于锂离子电池领域,其他碱金属离子电池如钠离子电池、钾离子电池等也常使用非水有机电解质。锂离子电池非水有机电解质包含非水有机溶剂和锂盐。一般来说,此类电解质应当具备的特性有:①电导率高,电解质黏度低,锂盐溶解度和电离度高;②锂离子电迁移数高;③稳定性高,要求电解质具备高闪点、高分解温度、低电极反应活性,搁置时无副反应发生,使用时间长等;④界面稳定,具备较好的正、负极材料表面成膜性,能在前几周充放电过程中形成稳定的低阻抗固体电解质界面(SEI)膜,一般负极材料如硅、碳等,嵌锂电势低于 1.2 V(vs Li$^+$/Li),在锂离子电池首次充电过程中不可避免地与电解质发生反应,溶剂分子、锂盐或添加剂在一定电势下被还原,从而在负极表面形成一层 SEI 膜;⑤宽的电化学窗口,能够使电极表面钝化,从而在较宽的电压范围内工作;⑥工作温度范围宽;⑦与正、负极材料的浸润性好;⑧不易燃烧;⑨环境友好,无毒或毒性小;⑩成本较低。

通常衡量电解质的性能主要有以下几个指标:

(1) 离子电导率:反映的是电解质传输离子的能力。

(2) 迁移数:离子迁移数是对某种离子迁移能力的反映,每种离子所传输的电荷量在通过溶液的总电荷量中所占的分数称为该种离子的迁移数。在锂离子电池充放电过程中需要传输的是 Li$^+$,Li$^+$ 的迁移数越高,参与充放电反应的有效输运离子就越多。

(3) 电化学窗口:电化学窗口是指电解质能够稳定支持电极反应的电压范围。在充放电过程中,电解质在正、负极材料发生的氧化、还原反应的电势之间必须保持电化学稳定,超出这个电势范围,电解质就会发生电化学反应而分解,因此电化学稳定窗口是选择锂离子电池电解质的重要参数之一。电解质的电化学稳定窗口可以直接通过循环伏安法测定,在较宽的电势扫描范围内,没有明显电流,意味着电解质的电化学稳定性较好。

(4) 黏度:黏度的大小直接影响锂离子在电解质中的扩散性能,通常使用的电解质有机溶剂分子依赖的是分子间较弱的范德华力相互作用,黏度相对较低。

电解质的各项性能也与溶剂的许多其他性能参数密切相关,如溶剂的熔点、沸点、闪点等因素对电池的工作温度、电解质盐的溶解度、电极电化学性能和电池的安全性能有重要影响。

需要注意的是,使用有机溶剂的电解质,水的含量也影响电池的性能。常采用卡尔·费歇尔(Karl Fischer,KF)滴定法测定电解质的水含量。基于下列反应式:

$$CH_3OH + SO_2 + RN \longrightarrow [RNH]SO_3CH_3 \tag{2.92}$$

$$H_2O + I_2 + [RNH]SO_3CH_3 + 2RN \longrightarrow [RNH]SO_4CH_3 + 2[RNH]I \quad (2.93)$$

式中，RN 为缓冲剂，在滴定过程中，根据碘的消耗量可计算得出水分的含量。式中使用的醇首选甲醇，因为在甲醇介质中此反应按化学计量进行，而且反应速率很快，且多数样品溶于甲醇，滴定终点也灵敏可靠。还可以使用其他介质(如 1-丙醇、乙二醇等)与甲醇的混合溶剂，甲醇的质量分数要高于 25%。实际发展起来的 KF 滴定法中有一种形式称为库仑滴定，适用于微量水(10 μg～10 mg)的分析，一般有机电解质的含水量都控制在微量范围内，所以适合使用库仑滴定。

　　锂离子电池中使用的液态有机电解质一般由非水有机溶剂和电解质锂盐两部分组成。有机溶剂能够解离锂盐并提供锂离子传输介质，锂盐则提供载流子(锂离子)。有时还会加入少量添加剂，以改善电解质某一方面的性能。

　　应用于锂离子电池的有机溶剂应该含有羰基(C=O)、氰基(C≡N)、磺酰基(S=O)和醚键(—O—)等极性基团。锂离子电池溶剂主要包括有机醚[如四氢呋喃(THF)、1,2-二甲氧基乙烷(DME)等]和有机酯[如丙烯碳酸酯(PC)、乙烯碳酸酯(EC)、二甲基碳酸酯(DMC)等]。其中，大部分环状有机酯具有较宽的液程、较高的介电常数和较低的黏度。其主要原因是环状结构具有比较有序的偶极子阵列，而链状结构比较开放灵活，导致偶极子相互抵消，所以通常在电解质中使用链状和环状的有机酯混合物作为锂离子电池的电解质溶剂。而有机醚类分子，不管是链状还是环状化合物，都有比较适中的介电常数和较低的黏度。

　　锂离子电池的电解质锂盐需要满足以下要求：①在有机溶剂中具有较高的溶解度，易于解离，从而保证电解质具有较高的电导率；②具有较好的抗氧化还原稳定性，与有机溶剂、电极材料和电池部件不发生电化学和热力学反应；③锂盐阴离子必须无毒无害，环境友好；④生产成本低，易于制备和提纯。实验室和工业生产中一般选择阴离子体积较大、氧化和还原稳定性好的锂盐，常见的锂盐有六氟磷酸锂(LiPF₆)、四氟硼酸锂(LiBF₄)、高氯酸锂(LiClO₄)、双(三氟甲基磺酰)亚胺锂(LiTFSI)、双草酸硼酸锂(LiBOB)等。

3. 离子液体

　　离子液体(ionic liquid，IL)是指由有机阳离子和无机/有机阴离子构成的，在室温或室温附近呈液体状态的盐类。由于阴离子或阳离子体积较大，阴、阳离子之间的相互作用力较弱，电子分布不均匀，因此阴、阳离子在室温下能够自由移动，呈液体状态。与常规有机溶剂电解质相比，离子液体通常具有蒸气压低、液程宽(100～300 ℃)、具有阻燃特性、化学或电化学性质稳定等优势。同时，由于离子液体具有很高的离子浓度，尽管黏度很大，但电导率依旧较高。但也正是由于离子液体的黏度大，导致其很难在短时间内充满电池、浸润电极和隔膜。离子液体的种类繁多，按照阳离子的种类对离子液体进行分类，常见的有以下几种类型：脂肪族季铵盐(tetraalkylammonium)离子液体、季鏻盐(phosphonium)离子液体、锍盐(sulfonium)离子液体、吡咯盐(pyrrolidium)离子液体、咪唑盐(imidazolium)离子液体、吡啶盐(pyridinium)离子液体等。其中，最常见的是咪唑盐离子液体和季铵盐离子液体。按照阴离子的种类对离子液体分类，大致可以分为两类：一类是"阳离子卤化盐+AlCl₃"型离子液体，如$[BMIM]^+AlCl_4^-$，该体系的酸碱性随AlCl₃的摩尔分数不同而改变，此类离子液体对水和空气都相当敏感；另一类为"新型"离子液体，体系中与阳离子匹配的阴离子有多种选择，如BF_4^-、PF_6^-、$TfN^-[(CF_3SO_2)_2N^-]$、Cl^-等，这类离子液体与AlCl₃类不同，具有固定的组成，对水和空气相对稳定。离子液体中部分阳离子结构式如图2.39所示。阳离子中的烷基取代基也可以被其他官能团(如—NH_2、—O—、—CN、—COOR、—OH等)取代，形成含功能基团的离子液体。常见的阴离子有X^-(X=F，Cl，Br，I)、PF_6^-、SCN^-、$CF_3SO_3^-$、BOB^-等。

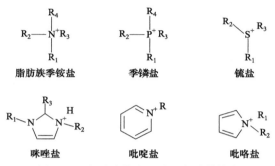

图 2.39　离子液体中部分阳离子结构式

4. 固体电解质

在锂离子电池中通常采用可燃的有机溶剂，一些大容量锂离子电池在电动汽车、飞机辅助电源方面出现了严重的安全事故。为了解决现有的商业化液态锂离子电池所面临的问题，人们逐渐将目光转移至固体电解质。与液体电解质相比，固体电解质具有以下显著优势：①固体电解质不挥发，一般不可燃，具有优异的安全性；②固体电解质能在宽温度范围内保持稳定；③一些固体电解质对水分不敏感，能够在空气中长时间保持良好的化学稳定性；④固体电解质致密，具有较高的硬度和强度，能够有效地阻止锂枝晶刺穿，提高电池整体安全性，也使金属锂作为负极使用成为可能。固体电解质包括聚合物固体电解质、无机固体电解质及复合电解质等。

2.2.3　隔离物

在电池内部，如果正、负两极材料相接触，电池内部则出现短路，其结果如同外部短路，电池所储存的电能被消耗。因此，在电池内部需要使用一种材料或物质将正、负极分开，这种隔离正极和负极的材料称为隔膜。隔膜本身要求是绝缘体，其物理化学性质对电池的性能有很大影响。电池的种类不同，所采用的隔膜也不同。例如，对于锂离子电池，由于电解质为有机溶剂，因此需要耐有机溶剂的隔膜材料，一般采用高强度薄膜化的聚烯烃多孔膜。在镍镉电池中，隔膜具有多层结构，包括电隔离正、负极板的尼龙布或尼龙毡织物，以及作为气体阻挡层的微孔聚丙烯膜(Celgard® 3400)。镍氢电池的隔膜必须是能在氧气和氢气存在下稳定不降解的材料，现在广泛采用一种称为"永久性润湿聚丙烯"的隔膜材料，其实际上是聚丙烯和聚乙烯纤维的复合物。

制造隔膜的材料有天然或合成的高分子材料、无机材料等。根据原料特点和加工方法不同，可将隔膜分为有机材料隔膜、编织隔膜、毡状膜、隔膜纸和陶瓷隔膜等。各类电池常用的隔膜如表 2.4 所示。

表 2.4　各类电池常用的隔膜

电池种类	隔膜材料种类	性能要求
铅酸电池	酚醛树脂浸渍纤维素板 微孔聚氯乙烯板 微乳橡胶板 聚乙烯/二氧化硅隔膜	耐酸
锌锰干电池 碱性锌锰干电池	牛皮纸 无纺布	吸附电解质 耐碱性
镍镉电池	尼龙毡 维纶无纺布(PP)	电解质保持能力强
镍氢电池	聚丙烯毡 氧化锆纤维纸	防止自放电
锌空气电池	PE 微孔膜玻璃纸	隔绝氧气的能力
燃料电池	聚四氟乙烯黏结编织物或离子交换树脂膜	
锂离子电池	PE、PP 等	耐有机溶剂，防止短路，薄膜化

隔膜的作用除了将电池的正、负极隔离防止短路外，还能吸附电池中电化学反应所必需的电解质，确保高的离子电导率；有的功能性隔膜还能防止对电池反应有害的物质在电极间的迁移，保证在电池发生异常时终止电池反应，提高电池安全性能。一般来说，隔膜应具备的基本特性有：①电绝缘性好；②对电解质离子有很好的透过性，电阻低；③对电解质同时具有化学和电化学稳定性；④对电解质湿润性好，持液能力强；⑤具有一定的机械强度，厚度尽可能小。

2.2.4　其他组分

除此之外，电池还需要电池壳体、板栅(图 2.40)、防爆盖等组分。

图 2.40　铅酸电池的板栅

电池壳体是储存电池其他组成部分的容器，起到保护和容纳其他部分的作用。一般要求壳体有足够的力学性能和化学稳定性，保证壳体不影响电池其他部分的性能。为防止电池内外互相影响，通常将电池进行密封，因此还要求壳体便于密封。

铅酸电池中加入板栅有多重用处：作为活性物质的载体，起骨架支撑和黏附活性物质的作用；作为电流的传导体，起集流、汇流和输流的作用；作为极板，起使电流均匀分布到活性物质中的作用。

2.3 电池特性

2.3.1 电压

电压是描述电池性能的重要指标，电池电压是两极电势的差值。原电池两电极间的电势差随着电流的升高而下降，如图 2.41 所示。这个电势差是由电池内阻 R_i 和电流回路中的外电阻 R_e 上的分压组成的。

$$E_0 = IR_i + IR_e \tag{2.94}$$

$$E = E_0 - IR_i \tag{2.95}$$

式中，IR_i 为 IR 降，IR 降会导致电池的电压降低。

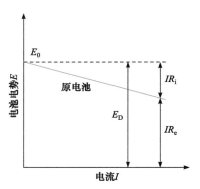

图 2.41　电池电势 E 随电流 I 变化的示意图

E_0 为无电流流过时的电池电势；E_D 为分解电势；R_i 为原电池或电解池的内电阻；R_e 为回路中的外电阻

开路电压(open-circuit voltage，OCV)是指外电路没有电流流过时正、负极之间的电势差。其数值可根据电极反应的热力学数据计算得到，主要取决于构成电池的材料的固有性质，如两极材料本身的电势和电解质的性质。开路电压实质上是正极稳定电势和负极稳定电势的差值。在测试中常遇到实际开路电压低于计算值的情况，其原因是电池中存在副反应或电极反应很难达到平衡。开路电压只是电池的一个特征参数，并不能通过开路电压来判断电池性能的优劣，但如果开路电压下降很快是不正常的，说明电池内部可能存在慢性短路，电池已经报废或是正向着报废转化。

终止电压是指电池在充电或放电时所规定的最低放电电压或最高充电电压。终止电压在设定时既要考虑电池容量，又要考虑循环稳定性，根据不同的电池类型和放电条件，对电池容量和寿命的要求也不同，所以规定的终止电压也不相同。一般在低温或大电流放电时，终止电压规定得较低；小电流、长时间或间歇放电时，终止电压值规定得较高。

工作电压又称放电电压或负荷电压，是指电流流经外电路时电池正、负极之间的电势差。电池存在内阻，当电流流过电池内部时，必须克服由电极极化和欧姆极化造成的阻力，因此工作电压总是低于开路电压与电池电动势。工作电压是电池在运行过程中实际输出电压，其大小随着放电程度在电压窗口内变化。工作电压除受到放电程度影响外，还受到放电电流、放电时间、温度等因素的影响。

以常用的铅酸电池为例，理论电压和开路电压为 2.1 V，额定电压为 2.0 V，工作电压为 1.8～2.0 V，按中等和小电流放电规定的终止电压为 1.75 V，引擎启动负载的终止电压为 1.5 V，充电时电压分布在 2.3～2.8 V。

在早期电池测试中，利用万用表测量电池电压，简单地判断电池性能。实际上，电池电压只能在一定程度上反映电池的落后情况，在浮充状态下，难以通过电压高低区分电池性能好坏。随着测试技术的发展，电池采用恒流充放电，将充放电电压随时间(或容量)的变化关系绘制成曲线，可反映电池性能。

2.3.2　电流

一般二次电池是以放电状态制造出来的，所以使用前需进行充电，充电模式常采用恒电流(CC)方法。充放电方法还有恒电压、恒功率充放电。从应用角度考虑，放电模式中的恒功率方式可以维持设备性能，达到应用要求。

定义一种表示电池放电电流/充电电流的方法称为倍率(C)，倍率(C 的倍数或分数)等于放电电流值除以电池的容量额定值，即 1C 倍率就是 1 h 将电池容量全部放出的电流大小。例如，电池的容量为 100 mA·h，使用 100 mA 的放电电流 1 h 就可以将此电池容量放出，则 100 mA 就是 1C 的电流。在设置电流时也可以设置更低的充放电电流，如 C/2、C/5、C/10，也可以设置高倍率，如 2C、5C、10C，使用的电流越大，实际获得的容量越低，在循环时衰减就越快。

电流效率 A_i 是指放电过程和充电过程中流过的电荷总数之比。在充电过程中，接近结束时总会有部分电荷消耗在诸如溶剂的电分解上，所以通常 $A_i<1$，铅酸电池的典型 A_i 值为 0.9。充电以外的电流会在电池内部的腐蚀和析气等副反应中被消耗，充电电流效率与荷电状态直接相关，直到电池满荷电以前电池的充电效率都很高，接近充满时开始发生过充电反应且充电效率降低，超过完全充电状态后充电效率跌至零。

2.3.3　容量和比容量

如果电极上发生电子交换和转化的物质的质量为 m，则有

$$m = KQ = KI_e t \tag{2.96}$$

式中，Q 为电量；I_e 为外电路中流过的电流；K 为常数。对于 1 价离子(1 电子反应)来说，在电极上通过氧化或还原的电量为 $Q_M = N_A e_0$，可引起一个当量反应，这个乘积的计算结果为 96 485 C·mol^{-1}，称为法拉第常量，用符号 F 表示。当反应为多电子反应(价态变化

为 z)时，通过 1 C 的电量可获得质量为 M/zF 的产物，其中 M 为转化物质的摩尔质量。

例如，Ag^+/Ag 的转化反应中，消耗 1 mol 反应物可生成 1 mol 产物 Ag，转移电子数为 1 mol。当电极上有 1 C 电量通过时，获得的单质银质量为 107.88/96 485 = 1.118×10^{-3}(g)。Cu^{2+}/Cu 的还原反应为 2 电子反应，当电极上有 1 C 电量通过时，得到 Cu 的质量则为 63.546/(2×96 485) =3.293×10^{-4}(g)。

电池容量是指在一定放电条件下可以从电池获得的电量，单位以安培·小时(A·h)表示，理论容量可由法拉第定律计算：

$$C_0 = 26.8z \frac{m_0}{M} \tag{2.97}$$

式中，M 为反应物的摩尔质量(g·mol^{-1})；z 为电极反应的转移电子数；m_0 为活性物质完全反应的质量。

为了方便比较不同电池，通常使用比容量这个概念，比容量是指单位质量或单位体积电池给出的容量，分别称为质量比容量或体积比容量，单位通常为 mA·h·g^{-1}、A·h·kg^{-1}、A·h·L^{-1}。

$$C_m = \frac{C_0}{m} \tag{2.98}$$

$$C_v = \frac{C_0}{V} \tag{2.99}$$

式中，m 为电池或电极的质量；V 为电池或电极的体积。某一电极的比容量可以按照其中活性物质的质量或体积计算，而一个电池的容量通常指其中正极的容量，因为在实际电池的设计和制造中，负极容量是过剩的，正极容量决定整个电池的容量。

电极材料的实际容量通常低于理论容量，以及出现不可逆的容量。可逆容量是指电极材料在循环过程中容量达到稳定时的数值，首次充放电时总会存在一定不可逆容量。这些不可逆容量包括部分副反应(电解质分解、电极表面的固体电解质钝化层)所消耗的电量。

目前锂离子电池的容量范围非常宽广，从 0.6～160 A·h 不等，并且在一定比例范围内，既可以制成圆柱形，又可以制成方形。

具体计算某一材料的容量时，需要了解转移电子数为多少。例如，计算锂离子电池负极的容量，需要知道在金属锂析出电势之上该材料最大能储存锂的量。锂离子电池的负极 1 mol 石墨(C)可嵌入 6 mol Li 形成 LiC_6，则 z 值为 1/6，M 为石墨的摩尔质量，计算得到理论比容量为 372 mA·h·g^{-1}。1 mol Si 负极最多可储存 4.4 mol Li，形成 $Li_{22}Si_5$，其理论比容量为 4200 mA·h·g^{-1}。对于合金类负极，查阅与锂形成合金的相图(图 2.42)，可以方便地计算出理论比容量。例如，金属铋可形成 Na_3Bi，z 值为 3，计算得到理论比容量为 384.7 mA·h·g^{-1}。对于相转变反应，如 MnO 中 Mn 的化合价为+2 价，其储锂反应 MnO 最多可以还原到 Li_2O 与 Mn，因此 z 值为 2。另外，在低电势时，还存在形成表面钝化膜的反应及界面储锂反应，因此实际储锂容量有时略高于理论容量。

对于锂离子电池正极材料，可以通过其最大还原反应所消耗的电子数估算理论比容量。例如，氟化石墨$(CF)_n$ 还原生成 LiF/C，因此该反应的 z 值为 1，M 为 CF 的摩尔质量，则计算得到理论比容量为 864.6 mA·h·g^{-1}。对于含锂的正极材料，电极材料的容量取决

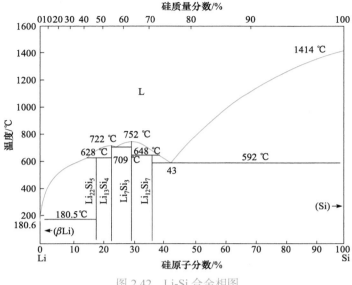

图 2.42　Li-Si 合金相图

于最大脱锂量和最多可转移电子的量。例如，$LiFePO_4$ 正极材料，Fe^{2+} 可以氧化为 Fe^{3+}，对应 $z=1$，同时允许一个锂离子脱出，反应产物为 $FePO_4$，M 为 $LiFePO_4$ 的摩尔质量。对于 $LiCoO_2$ 等层状化合物，Co^{3+} 可以氧化为 Co^{4+}，对应 $z=1$，但将含有的锂离子全部脱出会导致结构的不可逆相变，因此该类材料的容量取决于实际可脱出锂的最大量，这一点往往不能准确计算得到。大多数含过渡金属的正极材料的理论比容量由过渡金属最大可以转移的电子数及最大可以脱锂或嵌锂的量决定。

2.3.4　能量和比能量

电池能量是指一定条件下对外做功所能输出的电能，单位为 W·h。当电池在放电过程中时刻处于平衡状态，放电电压保持在电动势 E，且活性物质利用率为 100%时，电池的输出能量为理论能量，是可逆电池在恒温、恒压下所能做的最大功：

$$E = CU \tag{2.100}$$

式中，C 为容量；U 为平均工作电压。

电池的比能量(又称能量密度)可以用两种方式表示：质量比能量(W·h·kg⁻¹)和体积比能量(W·h·L⁻¹)。质量比能量定义为

$$E_M = \Delta_r G^\ominus / \sum M \tag{2.101}$$

体积比能量定义为

$$E_V = \Delta_r G^\ominus / \sum V_M \tag{2.102}$$

式中，$\sum M$ 为反应物摩尔质量之和；$\sum V_M$ 为反应物摩尔体积之和。

电池的实际比能量可定义为电池比容量与实测平均工作电压的乘积，即

$$E = C_s U \tag{2.103}$$

式中，C_s 为比容量；U 为实测平均工作电压，得到能量 E 的单位为 W·h。比容量可选择

质量比容量或体积比容量，则质量比能量的单位为 $W \cdot h \cdot kg^{-1}$，体积比能量的单位为 $W \cdot h \cdot L^{-1}$。然而，电池实际输出的比能量低于活性材料的理论比能量：放电时实际平均电压低于理论电压；由于电池不会放电至零，因此不是所有的容量都被利用。

铅酸电池的平均电压为 2 V，其理论质量比能量为 167 $W \cdot h \cdot kg^{-1}$，电池中电活性组分的分子量都很高，所以比能量较低。锂空气电池的质量比能量可以达到 3182 $W \cdot h \cdot kg^{-1}$(产物为 Li_2O 时)或 2135 $W \cdot h \cdot kg^{-1}$(产物为 Li_2O_2 时)。但由于空气电极需要大量导电剂和催化剂，因此化学储能电池的质量比能量小于 3182 $W \cdot h \cdot kg^{-1}$。

在实际电池中，除了电化学活性物质外，还存在多种非活性物质，如集流体、导电剂、黏结剂、隔膜、电解质溶液、引线、封装材料等，对于容量较大的电池，还包括电池管理系统、线缆、冷却系统、传感器、固定框架或保护罩等，这些物质的质量会使电池的实际质量比能量大大缩减。以铅酸电池为例，实际质量比能量约为 35 $W \cdot h \cdot kg^{-1}$，只占其理论值的 10%~25%。从 1990 年到现在，电池实际比能量的提高主要是提高了正、负极活性物质在电池中的质量比例，降低了非活性物质的质量比例。目前，正、负极活性物质的质量分数约为 61%，很难再通过技术的进步提高正、负极活性物质的质量比例(图 2.43 和图 2.44)。

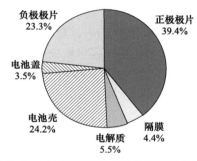

图 2.43　18650 型锂离子电池的质量分配图

电池质量为 39.4 g

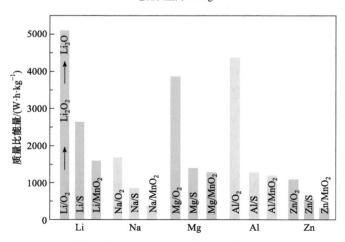

图 2.44　不同金属负极的 M/O_2、M/S、M/MnO_2 电池的理论质量比能量比较

2.3.5　功率

电功率是指在一定放电条件下单位时间内释放出的能量：

$$P = \frac{W}{t} = \frac{CE}{t} = IE \tag{2.104}$$

P 的单位为 W，再除以质量即可得到功率密度(比功率)，单位为 $W \cdot kg^{-1}$。

电池的输出功率 P 为电流和电势的乘积：

$$P = I(E_0 - IR_i) \tag{2.105}$$

以如图 2.45(b)所示的铅酸电池为例，E 和 I 存在线性关系，当 $E = E_0/2$，即 $I = E_0/2R_i$ 时，原电池的输出功率最大，图 2.45 中 $P_{max} = 3.6$ kW，功率密度则为 250 $W \cdot kg^{-1}$。

虽然在 $E = E_0/2$ 时可获得最大功率，但在如此高的放电电流下，电池的能量密度相对较低。实际上对任何电池来说，能量密度和功率密度通常存在反比关系。在高倍率放电时，功率密度大，但由于极化增强，内阻引起的电压降也变大，输出电压下降快，因此能量密度也降低。反之，低电流放电时，功率密度降低，但能量密度提高。一般用 Ragone 曲线反映功率密度和能量密度的关系，Ragone 曲线的坐标轴是能量密度的对数和与之对应的功率密度的对数(图 2.46)。

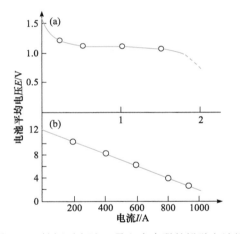

图 2.45　锌锰干电池(a)及六个串联的铅酸电池组
(12 V、45 A · h)(b)的伏安特性曲线

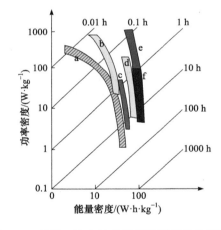

图 2.46　几种二次电池的能量密度和功率密度的关系

a. 铅酸电池；b. 镍镉电池；c. 镍铁电池；d. 镍锌电池；
e. 锌银电池；f. 钠硫电池

2.3.6　放电深度

放电深度(depth of discharge，DOD)是放电程度的一种度量。为了使电池保持好的可逆性，一般不会使正、负极活性材料的容量完全放出。

锂离子电池等二次电池在过充或过放电时会发生不可逆衰变，过充电时可能发生电池排气，所以一般要采用电池管理电路来防止过充电以及保护电池安全。储存电池时最好的 DOD 为 50%，如某容量为 6 A·h 的电池在 25 ℃时 0% DOD 储存 4 个月后能放出 5.2 A·h 的容量；而在 50% DOD 储存 4 个月再次充满电后可放出 98%的容量。

2.3.7　库仑效率

库仑效率(Coulombic efficiency，CE)又称充放电效率，是放电电量(C_{dis})除以充电电量(C_{cha})的百分比，即

$$CE\% = \frac{C_{dis}}{C_{cha}} \tag{2.106}$$

需要注意的是，在负极半电池中，库仑效率是充电电量与放电电量的比值。库仑效率是表征二次电池充放电可逆性和决定电池寿命的重要参数。

库仑效率的高低与电化学反应可逆性、电极结构稳定性和电极-电解质界面的稳定性等相关。通常，电池库仑效率越接近 100%，循环稳定性越好。电解质分解、界面钝化、电极材料结构和形态及导电性变差都会降低库仑效率。一般来说，测试电流密度越大，库仑效率也越高。

2.3.8　电池内阻

电池内阻(R_i)包括欧姆电阻(R_Ω)和极化电阻(polarization resistance，R_f)，即

$$R_i = R_\Omega + R_f \tag{2.107}$$

欧姆电阻由电极材料、电解质、隔膜、集流体的电阻及其部件之间的接触电阻组成。当电极表面形成如固体电解质界面(SEI)膜等的膜层时，也会产生欧姆内阻。

极化电阻是电化学反应中由极化(包括电化学极化和浓差极化)引起的电阻。

2.3.9　循环寿命

对于二次电池，电池寿命一般指循环寿命。蓄电池经历一次充放电，称为一个周期。在一定充放电条件下，电池容量降至规定值之下，电池所经受的循环次数称为循环寿命，或称循环次数、循环周期、充放电次数。

二次电池循环寿命变短的主要因素：电极方面，循环充放电使电极活性表面积变小，工作电流密度升高，极化增大，材料结构发生改变，活性颗粒电接触变差甚至脱落，都会使循环寿命变短；电解质方面，电解质分解导致导电性下降，分解产物钝化氧化还原界面，也会使循环寿命变短。另外，电池循环寿命缩短的原因还可能是隔膜堵塞或损坏，金属沉积导致枝晶的产生，刺穿隔膜甚至内部短路等。此外，电压窗口、温度、工作电流等电池使用环境也会影响电池的循环寿命。

电池使用寿命除了受电池原材料、制作工艺、配方、工作环境温度、放电倍率等因素影响外，还与后期采用的 DOD 和荷电状态(SOC)等因素有关。电池会出现过度充电和过度放电等滥用现象，不恰当 DOD 条件下的滥用对电池使用寿命影响更为严重。电池的脉冲放电功率能力随着 DOD 的升高而降低，在 70% DOD 后降幅明显加大；脉冲充电功率能力随 DOD 的升高而升高，但在 50% DOD 后增幅减缓，在 90% DOD 时脉冲充电功

率有所下降，说明电池在 70% DOD 后充电和放电功率能力都有所下降，电池在 10%～ 70%的广泛 DOD 范围内具有优良的脉冲充放电能力。正确掌控蓄电池使用时的 DOD 和 SOC 是延长蓄电池使用寿命的有效途径。

思　考　题

1. 电池电动势的组成部分有哪些？分别代表何种含义？

2. 试述电极过程中的液相传质过程。

3. 试述电池的基本组成及其作用。

4. 评价电池性能的指标有哪些？分别代表何种含义？

5. 在锂离子电池中具有最高比容量的有机物正极是环己六酮(C_6O_6)，每个羰基可以吸附一个 Li^+，计算 C_6O_6 的理论比容量。

6. 金属 Sn 与 Li 可以形成 7 种金属间化合物：Li_2Sn_5、$LiSn$、Li_7Sn_3、Li_5Sn_2、Li_3Sn_5、Li_7Sn_2 和 $Li_{22}Sn_5$。计算 Sn 作为锂离子电池负极的理论比容量。

第3章 铅酸电池

3.1 概 述

铅酸电池至今已有 160 多年的历史，是第一个商业化的二次电池，它经历了一系列的技术改进。最初的铅酸电池为非密封富液式结构，其缺点是充电时易形成酸雾，污染环境，并且要经常加水，补充电解的水损耗。20 世纪 60 年代，利用 Pb-Ca 合金真正实现了铅酸电池的密封。60 年代末，采用超细玻璃纤维隔膜的贫液式阀控密封铅酸电池实现了商业化。70 年代中期铅酸电池获得巨大的技术进步，免维护铅酸电池开始出现；1984 年阀控式铅酸(VRLA)电池开始在欧美推广。1996 年以后，VRLA 电池开始取代富液式铅酸电池。

目前，铅酸电池的质量比能量为 35~45 $W \cdot h \cdot kg^{-1}$，体积比能量为 70~90 $W \cdot h \cdot L^{-1}$，工作电压范围为 1.8~1.9 V。铅酸电池的优点是大电流性能好、可靠性高、价格便宜、耐用，干储存时间长，易组装成任意规模的电池组。与其他电池相比，安全性高是铅酸电池的重要优势。然而，它的主要问题有：①质量比能量与体积比能量是所有商业化电池中最低的，能量效率较低，一般在 75% 左右；②充电时存在过热危险，不适合快充电，循环寿命短。

铅酸电池应用领域比较广，各种汽车启动电源、飞机启动电源、潜艇与舰艇以及坦克、装甲车的动力电池/备用电源、矿灯、邮电与电信等部门的 UPS(不间断电源)备用电源、电动自行车动力电源、机车车载备用电源、应急电源等均采用铅酸电池。在新兴领域中铅酸电池仍占有很大市场，如风能-太阳能一体化免维护独立照明系统的储能电源。本章将介绍铅酸电池的电化学原理、基本组成、制造工艺和发展方向。

3.2 铅酸电池的电化学原理

3.2.1 电化学反应

图 3.1 为常用铅酸电池的结构。铅酸电池的正极活性物质是二氧化铅(PbO_2)，负极是金属铅(Pb)，电解质是硫酸(H_2SO_4)水溶液，正极和负极发生的电化学反应及总反应如下。

负极反应：
$$Pb + HSO_4^- \longrightarrow PbSO_4 + H^+ + 2e^- \tag{3.1}$$

正极反应：
$$PbO_2 + 3H^+ + HSO_4^- + 2e^- \longrightarrow PbSO_4 + 2H_2O \tag{3.2}$$

总反应：
$$Pb + PbO_2 + 2H^+ + 2HSO_4^- \longrightarrow 2PbSO_4 + 2H_2O \tag{3.3}$$

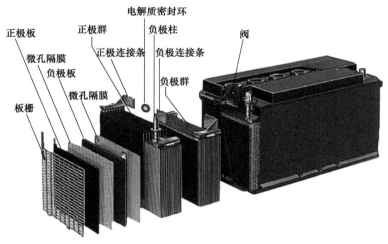

图 3.1 常用铅酸电池的结构

铅酸电池放电和充电过程中的正、负极反应过程分别如图 3.2 和图 3.3 所示。放电时正极活性物质孔内电解质的酸度变弱，负极活性物质孔内的电解质 pH 减小，电解质中的酸浓度逐渐降低。充放电过程中伴随着液相中 SO_4^{2-}/HSO_4^- 的迁移过程，这一点从理论上决定了铅酸电池的正、负极活性物质的利用效率不太高。

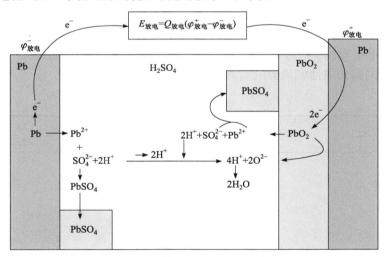

图 3.2 铅酸电池的放电过程

铅酸电池的电压由正极与负极的电极电势差决定，负极的电极电势满足以下关系：

$$\varphi_{PbSO_4/Pb} = \varphi_{PbSO_4/Pb}^{\ominus} + \frac{RT}{2F}\ln\frac{a_{H^+}}{a_{HSO_4^-}} = -0.3 + \frac{RT}{2F}\ln\frac{a_{H^+}}{a_{HSO_4^-}} \tag{3.4}$$

正极的电极电势满足以下关系：

$$\varphi_{PbO_2/PbSO_4} = \varphi_{PbO_2/PbSO_4}^{\ominus} + \frac{RT}{2F}\ln\frac{a_{HSO_4^-}a_{H^+}^3}{a_{H_2O}^2} = 1.655 + \frac{RT}{2F}\ln\frac{a_{HSO_4^-}a_{H^+}^3}{a_{H_2O}^2} \tag{3.5}$$

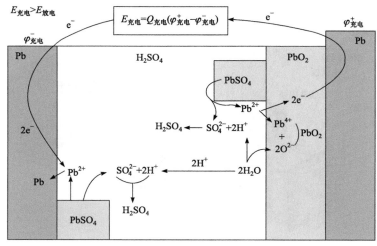

图 3.3 铅酸电池的充电过程

将式(3.5)减去式(3.4)即可得到铅酸电池的电动势 E，即

$$E = \varphi_{\mathrm{PbO_2/PbSO_4}}^{\ominus} - \varphi_{\mathrm{PbSO_4/Pb}}^{\ominus} + \frac{RT}{2F}\ln\frac{a_{\mathrm{HSO_4^-}}a_{\mathrm{H^+}}^3}{a_{\mathrm{H_2O}}^2} - \frac{RT}{2F}\ln\frac{a_{\mathrm{H^+}}}{a_{\mathrm{HSO_4^-}}}$$

$$= 1.955 + \frac{RT}{F}\ln\frac{a_{\mathrm{HSO_4^-}}a_{\mathrm{H^+}}}{a_{\mathrm{H_2O}}}$$

(3.6)

由式(3.6)可以看出，铅酸电池的电动势 E 随 $\mathrm{HSO_4^-}$ 活度的增加而增大。表 3.1 列举了不同硫酸溶液的铅酸电池电动势的实测值。

表 3.1 铅酸电池的热力学数值

硫酸的密度/(g·cm⁻³)	硫酸的质量分数/%	电池电动势/V	$\left(\dfrac{\partial E}{\partial T}\right)\Big/(\mathrm{mV\cdot{}^\circ C^{-1}})$
1.020	3.05	1.855	−0.06
1.050	7.44	1.905	0.11
1.100	14.72	1.962	0.30
1.150	21.38	2.005	0.33
1.200	27.68	2.050	0.30
1.250	33.80	2.098	0.24
1.300	39.70	2.134	0.18

铅酸电池的电动势 E 与电池反应的焓变(ΔH)之间的关系可用吉布斯-亥姆霍兹方程描述：

$$E = -\frac{\Delta H}{zF} + T\left(\frac{\partial E}{\partial T}\right)_p$$

(3.7)

式中，$\left(\dfrac{\partial E}{\partial T}\right)_p$ 为电池的温度系数。

表 3.1 也列举了实测的铅酸电池的温度系数，在电池正常工作的硫酸密度范围内，其数值为正，说明电池以无限慢的速度放电时，不仅将反应的热效应全部转换为电功，还可以从电池周围的环境中吸取热量变成电功。

3.2.2 铅-硫酸水溶液的电势-pH 图

目前铅酸电池采用的硫酸密度范围为 $1.05 \sim 1.30 \text{ g} \cdot \text{cm}^{-3}$。硫酸的一级解离常数远大于二级解离常数，即 $K_1 \gg K_2$。

$$\text{H}_2\text{SO}_4 \Longrightarrow \text{H}^+ + \text{HSO}_4^-, \quad K_1 \approx 1000 \tag{3.8}$$

$$\text{HSO}_4^- \Longrightarrow \text{H}^+ + \text{SO}_4^{2-}, \quad K_2 \approx 0.01 \tag{3.9}$$

如果硫酸的浓度是 $1 \text{ mol} \cdot \text{L}^{-1}$，则溶液中硫酸分子 H_2SO_4 的浓度约为 $1 \text{ mmol} \cdot \text{L}^{-1}$，$\text{SO}_4^{2-}$ 的浓度约为 $0.01 \text{ mol} \cdot \text{L}^{-1}$，$\text{H}^+$ 和 HSO_4^- 的浓度约为 $0.99 \text{ mol} \cdot \text{L}^{-1}$。基于此，许多研究人员认为硫酸主要以 HSO_4^- 的形式参与电池反应，如图 3.4 所示。

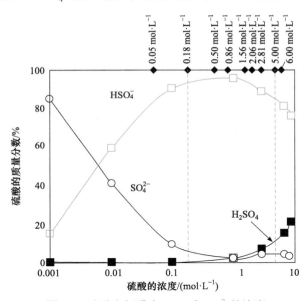

图 3.4　硫酸电解质中 HSO_4^- 和 SO_4^{2-} 的浓度

图 3.5 是铅在 SO_4^{2-} 浓度为 $1 \text{ mol} \cdot \text{L}^{-1}$ 的水溶液中的电势-pH 图。图中有 3 种线：水平线、垂直线和斜线。水平线表示与 pH 无关的氧化还原反应的平衡电极电势；垂直线表示与 H^+ 有关的非氧化还原反应的平衡状态的 pH，也就是反应与电极电势无关；斜线表示与 H^+ 有关的氧化还原反应的平衡电极电势和 pH 的关系。

硫酸水溶液中存在 H^+ 和 H_2O，可与某些氧化剂和还原剂发生电化学反应。因此，在铅-硫酸水溶液的电势-pH 图中，需将 H_2O 氧化的氧电极和 H^+ 还原的氢电极的电势-pH 关系表示出来。

对于氢的反应：

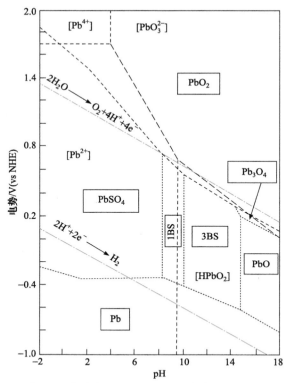

图 3.5 铅在 SO_4^{2-} 浓度为 1 mol·L^{-1} 的水溶液中的电势-pH 图

1BS：PbO·PbSO$_4$；3BS：3PbO·PbSO$_4$

$$2H^+ + 2e^- \longrightarrow H_2 \tag{3.10}$$

$$\varphi = \varphi_{H_2}^{\ominus} + \frac{RT}{2F} \ln \frac{a_{H^+}^2}{p_{H_2}}$$

当 25 ℃时，$\varphi_{H_2}^{\ominus} = 0$，且 $p_{H_2} = 1$，于是有

$$\varphi = -0.0591 \, pH \tag{3.11}$$

对于氧的反应：

$$2H_2O \longrightarrow O_2 + 4H^+ + 4e^- \tag{3.12}$$

$$\varphi = \varphi_{O_2}^{\ominus} + \frac{RT}{4F} \ln \frac{p_{O_2} a_{H^+}^4}{a_{H_2O}^2}$$

当 25 ℃时，$\varphi_{O_2}^{\ominus} = 1.229 \, V$，且 $p_{O_2} = 1$，于是有

$$\varphi = 1.229 - 0.0591 \, pH \tag{3.13}$$

这两个反应的电势-pH 关系即式(3.11)和式(3.13)，是两条斜率均为 -0.0591 的直线。在铅-硫酸溶液体系中，各类反应如下所述。

第一类反应：无 H$^+$ 参加的氧化还原反应，其在电势-pH 图上是水平线。

(1) $Pb^{4+} + 2e^- \rightleftharpoons Pb^{2+}$

$$\varphi = 1.694 + 0.0295 \lg \frac{a_{Pb^{4+}}}{a_{Pb^{2+}}} \tag{3.14}$$

(2) $PbSO_4 + 2e^- \rightleftharpoons Pb + SO_4^{2-}$

$$\varphi = -0.3586 - 0.0295 \lg a_{SO_4^{2-}} \tag{3.15}$$

第二类反应：有 H^+ 参加的非氧化还原反应，其在电势-pH 图上是垂直线。

(3) $Pb^{4+} + 3H_2O \rightleftharpoons PbO_3^{2-} + 6H^+$

$$\lg \frac{a_{PbO_3^{2-}}}{a_{Pb^{4+}}} = -23.06 + 6pH \tag{3.16}$$

(4) $2PbSO_4 + H_2O \rightleftharpoons PbO \cdot PbSO_4 + SO_4^{2-} + 2H^+$

$$pH = 8.4 + \frac{1}{2}\lg a_{SO_4^{2-}} \tag{3.17}$$

(5) $2(PbO \cdot PbSO_4) + 2H_2O \rightleftharpoons 3PbO \cdot PbSO_4 \cdot H_2O + SO_4^{2-} + 2H^+$

$$pH = 9.6 + \frac{1}{2}\lg a_{SO_4^{2-}} \tag{3.18}$$

(6) $3PbO \cdot PbSO_4 \cdot H_2O \rightleftharpoons 4PbO + SO_4^{2-} + 2H^+$

$$pH = 14.6 + \frac{1}{2}\lg a_{SO_4^{2-}} \tag{3.19}$$

第三类反应：有 H^+ 参加的氧化还原反应，其在电势-pH 图中为斜线。

(7) $PbO_2 + HSO_4^- + 3H^+ + 2e^- \rightleftharpoons PbSO_4 + 2H_2O$

$$\varphi = 1.632 - 0.0886pH + 0.0295 \lg a_{HSO_4^-} \tag{3.20}$$

(8) $PbSO_4 + H^+ + 2e^- \rightleftharpoons Pb + HSO_4^-$

$$\varphi = -0.302 - 0.0295pH - 0.0295 \lg a_{HSO_4^-} \tag{3.21}$$

(9) $2PbO_2 + SO_4^{2-} + 6H^+ + 4e^- \rightleftharpoons PbO \cdot PbSO_4 + 3H_2O$

$$\varphi = 1.436 - 0.0886pH + 0.0147 \lg a_{SO_4^{2-}} \tag{3.22}$$

(10) $PbO \cdot PbSO_4 + 2H^+ + 4e^- \rightleftharpoons 2Pb + SO_4^{2-} + H_2O$

$$\varphi = -0.113 - 0.0295pH - 0.0148 \lg a_{SO_4^{2-}} \tag{3.23}$$

(11) $4PbO_2 + SO_4^{2-} + 10H^+ + 8e^- \rightleftharpoons 3PbO \cdot PbSO_4 \cdot H_2O + 4H_2O$

$$\varphi = 1.294 - 0.0739pH + 0.0074 \lg a_{SO_4^{2-}} \tag{3.24}$$

(12) $4Pb_3O_4 + 3SO_4^{2-} + 14H^+ + 8e^- \Longrightarrow 3(3PbO \cdot PbSO_4 \cdot H_2O) + 4H_2O$

$$\varphi = 1.639 - 0.1055pH + 0.0222 \lg a_{SO_4^{2-}} \tag{3.25}$$

(13) $3PbO \cdot PbSO_4 \cdot H_2O + 6H^+ + 8e^- \Longrightarrow 4Pb + SO_4^{2-} + 4H_2O$

$$\varphi = 0.029 - 0.0443pH - 0.0074 \lg a_{SO_4^{2-}} \tag{3.26}$$

(14) $3PbO_2 + 4H^+ + 4e^- \Longrightarrow Pb_3O_4 + 2H_2O$

$$\varphi = 1.122 - 0.0591pH \tag{3.27}$$

(15) $Pb_3O_4 + 2H^+ + 2e^- \Longrightarrow 3PbO + H_2O$

$$\varphi = 1.076 - 0.0591pH \tag{3.28}$$

(16) $PbO + 2H^+ + 2e^- \Longrightarrow Pb + H_2O$

$$\varphi = 0.248 - 0.0591pH \tag{3.29}$$

(17) $PbO_2 + SO_4^{2-} + 4H^+ + 2e^- \Longrightarrow PbSO_4 + 2H_2O$

$$\varphi = 1.712 - 0.1182pH + 0.0295 \lg a_{SO_4^{2-}} \tag{3.30}$$

3.3 铅酸电池的基本组成

3.3.1 板栅

板栅是铅酸电池的基本组成之一，占电池总质量的 20%～30%，其作用主要有两个：①活性物质的载体，在电池制造过程中，铅膏涂敷在板栅上面，活性物质靠板栅来保持和支撑；②集流体，承担电池充放电过程中电流的传导、集散作用，并使电流均匀分布。

板栅支撑活性物质并传导电流，其表面积较小且常被活性物质覆盖，与电解质的接触面也较小，因而参与电化学反应的能力远低于活性物质，但导电能力远优于活性物质，尤其是正极。电流在导电板栅与电解质充分接触的那部分活性物质上优先通过，该处电阻最小。因此，导电性好的板栅材料可使电流沿筋条均匀分布于活性物质上，有利于提高活性物质的利用率。充电状态时正极活性物质二氧化铅的密度为 9.37 g·cm^{-3}，负极海绵状铅的密度为 11.3 g·cm^{-3}，放电后电极上的硫酸铅密度为 6.30 g·cm^{-3}。从它们的密度差异可知，由多孔的二氧化铅和海绵状铅转化为硫酸铅时，一方面多孔物质的孔隙率减小，另一方面体积会发生膨胀，充电时又会收缩，这就要求板栅具有足够的强度来抵抗这种不利的膨胀与收缩。

1. 板栅材料的选择

板栅材料的选择应考虑以下因素：

(1) 电阻率小，可以加强极板的导电能力，保证电流分布均匀，使电池在充放电时充分利用电能，特别是电池在低温、大电流放电时，电阻率以几何级数增长，板栅电阻率的大小成为主要影响因素。

(2) 良好的耐腐蚀性能，尤其是不能遭受晶间腐蚀，保证电池有足够长的使用寿命。

(3) 保持与活性物质良好的接触，即通过机械、化学或电化学作用使板栅与活性物质之间接触良好，保证腐蚀层电化学阻抗较小。

(4) 良好的力学性能，以承受制造过程中和电池工作期间的机械作用及遭受的各种变形。

(5) 良好的制造工艺，合金应具有好的浇铸性，以利于提高铸板机产量，并且加热过程中合金添加剂不易被氧化，以免合金成分发生变化。

(6) 较低的析气和自放电特性。

(7) 良好的经济和环保特性，有较低的生产成本，同时减少对人体和环境的危害，容易回收利用等。

2. 板栅合金

1881 年，塞伦(Sellon)采用 Pb-Sb 合金取代纯铅制作板栅，显著提高了铅酸电池的机械强度，并改善了铅酸电池的制造工艺。这成为铅酸电池发展过程中的一项重要改进。随后，铅酸电池板栅合金的力学、电化学、浇铸、腐蚀等性能均得到有效改进，并开发了相应的多种系列合金。目前使用最广泛的是 Pb-Sb 和 Pb-Ca 合金。

1) Pb-Sb 合金

根据锑含量的不同，Pb-Sb 合金分为高锑合金和低锑合金。高锑合金中锑含量为 4%～12%(质量分数，下同)，具有良好的浇铸和深循环性能，但容易引起负极锑中毒；低锑合金中锑含量为 0.75%～3%，合金的浇铸性能、耐腐蚀性和机械性能有所下降，但负极锑中毒现象有所减缓。

Pb-Sb 合金硬度、抗拉强度、延展性及晶粒细化作用明显优于纯铅极板，在制造过程中不易变形；其熔点和收缩率低于纯铅，具有优异的铸造性能；Pb-Sb 合金比纯铅具有更低的热膨胀系数，在充放电循环期间，板栅不易变形。最重要的是，Pb-Sb 合金能有效改善板栅与活性物质之间的黏附性，两者之间的结合力增强，腐蚀层导电性高，Pb-Sb 板栅可抑制早期容量损失。同时，Sb 是 PbO_2 成核的催化剂，阻止活性物质晶粒长大，使活性物质不易脱落，提高了电池的容量和寿命。

Pb-Sb 合金正极板栅制成的铅酸电池在循环使用中，尤其是充电时，锑从正极板栅上溶解到溶液中，从而沉积到负极活性物质上。随着循环次数的增加，负极活性物质中积累的锑含量增加，从而降低氢气析出过电势，锑的存在会使蓄电池在过充和储存时析氢量增加。此外，一部分锑吸附在正极活性物质上，降低了氧在正极端的析出过电势，使水的分解电压降低，充电时水容易分解，存放时会加速自放电。采用 Pb-Sb 合金板栅，在过充时还会逸出有毒气体 SbH_3。

图 3.6 是 Pb-Sb 合金的相图。Pb-Sb 合金为典型的共晶合金，其共晶熔化温度为 252 ℃。研究表明，随着板栅中锑含量的增加，尽管合金的硬度和浇铸性能得到提高，但腐蚀速率也变大了。当用作铸造板栅的 Pb-Sb 合金中锑含量小于 4%时，铸造板栅会出现热裂纹

现象，原因是：当热的 Pb-Sb 合金倒入模具后，随着温度的降低，金属凝固，首先凝固的几乎是纯铅，其晶体为直径形态。随着铅的析出，熔融态合金将变为富锑态，直至锑含量为共溶体成分，这时开始共溶体的凝固。在温度下降的过程中形成纯铅枝晶结构，由于枝晶收缩而形成裂纹，当锑含量较高时，由于有足够的共溶体流到枝晶间的裂纹处，保证板栅无裂纹；反之，当锑含量较低时，由于共溶体的量较少，不足以填满枝晶间的裂纹，板栅出现热裂纹，如图 3.7 所示。为了避免这种裂纹，可在熔融液中加入成核剂，常用的成核剂有 Se、S、Cu、As 等。

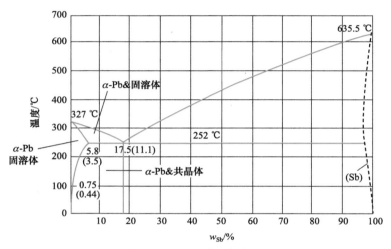

图 3.6　Pb-Sb 合金的相图

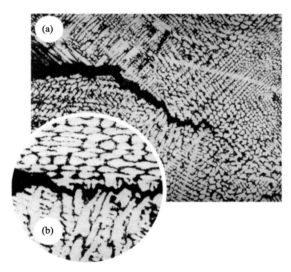

图 3.7　Pb-Sb 合金中的热裂纹

2) Pb-Ca 合金

目前的免维护铅酸电池最常用的板栅材料是 Pb-Ca 合金，根据钙含量 0.09%～0.13%、0.06%～0.09% 和 <0.04% 可分为高钙、中钙和低钙合金。现在 Pb-Ca 合金的研究重点是低

钙高锡合金，以改善合金的深循环能力。

Pb-Ca 合金为沉淀硬化型，即在铅基质中形成 Pb_3Ca，金属间化合物沉淀在铅基质中成为硬化网络。图 3.8 是 Pb-Ca 合金的相图。在 328 ℃转熔温度下，Ca 的溶解度是 0.1%，温度下降时，Pb_3Ca 相分离出来，25 ℃时为 0.1%。硬化的部分可使合金具有良好的机械强度，减缓板栅的膨胀变形。当钙含量高于 0.1%时，既不用热处理，也无需控制凝固点，就可以产生良好的结晶颗粒。当钙含量低于 0.1%时，铅合金的强度随钙含量的增加而提高，因为颗粒细化作用增加，所以强度增加。当钙含量低于 0.07%时，形成 Pb_3Ca 枝晶；当钙含量高于 0.07%时，Pb_3Ca 在晶界处产生。因此，为了防止晶间腐蚀加速，合金中的钙含量不应超过 0.07%。

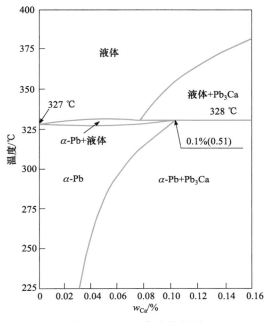

图 3.8 Pb-Ca 合金的相图

Pb-Ca 合金的主要优点：①析氢过电势大，比 Pb-Sb 合金高约 200 mV，与纯铅接近，从而有效抑制了电池的自放电和充电时负极的析氢，具有较好的免维护性能；②导电能力优于 Pb-Sb 合金，接近纯铅，其低温性能也明显优于 Pb-Sb 合金；③正极板栅中的钙溶解后，不会在负极沉积，不会引起自放电加速和有毒气体 SbH_3 析出。

Pb-Ca 合金的缺点：①采用 Pb-Ca 合金后出现早期容量损失的问题；②Pb-Ca 合金还会造成正极板栅的膨胀，导致活性物质脱落，进而造成电池内部短路，使电池提前终止；③Pb-Ca 合金的腐蚀速率随着钙含量的增加而增大，因此普遍认为降低板栅中的钙含量可提高板栅的抗腐蚀性。

为了提高 Pb-Ca 合金的铸造性能，并改善电池的深循环能力，可在 Pb-Ca 合金中添加 $Sn(w_{Sn} > 0.8\%)$。研究发现，向 Pb-Ca 合金中加 Sn，可减少板栅-活性物质界面腐蚀层导电性不好带来的早期容量损失问题。研究表明，当 w_{Sn} 为 1.2%时，腐蚀实验中质量损失最小。通过添加足够量的 Sn，Sn 与 Ca 形成金属间化合物，可以阻止 CaSO₄ 的生成，在腐蚀层中不易生成 PbSO₄，深放电后的接受再充电能力得到明显改善。Sn 含量的增加不仅可以改善熔融铅合金的流动性及可铸性，改善板栅的力学性能，也可以提高 Pb-Ca 合金的抗腐蚀性能，明显改善电池循环寿命，减少腐蚀层中 PbO 的量，促进形成一个导电的腐蚀膜。合金的晶粒尺寸一般随着 Sn 含量的增加和 Ca 含量的减少而增加。Sn 含量存在下限是由于 Sn 与 Ca 生成金属间化合物 Sn₃Ca。Ca 与 Sn 反应后，余下的 Sn 才能提高活性物质与板栅界面腐蚀膜的导电性。Al 的加入可以减少铸造过程中 Ca 的烧蚀。

至今，Pb-Ca 合金已发展为 Pb-Ca-Sn-Al 合金，其中 $w_{Ca} = 0.05\%\sim0.08\%$，$w_{Sn} = 0.3\%\sim1.5\%$，$w_{Al} = 0.015\%\sim0.03\%$。合金的特点为：较高的电子导电性，高的抗拉强度，良好的抗腐蚀性能，电池的深放电恢复性能也很好。这些合金既可以作为正极，又可用于负极板栅的制造。

3. 铅板栅的腐蚀

铅酸电池的正极反应为

$$PbO_2 + 3H^+ + HSO_4^- + 2e^- \rightleftharpoons PbSO_4 + 2H_2O \tag{3.31}$$

正极的平衡电势为

$$\varphi_{PbO_2/PbSO_4} = \varphi_{PbO_2/PbSO_4}^{\ominus} + \frac{RT}{2F}\ln\frac{a_{H^+}^3 a_{HSO_4^-}}{a_{H_2O}^2} \tag{3.32}$$

构成正极板栅的铅合金在硫酸中建立稳定电势，可近似看成是铅在硫酸中建立的平衡电势，其反应为

$$Pb + HSO_4^- \rightleftharpoons PbSO_4 + H^+ + 2e^- \tag{3.33}$$

相应的平衡电极电势为

$$\varphi_{PbSO_4/Pb} = \varphi_{PbSO_4/Pb}^{\ominus} + \frac{RT}{2F}\ln\frac{a_{H^+}}{a_{HSO_4^-}} \tag{3.34}$$

铅酸电池无论是充电过程还是放电过程，其正极电势均高于–0.300 V，在充电过程中甚至高于 1.655 V，正极板栅处于热力学不稳定状态，其腐蚀是必定发生的。正极板栅在遭受腐蚀时，由于生成腐蚀层，板栅产生应力，致使板栅线性长大变形，使极板整体遭到破坏。

3.3.2 二氧化铅正极

1. 二氧化铅

PbO₂ 是多晶化合物，常见的以 α-PbO₂ 和 β-PbO₂ 为主，图 3.9 为二者的晶胞。α-PbO₂ 属于斜方晶系，晶格常数为 $a = 0.4938$ nm，$b = 0.5939$ nm，$c = 0.5486$ nm；β-PbO₂ 属于金红石型四方晶系，$a = b = 0.4925$ nm，$c = 0.3378$ nm。二者均为八面体密堆积，四价铅离子位于八面体中心，不同的是，α-PbO₂ 是 Z 字形排列，而 β-PbO₂ 是线性排列，如

图 3.10 所示。在弱酸性和碱性溶液中形成α-PbO_2，而在强酸性溶液中β-PbO_2稳定。二者均为半导体，严格来讲其分子式写成 $PbO_x(x \rightarrow 2)$更合理，晶格中存在一些氧空位，这些氧空位可参与导电，但主要的导电载流子是电子，因此 PbO_2 是 N 型半导体。

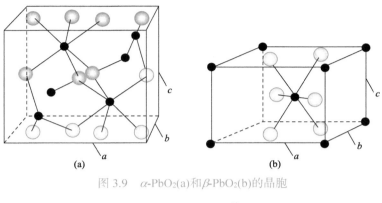

图 3.9　α-PbO_2(a)和β-PbO_2(b)的晶胞

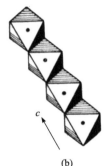

图 3.10　α-PbO_2(a)和β-PbO_2(b)的八面体密堆积

铅酸电池中的放电态活性物质是 $PbSO_4$，与α-PbO_2一样都是斜方晶系，晶格常数 $a = 0.845$ nm，$b = 0.538$ nm，$c = 0.693$ nm。$PbSO_4$ 与α-PbO_2属于同一个晶系，因此α-PbO_2放电时的产物 $PbSO_4$ 会覆盖在α-PbO_2表面形成惰性层，阻止其进一步放电；β-PbO_2放电时，由于产物 $PbSO_4$ 具有不同的晶形结构，产物疏松、孔隙率高，因此反应物利用率高，容量大。

2. 二氧化铅颗粒的凝胶-晶体形成理论

正极活性物质的最小单元为 PbO_2 颗粒，并非 PbO_2 晶体。这种 PbO_2 颗粒是由α-PbO_2、β-PbO_2 晶体及周围的水化带组成。水化带由链状的 $PbO(OH)_2$ 构成，是一种质子和电子导电的胶体结构。大量颗粒接触后构成具有微孔结构的聚集体和大孔结构的聚集体骨骼。电化学反应在微孔聚集体上发生，在大孔聚集体上进行离子传递和生成 $PbSO_4$。

Pavlov 等提出 PbO_2 颗粒形成的机理为

$$PbSO_4 \longrightarrow Pb^{2+} + SO_4^{2-} \tag{3.35}$$

$$Pb^{2+} \longrightarrow Pb^{4+} + 2e^- \tag{3.36}$$

$$Pb^{4+} + 4H_2O \longrightarrow Pb(OH)_4 + 4H^+ \qquad (3.37)$$

$Pb(OH)_4$ 具有溶胶特性，其部分脱水，形成凝胶颗粒：

$$nPb(OH)_4 \longrightarrow [PbO(OH)_2]_n + nH_2O \qquad (3.38)$$

$[PbO(OH)_2]_n$ 凝胶颗粒进一步脱水，形成 PbO_2 微晶和晶体：

$$[PbO(OH)_2]_n \longrightarrow kPbO_2 + kH_2O + (n-k)[PbO(OH)_2] \qquad (3.39)$$

凝胶区具有质子-电子导电功能，这是由于高价态的氧化铅可形成聚合物链：

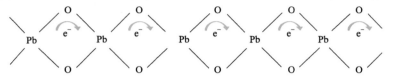

水化的聚合物链构成凝胶：

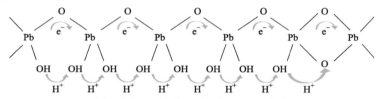

这种水化的 PbO_2 是一种与水紧密结合的结构，具有较好的稳定性，与溶液处于动态平衡，可以与溶液中的离子进行交换，有良好的离子(质子)导电性能。

在凝胶区，电子只需克服低的能垒，就可以沿着聚合物链从一个铅离子跳到另一个铅离子上，因而具有较好的电子电导性。

晶体区与晶体区之间依赖这种聚合物链连接起来。聚合物链的长度不足以连接任意两个晶体区。因此，平行链间距离或链的密度对凝胶的电子导电有重要影响。电导依赖于凝胶的密度和局外离子，这些离子可导致水化聚合物链彼此分开，增加链间距离，电导下降；或导致水化聚合物链靠近，减少链间距离，促进电子传递。

晶体区好似一个小岛，在岛上整个体积内电子可以自由移动。水化聚合物链把这些岛连接起来，岛上的电子借助水化聚合物链形成的桥在晶体区之间移动。

3. 正极反应机理

PbO_2 的还原峰电势大约在 1.08 V(参比电极为 Hg/Hg_2SO_4，MSE)，氧化峰电势在 1.45 V 左右；位于 1.0 V 左右附近的氧化峰代表 Pb 氧化生成 PbO。正极活性物质 PbO_2 放电的产物是 $PbSO_4$，H_2SO_4 以 HSO_4^- 的形式参与反应，即

$$PbO_2 + HSO_4^- + 3H^+ + 2e^- \Longleftrightarrow PbSO_4 + 2H_2O \qquad (3.40)$$

根据碰撞反应理论，完成一个正极放电反应需要 3 个质子、1 个硫酸氢根离子、2 个电子同时与 1 个晶格四价铅离子 Pb^{4+} 碰撞才会发生，显然这不是一个基元电化学反应。很多学者对 PbO_2 电化学反应的细节做过研究，提出了各种反应机理。这些反应机理可以

归纳为两种：一种观点认为有可溶性的中间产物生成，即溶解-沉积机理；另一种观点则认为反应发生在固相中，没有可溶性中间产物生成，即固相反应机理。

基于溶解-沉积机理的观点，电化学反应分为以下几个步骤，首先是 PbO_2 还原成可溶性二价铅离子 Pb^{2+}：

$$PbO_2 + 4H^+ + 2e^- \longrightarrow 2H_2O + Pb^{2+}(溶液) \tag{3.41}$$

然后溶解的 Pb^{2+} 与 HSO_4^- 结合生成 $PbSO_4$ 并沉积在电极表面：

$$Pb^{2+}(溶液) + HSO_4^- \longrightarrow H^+ + PbSO_4 \tag{3.42}$$

也有学者认为溶解的不是 Pb^{2+}，而是 Pb^{4+}，即在 Pb^{4+} 还原之前还存在化学转化步骤：

$$PbO_2 + 4H^+ \longrightarrow 2H_2O + Pb^{4+}(溶液) \tag{3.43}$$

然后 Pb^{4+}(溶液)得到电子并生成 $PbSO_4$ 沉积在电极表面。

还有学者认为溶解的是 $PbSO_4$，或者是其他形式的铅氧化物或氢氧化物，并基于此提出了一种新的反应机理，即凝胶-晶体机理，本质上也涉及可溶性中间产物。

首先是氢氧化物的生成：

$$PbO_2 + 2H^+ + 2e^- \longrightarrow Pb(OH)_2(胶体) \tag{3.44}$$

然后

$$Pb(OH)_2 + H^+ + HSO_4^- \longrightarrow PbSO_4(胶体) + 2H_2O \tag{3.45}$$

最后，当溶液中的 $PbSO_4$ 过饱和后便沉积在电极表面。

固相反应机理认为无可溶性中间体产生，整个反应均在固相中进行，PbO_2 通过一系列固相反应逐步降低氧化态，反应中存在一系列中间产物，在任何一个瞬间，电极都是由不同比例的 Pb^{4+}、Pb^{2+} 及 O^{2-}、SO_4^{2-} 活性物质组成，产物 $PbSO_4$ 是中间态氧化物与 H_2SO_4 反应的结果。

随着原位分析技术的发展，许多学者试图解决关于铅酸电池反应机理的争论问题，并在近几年取得了重大突破。如前所述，溶解-沉积机理与固相反应机理争论的焦点在于是否存在可溶性中间产物。原位电化学原子力显微镜的研究表明，反应过程伴随着 $PbSO_4$ 颗粒的长大(放电时)和消失(充电时)，证实了溶解-沉积机理。基于电极过程动力学原理对固相反应机理的细节进行分析，可以发现该机理的缺陷。如果反应遵循固相反应机理，则反应中必然涉及以下几个步骤：①固相氧离子 O^{2-} 的扩散过程或固相 H_2O 的扩散过程；②固相质子扩散过程；③固相 SO_4^{2-} 或 HSO_4^- 的扩散过程。

质子扩散过程为广大研究者所熟悉，但是关于常温下 O^{2-}(或 H_2O)与 SO_4^{2-}(或 HSO_4^-)的固相扩散现象鲜有报道。即使存在允许 O^{2-}(或 H_2O)与 SO_4^{2-}(或 HSO_4^-)在其结构中迁移的材料，也可以预想其传输速率缓慢，这与铅酸电池大电流性能不符，因此固相反应机理是不合理的。

4. 正极性能衰减机制

1) 正极活性物质脱落

正极放电产物 $PbSO_4$ 是绝缘体，密度小于 PbO_2。伴随着充放电反应的进行，电极出现膨胀、收缩，PbO_2 之间电接触变差，部分 PbO_2 不能被有效利用，并逐渐脱落。可通过巧妙的电极设计，如利用隔膜对极板施加 $30\sim80\,MPa$ 压力，提高正极活性物质之间的电接触。

2) 正极硫酸盐化

正极放电产物 $PbSO_4$ 在充电过程中很难被完全氧化为 PbO_2，导致充电结束后有 $PbSO_4$ 残余；反复循环后正极上逐渐生长成大颗粒 $PbSO_4$，不再参与充电氧化过程。此外，小颗粒表面曲率大，物质的饱和溶解度大，而大颗粒的表面曲率小，物质的饱和溶解度低，在大、小颗粒混合存在的情形下，小颗粒溶解并在大颗粒表面生长。上述两种效应叠加，最终导致正极硫酸盐化，电池内阻迅速增加。发生硫酸盐化的电池在充电时电压迅速升高，放电时电压迅速降低。

3) 自放电反应

正极的平衡电势高于氧气析出电势，因而在正极 PbO_2 上有氧化 H_2O 的趋势，即

$$2PbO_2 + 2H_2O + 2H_2SO_4 \longrightarrow 2PbSO_4 + O_2 + 4H_2O \tag{3.46}$$

正极的另一个自放电反应与电池结构有关。在铅合金导电集流体与活性物质 PbO_2 之间存在一个界面，界面两侧的物质构成一个氧化还原对，即 Pb/PbO_2，这是一个亚稳态界面，存在发生化学反应生成 PbO 的趋势，即

$$Pb + PbO_2 \longrightarrow 2PbO \tag{3.47}$$

此反应不仅导致正极活性物质的损失，还直接导致集流体的腐蚀。

3.3.3 铅负极

1. 铅

Pb 是导体，PbO 分为红铅与黄铅两种，主要有三种碱式硫酸铅，即 $PbO \cdot PbSO_4$、$3PbO \cdot PbSO_4$ 和 $4PbO \cdot PbSO_4$，一般均含有结晶水。除此之外还存在一些水合物，如水合氧化铅、非化学计量比氧化铅等。正、负极放电产物 $PbSO_4$ 的密度远小于正极上的 PbO_2 与负极上的金属 Pb，这会引起正、负极在反复充放电循环中不停地膨胀、收缩，对电池寿命不利。$PbSO_4$ 是绝缘体，不导电，这对电池的充电是不利的。

2. 负极反应机理

金属 Pb 电极在 $4.5\,mol \cdot L^{-1}$ 硫酸溶液中，在 $-1.05\,V$(参比电极为 MSE)有代表充电过程的 $PbSO_4$ 还原峰，在 $-0.96\,V$ 的氧化峰代表金属 Pb 的放电过程，氢气析出十分明显。

与正极的充放电反应机理研究现状一样，负极的充放电反应机理也不明确，主要包括固相反应机理和溶解-沉积机理。溶解-沉积机理在解释放电过程时认为，金属 Pb 首先

失去电子成为可溶性的 Pb^{2+}，随后可溶性的 Pb^{2+} 与 HSO_4^- 或 SO_4^{2-} 反应生成 $PbSO_4$ 沉积在电极表面；充电时正好相反，$PbSO_4$ 先分解成 SO_4^{2-} 和可溶性 Pb^{2+}，然后可溶性的 Pb^{2+} 得到 2 个电子沉积在电极表面。上述溶解-沉积机理可表述为

$$Pb \longrightarrow Pb^{2+}(溶液)+ 2e^- \tag{3.48}$$

$$Pb^{2+} + HSO_4^- \longrightarrow H^+ + PbSO_4 \tag{3.49}$$

固相反应机理则认为没有任何可溶性中间产物生成，反应开始阶段溶液中的 SO_4^{2-} 或 HSO_4^- 直接与表面 Pb 反应生成 $PbSO_4$，随后 $PbSO_4$ 向活性材料表面蔓延直到金属 Pb 电极表面完全被 $PbSO_4$ 所覆盖，其后的反应依靠 $PbSO_4$ 层中 SO_4^{2-} 的扩散进行，$PbSO_4$ 向颗粒内部长大。反应可表示为

$$Pb(表面) + SO_4^{2-}(溶液) \longrightarrow PbSO_4(表面) + 2e^- \tag{3.50}$$

$$SO_4^{2-}(溶液) \longrightarrow SO_4^{2-}(固相) \tag{3.51}$$

$$SO_4^{2-}(固相) + Pb^{2+} \longrightarrow PbSO_4(固相) \tag{3.52}$$

也有观点认为，跨过 $PbSO_4$ 层传输的不是 SO_4^{2-} 而是 Pb^{2+}，即反应过程表示为

$$Pb(表面) + SO_4^{2-}(溶液) \longrightarrow PbSO_4(表面) + 2e^- \tag{3.53}$$

$$Pb(固相) \longrightarrow Pb^{2+}(固相) + 2e^- \tag{3.54}$$

$$Pb^{2+}(固相) \longrightarrow Pb^{2+}(表面) \tag{3.55}$$

$$Pb^{2+}(表面) + SO_4^{2-}(溶液) \longrightarrow PbSO_4(表面) \tag{3.56}$$

按照此机理，$PbSO_4$ 层并非向颗粒内部长大，而是向溶液一侧生长，这将导致电池循环性能不佳，因此该机理不符合实际情况。

与正极的理论分析方法一样，对于负极反应的固相反应机理，至少存在 SO_4^{2-}（或 HSO_4^-）的固相扩散过程，该过程缺乏理论和实验的支持。电化学原子力显微镜技术原位观察负极表面形貌的变化，可以清晰地看到 $PbSO_4$ 的长大和消失过程，支持溶解-沉积机理。

铅酸电池的低温性能一般受控于负极，其充电效率低、电荷接受能力差。负极存在钝化现象，低温和快速放电都会促使 Pb 电极钝化。基于溶解-沉积的机理可以解释钝化现象。在低温和高倍率放电条件下，Pb 负极电化学氧化过程受到 SO_4^{2-}（或 HSO_4^-）液相扩散过程控制，导致微孔的内部不能参与反应，电化学反应生成的 $PbSO_4$ 在 Pb 电极表面形成一层致密的保护绝缘层，溶液与 Pb 层被隔开，反应终止。负极放电产物为 $PbSO_4$，其是绝缘体，因此应尽可能避免 $PbSO_4$ 颗粒长大。

3. 负极性能衰减机制

1) 负极硫酸盐化

负极的硫酸盐化也称为不可逆硫酸盐化，是指负极 Pb 在一定条件下生成坚硬的

PbSO$_4$，不同于 Pb 放电产生的 PbSO$_4$，其几乎不溶解，充电时不能转化为海绵状 Pb，使电池容量大大降低。

2）Pb 负极枝晶

Pb 负极在反复的充放电循环中逐渐失去表面的平滑特性，形成枝晶，刺穿隔膜引起电池内部短路。

3）自放电反应

图 3.11 为 Pb 负极的自放电反应。在酸性溶液中负极金属 Pb 可以置换溶液中的质子，释放出氢气，引起负极的自放电，反应式为

$$Pb + H_2SO_4 \longrightarrow H_2 + PbSO_4 \qquad (3.57)$$

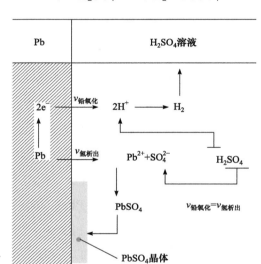

图 3.11　Pb 负极的自放电反应

溶解在电解质中的氧或正极在充电时产生的氧气也可以与负极 Pb 发生反应，反应式为

$$Pb + \frac{1}{2}O_2 + H_2SO_4 \longrightarrow PbSO_4 + H_2O \qquad (3.58)$$

为了改进电池性能，降低负极自放电，通常在负极活性物质和负极集流体中加入一些添加剂以提高氢气析出过电势，降低氢气析出反应速率。此外，电解质要除氧。

3.4　铅酸电池的制造工艺

铅酸电池制造是从加工极板开始的，正、负极板的加工工艺比较相似。将生极板化成熟极板后，便可以用正、负极板和隔板等配件装配成电池。本节以涂膏式极板为例介绍铅酸电池的制造工艺。

3.4.1　板栅制造

铅合金板栅的制造形式包括铸造板栅和拉网板栅。图 3.12 为两种类型的板栅。

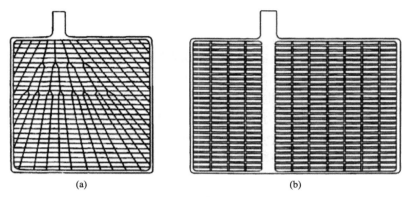

(a)　　　　　　　　　　　　　　　(b)

图 3.12　两种类型的板栅

(a) 斜线；(b) 直线

铸造板栅生产的工艺流程：合金配制→模具加温→喷脱模剂→重力浇铸→时效硬化。铸造板栅最常用的合金有两大类：Pb-Sb 合金和 Pb-Ca 合金。

Pb-Sb 合金的配制过程：为了缩短熔化时间和节约能源、减少烧损，先配制高 Sb 合金，然后添加 Pb，使其变为主要的成分。

Pb-Ca 合金的配制过程：采用 Ca-Al 母合金配制时，先称取纯铅放到熔铅锅中，加热至 500 ℃，待铅熔化后加 Sn，并搅拌，继续保温，然后将 Ca-Al 合金打成小块，用纸包好，放入带孔的钟罩中，直接压到熔化的铅液中，不断摇晃，直到合金块熔化。也可以直接购买 Ca 含量 2%以上的 Pb-Ca 母合金，再加入 Pb、Sn 等成分稀释得到。

板栅制造一般采用重力浇铸。铸造模具由低碳钢或球墨铸铁加工而成。浇铸过程一定要使合金铸满模具，因此需控制合金的温度和模具的温度。如果浇铸前合金温度过低，则浇铸时流动性差；如果合金温度过高，会发生氧化，且在浇铸中容易出现气孔。当铸造板栅的形状较复杂时，铸模的温度要适当高些；反之，当铸造板栅的形状较简单时，铸模的温度可适当低些。在模腔表面喷涂脱模剂，一方面有利于脱模，另一方面可调节模具不同部位的冷却速度。

刚铸好的板栅由过饱和的固溶体构成，而过饱和的固溶体在适当温度和一定时间下会发生脱溶，生成沉淀相，从而提高板栅的硬度。因此，铸造好的板栅通常需要放置一段时间，也就是时效硬化过程。

近年来，由于铸造过程易发生 Ca 的烧蚀，且铸得的板栅较厚，因此采用 Pb-Ca-Sn 合金通过拉伸的方法制备的拉网板栅得到了快速发展和应用。

3.4.2　铅粉制造

铅粉制造是电极活性物质制备的第一步，而且是关键的一步，其质量的好坏对电池的性能有重大影响。

目前，制造铅粉的方法主要有球磨法和气相氧化法。

球磨法生产过程：将铅块或铅球投入球磨机中，由于摩擦和生成氧化铅过程放出热量，筒内温度升高，为氧化铅的生成提供了条件。只要合理地控制铅量、鼓风量，并在一定湿度下就能生产出铅粉。

气相氧化法生产过程：将温度高达 450 ℃的铅液和空气导入气相氧化室，室内高速旋转的叶轮使铅液与空气充分接触，从而生成大部分是氧化铅的铅粉。将铅粉吹入旋风沉降器，以便降温和沉降较粗的铅粉，最后在布袋过滤器中分离出细粉。

目前大部分国家采用球磨法生产铅粉。球磨法生产铅粉的基本过程：当球磨机工作时，转筒内的铅球或铅块受离心力作用，随转筒一起回转，在重力作用下撞击筒内的铅球或铅块；同时随着筒体回转，筒内铅球或铅块相互摩擦并与筒壁摩擦。此时在摩擦力作用下，金属表面的晶粒发生位移。在具有一定湿度的高温空气作用下，铅的表面，特别是发生位移的晶面边缘更易氧化，同时放出热量，具体反应式为

$$\frac{1}{2}O_2 + Pb \longrightarrow PbO + 217.7 \text{ kJ} \cdot \text{mol}^{-1} \tag{3.59}$$

由于铅的氧化物与纯铅的性质不同，在摩擦力、冲击力的作用下从铅表面脱落，并进一步被磨细，得到所需的铅粉，尺寸控制在微米级别。铅粉机在工作时不断向转筒内鼓入空气，主要有两个作用：一方面不断输入氧气；另一方面排出的空气可带走铅粉和多余的热量。

铅粉的质量通过氧化度、视密度和吸水率等参数来衡量。氧化度是指铅粉中氧化铅的质量分数。颗粒越细，铅粉的氧化度越高。氧化度影响极板孔率，在其他条件不变的情况下，氧化度增大将使电池的初容量增加。一般氧化度控制在 65%～80%。视密度是指铅粉自然堆积起来的表观密度，单位为 $g \cdot cm^{-3}$。它是铅粉颗粒组成、粗细和氧化度的综合指标，一般控制在 1.65～2.10 $g \cdot cm^{-3}$。铅粉的吸水率表示一定质量铅粉吸水量的大小，常用百分数表示，其表示在和膏过程中铅粉吸水能力的大小，与铅粉的氧化度和颗粒大小有关。

3.4.3　铅膏的配制

制造铅膏是极板生产中的关键工序。正极板用的铅膏由铅粉、硫酸、短纤维和水组成。负极板用的铅膏由铅粉、硫酸、短纤维、水和添加剂组成。和膏作业是在和膏机中进行的。和膏工艺的操作顺序是加入铅粉和添加剂，开动搅拌后，再加短纤维和水，然后慢慢加入硫酸，继续搅拌一段时间后将铅膏排出和膏机。和膏过程发生以下化学反应：

(1) 铅粉加水后：
$$PbO + H_2O \longrightarrow Pb(OH)_2 \tag{3.60}$$

(2) 加酸后：
$$Pb(OH)_2 + H_2SO_4 \longrightarrow PbSO_4 + 2H_2O \tag{3.61}$$

(3) 加酸后继续进行的反应：
$$PbSO_4 + PbO \longrightarrow PbO \cdot PbSO_4 \tag{3.62}$$

如果和膏温度控制在 65 ℃以下，则反应为

$$PbO \cdot PbSO_4 + 2PbO \longrightarrow 3PbO \cdot PbSO_4 \tag{3.63}$$

生成的 $3PbO \cdot PbSO_4$ 直径为 0.5～0.8 μm，粒径为 1～4 μm，如图 3.13(a)所示。

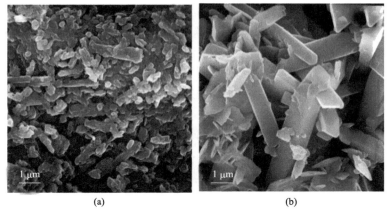

图 3.13 铅膏的扫描电子显微镜照片

(a) 3PbO · PbSO₄；(b) 4PbO · PbSO₄

如果和膏温度在 75 ℃以上，则生成水合相 4PbO · PbSO₄，相应的反应为

$$PbO \cdot PbSO_4 + 3PbO \longrightarrow 4PbO \cdot PbSO_4 \tag{3.64}$$

生成的 4PbO · PbSO₄ 长为 15～25 μm，宽为 3～15 μm，如图 3.13(b)所示。

(4) 氧化反应(和膏过程中始终进行)：

$$O_2 + 2Pb \longrightarrow 2PbO \tag{3.65}$$

在启动型正极板铅膏配方中，氧化铅的物质的量是硫酸的 4.89 倍，消耗与氧化铅等物质的量的硫酸生成硫酸铅后，还剩余大量氧化铅，所以铅膏的稳定组成为水合相 PbO、3PbO · PbSO₄ 或 4PbO · PbSO₄，且铅膏是碱性的。

3.4.4 生极板制造

对于涂膏式压板，生极板的制造工艺包括：涂板→淋酸→压板→表面干燥→固化。

1. 涂板

将铅膏涂到板栅上，这道工序称为涂板，通常在带式涂板机上进行。涂板机依次完成涂板、淋酸和压板三道工序。淋酸是在密度为 1.10～1.15 g · cm⁻³ 的极板表面上形成一薄层硫酸铅，防止干燥后出现裂纹，也防止极板密排时相互黏结。表面干燥是去掉生极板表面的部分水分，防止极板密排时相互黏结，在隧道式表面干燥窑中进行。表面干燥后铅膏的含水率控制在 9%～11%。

2. 固化

经过涂板、淋酸、压板和表面干燥的极板在控制温度、湿度和时间的条件下失去水分，进而凝结成含有均匀微孔的固态物质，该过程称为固化。

极板固化过程中发生下列变化：①铅膏中残余的金属铅被氧化成氧化铅，铅含量进一步降低，固化完成后正极的金属铅含量应少于 2%，负极应少于 5%，铅含量过多对正极板有副作用，在化成或充放电循环中，铅转换成硫酸铅和二氧化铅的体积变化大，导致活性物质脱落或蜕皮；②固化过程中，铅膏继续进行碱式硫酸铅的结晶，60 ℃以下主要生成 3PbO·PbSO₄·H₂O，称为常温固化工艺，温度高于 80 ℃时有利于 4PbO·PbSO₄·H₂O 的生成，称为高温固化工艺；③固化使板栅表面生成氧化铅的腐蚀膜，增强板栅与活性物质的结合，使板栅与活性物质之间的接触更加紧密；④保证上述过程完成之后，使极板脱水，铅膏硬化，形成多孔电极。

固化工艺一般分为两个阶段：第一阶段控制温度、高湿度和时间，保证固化的前三个过程顺利进行；第二阶段控制温度和时间，使极板脱水。

3.4.5 极板化成

固化后生极板的主要成分是 PbO、3PbO·PbSO₄·H₂O 或 4PbO·PbSO₄·H₂O。化成是指通入直流电后正极上的活性物质发生电化学氧化反应生成二氧化铅，同时负极上发生电化学还原反应生成海绵状铅的过程。

化成分为槽式化成和电池化成两种。槽式化成是将极板放在专门的化成槽中，多片正极和负极相间连接到一起，然后通直流电。电池化成不需要专门的化成槽，而是将生极板装配成极群组，放入电池壳装配成电池组，然后化成。槽式化成采用的硫酸密度为 $1.05 \sim 1.10 \ \mathrm{g \cdot cm^{-3}}$，而电池化成采用的硫酸密度为 $1.24 \sim 1.30 \ \mathrm{g \cdot cm^{-3}}$。

1. 化成时极板上的反应

化成过程中，极板上同时发生化学反应和电化学反应。

1) 化学反应

生极板的主要组成是氧化铅和碱式硫酸铅，它们都是碱性化合物。在放入盛有稀硫酸的化成槽后，发生如下反应：

$$PbO + H_2SO_4 \longrightarrow PbSO_4 + H_2O \tag{3.66}$$

$$3PbO \cdot PbSO_4 \cdot H_2O + 3H_2SO_4 \longrightarrow 4PbSO_4 + 4H_2O \tag{3.67}$$

随着反应物的消耗，上述中和反应的速度逐渐减慢。当反应物消耗完时，中和反应就停止了。在通常情况下，中和反应需要占整个化成时间的一半或者短一些。

2) 电化学反应

在直流电作用下，正、负极板上分别发生电化学氧化、还原反应。其中，正极板在化成初期进行如下氧化反应：

$$3PbO \cdot PbSO_4 \cdot H_2O + 4H_2O \longrightarrow 4\alpha\text{-}PbO_2 + 10H^+ + SO_4^{2-} + 8e^- \tag{3.68}$$

$$PbO + H_2O \longrightarrow \alpha\text{-}PbO_2 + 2H^+ + 2e^- \tag{3.69}$$

由电势-pH 图可见，上述反应物的氧化比 PbSO₄ 的氧化容易，所以优先进行。上面提到的由中和反应生成的 PbSO₄ 在化成的初期暂不参加反应。由于极板深处的 pH 较高，氧的平衡电极电势比二氧化铅的平衡电极电势正，氧气在极板深处不可能析出，因此化成的电流效率较高。

2. 化成时极板中铅膏的变化

研究发现，正极板的化成包括：①与板栅表面腐蚀层接触的活性物质被化成；②大部分铅膏被化成；③剩余铅膏未化成时，正极板的电势开始上升。负极板的化成包括：①化成由铅板栅开始，Pb 和 $PbSO_4$ 晶带层首先覆盖电极表面；②铅板表面被 Pb 和 $PbSO_4$ 晶带层覆盖后，铅骨架的生长方向改为固化铅膏内部。由此可见，化成时正极和负极的变化规律是不一样的。

3. 干荷电极板的化成

化成后的负极板在干燥过程中，约有 50%海绵状铅被氧化，处于非荷电状态。采用此极板装配的电池使用前必须进行长时间的初充电。干荷电蓄电池与普通铅酸电池的根本区别是：干荷电蓄电池在注入电解质时，不必进行初充电，电池就能放出大部分容量。干荷电蓄电池出厂时通常不带酸，使用前需要加酸。为了使电池加酸后能立即工作，装配电池的负极板在干燥过程中应尽量避免被氧化。

3.4.6 电池装配

铅酸电池装配过程：配组极板群→焊极群→装槽→穿壁焊接→热封盖→焊端子→灌注封口胶。

极板群的配组过程：将负极板与正极板间隔排列，每两片电极间配有隔板，组成极群，通常极群的边板是负极板。通过钎焊将同名电极连接在一起并配有极柱。

隔板是电池的主要组成部分之一，主要作用是防止正、负极短路，但不能影响电解质自由扩散和离子的电迁移，即隔膜既要对电解质离子迁移的阻力小，又要有良好的化学稳定性和机械强度。现在普遍使用的隔板有微孔橡胶隔板、PVC 隔板，阀控式铅酸电池使用吸附式复合玻璃纤维隔板。

电池的装配需要兼顾极板的紧装配、足够的酸量及工艺的可操作性。

3.5 阀控式铅酸电池

铅酸电池大多被设计成小型便携式和大型固定式，通常是密封或免维护的，不需要更换电解质。事实上铅酸电池并不是真正密封的，存在一个控制电池中气体输入或排出的减压阀，这些阀可使内压在十分之几到几个大气压范围时得到释放。这种设计的电池称为阀控式铅酸(VRLA)电池。该电池设计了一个单向阀来密封电池，除非电池的内部气压大于设计允许的最大值，否则密封阀关闭后能够阻止外界空气中的氧气进入电池内。排气阀压力的设计由生产商决定。

VRLA 电池的使用越来越普及。1999 年，在通信和 UPS 应用中使用 VRLA 电池的比例高达 75%。便携式电子产品、电动工具和混合型电动交通工具等新兴市场促进了 VRLA 电池的设计开发。但 VRLA 电池对滥用的耐受能力不如富液式电池。电池内部热量的吸收主要依赖电解质，但是 VRLA 电池中的电解质含量非常有限。也就是说，VRLA

电池在滥用情况下更趋向于热失控，而传统的富液式电池不会有这样的危险。当 VRLA 电池在高温环境中运行时，这样的危险更容易发生。

VRLA 电池的主要优缺点见表 3.2。

表 3.2　VRLA 电池的主要优缺点

优点	缺点
免维护	不能以放电状态存放
浮充寿命适中	较低的能量密度
高比容量	与密封镍镉电池相比，循环寿命较低
与镍镉电池相比，无记忆效应	不正确的充电方式或不合适的热管理下会出现热失控
荷电状态可通过测量电压确定	与传统铅酸电池相比，对高温环境更敏感
相对低成本	
2 V 的小单体到 48 V 的大电池都有	
有些电池可侧向安装，维护简单	

3.5.1　VRLA 电池的化学原理

虽然 VRLA 电池的设计和结构与传统铅酸电池不同，但化学反应是一样的。正、负极发生的电化学反应及总反应如下：

$$\text{负极反应：} \quad Pb + HSO_4^- \rightleftharpoons PbSO_4 + H^+ + 2e^- \quad\quad (3.70)$$

$$\text{正极反应：} \quad PbO_2 + 3H^+ + HSO_4^- + 2e^- \rightleftharpoons PbSO_4 + 2H_2O \quad\quad (3.71)$$

$$\text{总反应：} \quad Pb + PbO_2 + 2H^+ + 2HSO_4^- \rightleftharpoons 2PbSO_4 + 2H_2O \quad\quad (3.72)$$

当给电池再充电时，细微分布的 $PbSO_4$ 粒子在正极上被电化学还原成海绵状铅，而在负极上则转换成 PbO_2。当充电接近完成且 $PbSO_4$ 已转换成 Pb 和 PbO_2 时，过充电反应开始。对于传统的富液式设计，这些反应会导致氢气和氧气生成并损失水。

VRLA 电池在正常过充电速率下产生的大部分氧气在电池内被复合。圆柱形 VRLA 电池采用高纯度铅，通常加入锡制成板栅，用于收集活性物质产生的电子，并将它们传递到电池端子。在方形电池如胶体电解质设计中，通常采用 Pb-Ca-Sn 合金制成强度更高的板栅，不能采用在传统铅酸电池中使用的 Pb-Sb 合金。提高铅的纯度有助于减少过充电时氢气的析出量和降低搁置时的自放电速率。同时，氧循环抑制了氢气的产生。VRLA 电池需要在通风的场所使用，这是因为通过压力释放阀或塑料外壳仍会有少量氢气、二氧化碳和氧气析出。

有 H_2SO_4 存在的条件下，氧气将在负极板上按其扩散到铅表面的速度发生反应：

$$Pb + HSO_4^- + H^+ + \frac{1}{2}O_2 \rightleftharpoons PbSO_4 + H_2O \quad\quad (3.73)$$

在富液式铅酸电池中，这种气体扩散过程极其缓慢。事实上几乎所有氢气和氧气都从电池逸出而不是复合。在 VRLA 电池中紧密相连的极板被超细玻璃纤维组成的多孔隔膜分隔。电池壳中的电解质刚好能够包裹所有极板表面和隔膜中独立的玻璃束,因此创造贫液条件,这为极板气体的均匀传输创造了条件,促进了复合反应。

在减压阀内保持一定的电池内压,能使电池壳内气体保持足够长的时间,使气体扩散产生并增加复合反应。其结果是:水不是从电池中释放出来,而是在电化学循环中用来抵消超过活性物质转化所需的多余的过充电电流。因此,电池可以在不失水的前提下转化所有活性物质而被有效过充电,尤其是在推荐的充电倍率下效果更显著。连续的高过充电率条件下,气体聚集快,以至于复合反应不能同步高效进行,甚至 O_2 也像 H_2 一样排出,因此应避免高倍率充电。

3.5.2 VRLA 电池的结构

VRLA 电池的设计有两种常见形式:一种是卷绕结构,电极卷绕在一个圆柱形的容器中;另一种是板状极板放在方形壳体中。与方形壳体相比,圆柱形壳体能承受更大的内部压力而不变形,因此开阀压力更高。带有金属套的卷绕式电池开阀压力高达 25~40 psi (1 psi = 6894.76 Pa),而大的方形电池的开阀压力为 1~2 psi。

VRLA 电池中电解质不流动,通常有以下两种形式:

(1) 胶体电解质。通常采用加入气相二氧化硅或硅胶的方法固定液体电解质。搅拌电解质混合物,使其保持液态,直至其被注入电池中并硬化成为具有触变性的胶体。为保持极板间的空隙以便于注液操作,隔板通常采用比吸收式玻璃纤维毡(AGM)隔板强度更好的多孔材料制成带有筋条的片形隔板。新电池在充电末期和过充电的过程中会损失水分。失水过程会在电解质中形成裂隙的网络,增加从正极板到负极板的氧气通道。在胶体电解质 VRLA 电池中,氢气析出和水损耗减少,酸液外泄的可能性降至最低。

(2) 吸收式玻璃纤维毡。在 AGM 电池中,电解质被吸附在正极板和负极板之间的多孔 AGM 隔板中。AGM 隔板主要由超细玻璃纤维制成,不能完全饱和。在正极板产生的氧气在充电时可以通过微孔结构到达负极板,并反应生成水。这个过程会降低氢气的析出并减缓电池干涸的速率。隔板在电极表面被轻微压缩以便于电解质与正、负极板中具有电化学活性的铅发生反应。有时采用强度更好的纤维、聚合物纤维和玻璃纤维的混合体及表面处理的方式来改善 AGM 的强度和性能。部分制造商在采用 AGM 的同时,还在电池内部极群侧面、底部和顶部的空隙处加入胶体电解质,用于增加电池的酸量。多加入的胶体酸有助于热量传至壳体,并减缓电池的干涸速率,这对炎热环境中的电池使用大有裨益。

应该注意,二氧化硅能与硫酸反应,而且其吸收和胶体化的变化不仅有物理作用,还有化学作用。电解质的不流动性使得电池能以任意方向使用而不会有电解质溢出。在更大型的工业应用中,电池组可以侧放,使用紧凑的安装方式,其所占面积和空间大大减小。一种趋向是使电池极板相当于地面平行放置使用,这种电池称为"薄饼式"。

1. 圆柱形电池结构

VRLA 电池的横截面和电池内基本部件拆解分别如图 3.14 和图 3.15 所示。正极板栅和负极板栅均使用纯度为 99.99% 的铅加入 0.6% 的锡制成，以强化电池深放电的恢复能力。铅板栅厚度相对较薄，为 0.6～0.9 mm，以便提供大的极板表面积而适用于高倍率放电。极板涂上氧化铝，用玻璃纤维隔膜隔开，卷绕后就形成电池的基本元件。然后，铅柱被焊接到露在正极和负极板栅上方的极耳上。极柱是聚丙烯内盖利用其自身的膨胀有效封入的铅柱；然后装入衬垫且使部件顶端与衬垫连接在一起。在这种结构状态下，除了敞开的气孔外，其余部分全部密封。随后加入硫酸，在排气孔上扣上安全阀。下一步，将封好的部分放入金属罐，盖上外侧的塑料盖，滚槽后便完成装配。金属罐起到增加壳体的机械强度，且不影响安全阀的作用。完成以上步骤后，电池开始化成。

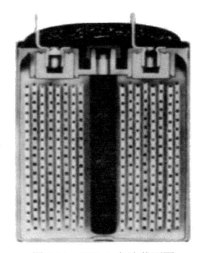

图 3.14　VRLA 电池截面图

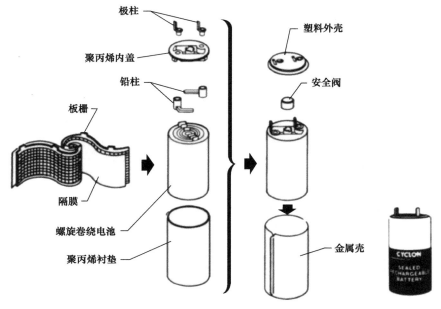

图 3.15　VRLA 电池的零部件

使用圆柱形电池的整体电池是用2~6只单体圆柱形电池在同一个塑料壳中内部连接而制成。这些 4 V、6 V、12 V 电池的性能特征与单体电池相似。整体电池设计如图 3.16 所示。

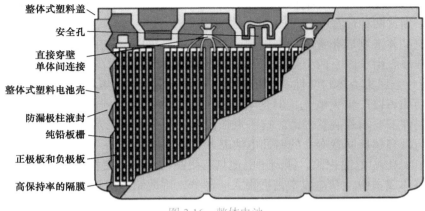

整体式塑料盖
安全孔
直接穿壁
单体间连接
整体式塑料电池壳
防漏极柱液封
纯铅板栅
正极板和负极板
高保持率的隔膜

图 3.16　整体电池

2. 方形电池结构

方形铅酸电池的剖面示意图如图 3.17(a)所示。一种典型方形单体电池，用三只单体电池组合成的整体电池的分解图如图 3.17(b)所示。

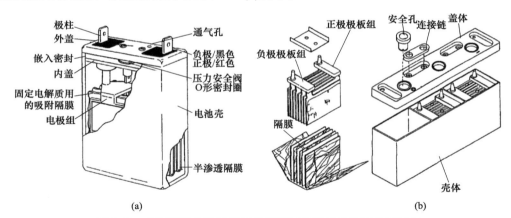

极柱
外盖
嵌入密封
内盖
固定电解质用
的吸附隔膜
电极组

通气孔
负极/黑色
正极/红色
压力安全阀
O形密封圈
电池壳

半渗透隔膜

(a)

正极极板组
负极极板组

隔膜

安全孔　连接链　盖体

壳体

(b)

图 3.17　方形铅酸电池的剖面示意图(a)和整体电池的分解图(b)

方形电池通常使用无锑的 Pb-Ca 合金板栅，因为这种合金的自放电更低，而且有助于减少有毒气体的逸出。然而，当电池采用无锑铅板栅且没有添加剂时，这种设计会趋向于降低电池的深循环寿命。前面所述添加剂大多是专利技术，其中最公开的是磷酸。循环性能、容量、浮充寿命之间的平衡是由 α-PbO_2 和 β-PbO_2 的比例、铅膏表观密度、电解质量及浓度决定的。

电解质像吸墨纸一样被吸入玻璃纤维隔膜或被凝固成胶。人们曾经试验过将许多抗酸材料作为凝胶剂，如烧结过的黏土、浮石、沙土、漂洗过的土、石膏和石棉等。其中，最常用的凝胶剂是气相硅。最近，其他硅化合物，如碱金属硅聚合物以及硅氧烷聚合物的混合物，已经开始尝试应用于阀控式铅酸电池产品中。

3. 高功率电池设计

功率，即电流与电压的乘积，可以通过加大电流或提高电压的方式得到提升。新型电池设计采用这两种途径提高 VRLA 电池的功率密度。

在金属基体上制成非常薄的电极制造单体电池，可以增加电流密度或指定体积内的单体电池数量。由于以下两个主要原因，这样的设计现在已很少采用：

(1) 薄片金属集流体与活性物质间的高接触面积引起自放电增大，导致电压下降快。尽管高表面积可以产生大电流，但是电压损失造成功率迅速下降，导致产品不能满足大多数应用条件下要求的搁置寿命。这一点在便携式产品市场上尤为突出，薄的 VRLA 电池不得不与具有超长搁置寿命的碱性电池展开竞争。

(2) 与 VRLA 电池相比，锂离子电池具有更高的能量密度和开路电压。在小型便携式电池的整体成本中，制造成本占据很大一部分，因此铅酸电池原材料价格低的优势并不明显。

另一种提高功率的方法是开发双极性 VRLA 电池。在这种设计中，电池的正极和负极材料分别涂覆在导电的双极性基体上的两个相对面上。电化学活性材料必须与基体结合良好，同时又不能破坏它。双极性电极以串联的方式组合起来，如图 3.18 所示。

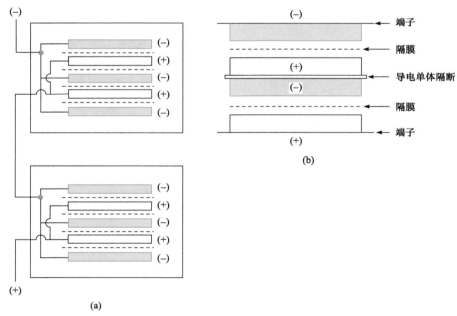

图 3.18 单极性和双极性电池设计图示比较
(a) 单极性(高容量/低功率)；(b) 双极性(低容量/高功率)

双极性 VRLA 电池开发存在三大挑战：①寻找稳定的导电基体；②为获得高电压需要密封多个单体；③开发一种能够在两片电极组成的单体电池中使用的安全阀。

目前一直在开发铅酸电池中具有化学稳定性的，能够阻挡双性极板正、负极之间离子迁移的双极性基体材料。导电、稳定且能与 VRLA 电池组分兼容的材料包括：渗铅陶瓷片、高铅酸钡(BaPbO₃)、碳材料、非化学计量比的钛氧化物(Ti₄O₇ 和 Ti₄O₉)制成的固体泡沫或其他结构，或者与聚合物或环氧树脂形成的混合物。

与单极性电池中每个单体包括多片正极和多片负极不同，双极性电池中每个单体只有一片正极和一片负极。双极性极板可以叠放起来，在一个很小的空间内获得高电压，但是容量很低。电池组中双极性极板增加，电压效率也随之增加，但容量不增加。电流通道直接穿过基体，而不像单极性电池需要通过极板表面。因此，与单极性电池相比，双极性电池内阻更低，电流分布更均匀。目前，在高倍率应用场合(如混合电动车)使用大容量双极性 VRLA 电池，可以延长使用寿命。

3.5.3　VRLA 电池的性能特征

以圆柱形 VRLA 电池为例介绍其性能特征。

1. 电压

VRLA 单体电池的额定电压是 2.2 V，但通常称为 2.0 V。有负载时，每个单体电池典型的放电终止电压可达 1.75 V。开路电压由充电程度决定。图 3.19 是基于 C/10 放电倍率的放电曲线。由此根据开路电压估算电池的荷电状态。

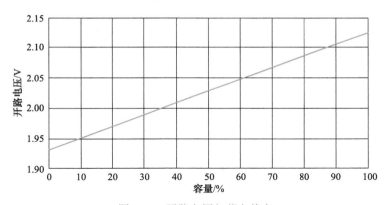

图 3.19　开路电压与荷电状态

2. 放电特性

典型的 VRLA 单体电池在-40～65 ℃温度范围内，在不同放电倍率下的放电曲线如图 3.20 所示。放电曲线在中等放电倍率或低放电倍率时相对平稳。这些曲线是基于 2.5 A·h 和 5 A·h 电池绘制的。

放电程度对电池性能的影响显著。与其他所有可充电电池一样，VRLA 电池放电超过其 100%额定容量时，可能会减少电池寿命或削弱其充电接收能力。

电池 100%可用容量被放出后的电压是放电倍率的函数，如图 3.21 所示。较低的曲线显示最小电压水平，电池被放电到此最低电压时对电池充电容量不会有什么影响。为了优化寿命及充电容量，当电压达到两曲线之间的蓝色区域时，电池就应该与负载分离。

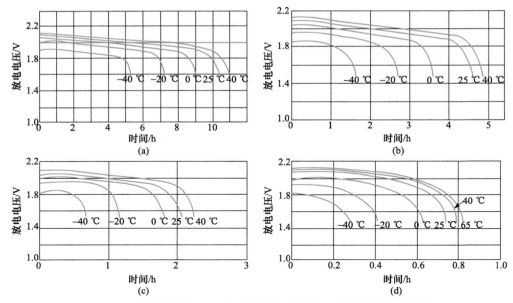

图 3.20 圆柱形 VRLA 电池在不同温度和放电倍率下的放电曲线

(a) C/10；(b) C/5；(c) C/2.5；(d) 1C

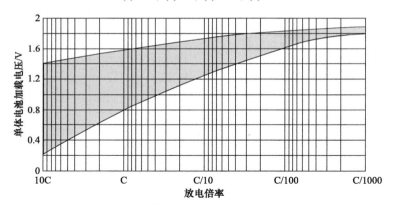

图 3.21 VRLA 单体电池放电时可接受的电压水平

在这样的"过充电"条件下，硫酸电解质中的硫酸根离子用尽并转变成水，从而导致很多问题。由于缺乏硫酸根离子这种荷电主导体，电池内阻显著升高，并且通过的充电电流很小。可能需要经过更长的充电时间或变换充电电压才能开始正常充电。

另一个潜在的问题是硫酸铅在水中的溶解。在严重深放电条件下，极板表面的硫酸铅能溶解到水溶液中。再充电时，硫酸铅中的水合硫酸根离子转换成硫酸，在隔膜中形成金属铅沉淀。这种金属铅可在极板间形成枝晶，导致电池失效。

3. 高速脉冲放电

VRLA 电池在引擎启动等需要高倍率放电时很有效。在 25 ℃和−20 ℃下，VRLA 圆柱形电池在 10C 放电倍率下，按连续放电和 16.7%负载间歇(10 s 脉冲和 50 s 搁置)的放电曲线如图 3.22 所示。

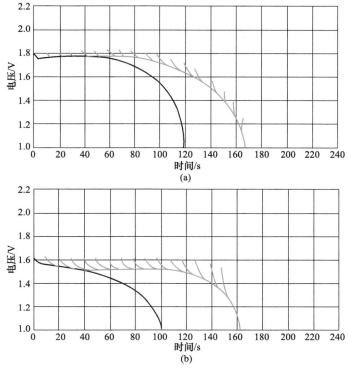

图 3.22 VRLA 圆柱形电池在 10C 放电倍率下的放电曲线

(a) 25 ℃；(b) −20 ℃

从这些数据可以明显看出，当使用间歇性脉冲放电时，VRLA 电池的容量大幅提升。这种现象是由浓差极化引起的。随着电流从电池中流出，电解质中的硫酸与极板上的活性物质发生反应。此反应降低了极板-电解质接触面的酸浓度，因此电池电压下降。在搁置时间内，本体溶液中大量酸扩散到电极上的小孔中以补充已经反应完的酸。当酸平衡稳定后，电池电压就会上升。在脉冲放电过程中，酸可以在脉冲之间平衡，使酸不会很快用尽，而且电池总容量有所提高。

4. 充电特性

与其他二次电池体系充电相同，给 VRLA 电池充电也是恢复放电过程中消耗能量的过程。由于这个过程效率不够高，有必要使充入电量超过放电过程放出电量。充电过程中充入的电量依赖于放电深度、充电方式、充电时间和温度。在高温条件下，充电电压和电流应根据电池温度进行控制。在铅酸电池过充电过程中伴随气体的产生和正极板栅的腐蚀。传统富液式铅酸电池中产生的气体从系统中逸出，导致失水，这些水在维护过程中被补充进来。而 VRLA 电池使用气体再化合原理，即在正常的过充电过程中产生的氧气在负极板减少，从而消除氧气的逸出。此外，使用无锑板栅也可明显降低氢气的产生量。使用纯铅或特殊合金制造板栅可降低正极板栅的腐蚀率。同时，通过改变活性物质配方，正极板栅的腐蚀率可降到最小。

充电可以采用多孔方式完成。恒电压充电是铅酸电池充电的传统方法，也适用于

VRLA 电池。此外，也可以使用恒电流充电、浮充电等方法。

　　VRLA 电池最快、最有效的充电方法是恒电压充电。图 3.23 是放出 100%容量后，不同充电电压下的充电时间。为了能够在给定电压条件下满足此时间需要，充电器必须达到至少 2C 倍率的充电能力，可以将最大电流充电时间加入总充电时间，即如果充电器被限制在 C/10，则应在充电的电压-时间关系上加 10 h；如果充电器被限制在 C/5，则应加上 5 h，依此类推。电池的充电特性没有最大电流的限制。

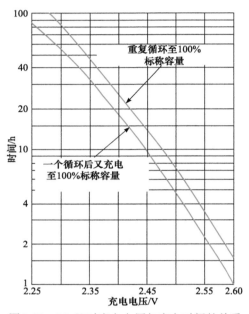

图 3.23　25 ℃时充电电压与充电时间的关系

　　快速充电定义为一种在少于 4 h 的时间内使电池恢复到全容量的充电方法。然而，许多情况下要求 1 h 以内完成充电。与传统富液式铅酸电池不同，VRLA 电池是利用具有高浓度电解质保持能力的隔膜，把大量电解质吸入其中而形成贫电解质系统，然后在极板中形成均匀的气相传输通道。传统铅酸电池内部析气的问题在此系统中不明显，这是因为过充电时产生的氧气能够在 VRLA 电池中得到复合。在一些 VRLA 电池中采用薄极板形成巨大的表面积，将电流密度降低到与普通铅酸电池在快速充电时相对低的水平，因此可提高快速充电能力。

　　当 VRLA 电池作为备用电源时应采用浮充电，恒电压充电器的电压维持在 2.2～2.3 V(每个单体电池)时，电池寿命非常长。由于过高的电压会加速板栅腐蚀，因此不提倡在高于 2.4 V(每个单体电池)条件下连续充电。恒电流充电是另一种对 VRLA 电池高效充电的方法。恒电流充电通过应用恒电流源来实现。当几个单体电池串联充电时，此充电方法极为有效，这是由于它趋向于消除电池组中电池间的不平衡。恒电流充电可以对电池内每个单体电池进行均衡充电，这是因为它不受电池组内每个单体电池充电电压的影响。

5. 储存特性

由于活性物质处于热力学不稳定状态，多数电池在开路状态下损失储存能量。自放电率依赖于电池系统的化学反应及储存温度。图 3.24 显示了在 0～70 ℃下，电池开路电压由 2.18 V 下降到 1.81 V 的最大天数。从图中可以看出，VRLA 圆柱形电池可以长时间存放而不损坏。图 3.25(a)是电池开路电压与剩余储存时间的关系曲线，显示了自放电反应的非线性变化。图 3.25(b)是不同温度下 VRLA 电池的剩余可用容量与储存时间的关系曲线。在特定温度与储存时间一定的前提下，此曲线计算近似剩余容量时更方便。

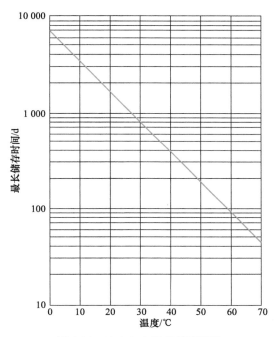

图 3.24　VRLA 电池的储存特性

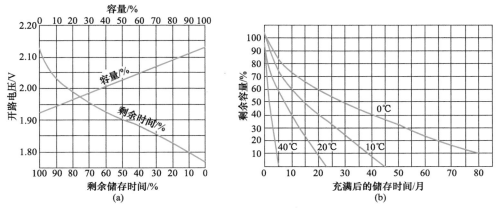

图 3.25　VRLA 电池充放电特性与储存时间和温度的关系
(a) 开路电压与剩余储存时间的关系；(b) 剩余可用容量与储存时间的关系

6. 寿命

所有可充电电池系统的寿命都是变量，它依赖于用途、运行环境、循环方式及电池在寿命期间所用的充电方式等变化。图 3.26(a)为 25 ℃、接近 100%放电深度和不同充电时间下充电电压对电池循环寿命的影响，表明特定循环方式下选择合适充电电压的必要性。图 3.26(b)为 25 ℃下不同放电深度对电池循环寿命的影响。在 100% DOD 时，典型电池的循环寿命是 200 次。由此说明，在应用中应适当加大电池容量冗余、降低放电深度，以便获得长循环寿命。

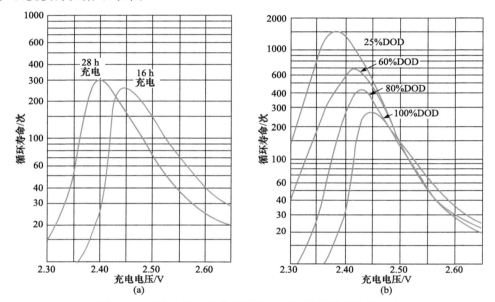

图 3.26　充电电压(a)和放电深度(b)对电池循环寿命的影响

3.5.4　VRLA 电池的安全与操作

下面介绍与 VRLA 电池使用有关的两个基本注意事项，以确保其使用安全并防止析气和短路。

1. 析气

铅酸电池在充电与过充电过程中内部会产生氢气和氧气。在传统的铅酸电池中，气体以爆炸性气体比例从电池中排出，因此不允许在密闭空间积聚。此密闭空间内如果引入火花，就会发生爆炸。

VRLA 电池在推荐的充电速率下进行充电和过充电过程中产生的氧气将在 VRLA 电池中 100%被复合，因此没有氧气释放。在正常使用中，会有一些氢气甚至二氧化碳释放出来。氢气析出可对每个循环确保内部化学平衡。VRLA 电池的铅极板结构使氢气产生量最小化。二氧化碳是由电池内部的有机化合物氧化形成的。

VRLA 电池在推荐的充电速率下进行充电与过充电时，正常情况下会有少量气体析出，并迅速消散到空气中。氢气很难存放在除金属或玻璃容器以外的其他容器内，因为它能够以相对快的速度渗透到塑料容器中。由于气体的特性和难于储存,多数情况下都允许气体释放到空气中。因此,如果 VRLA 电池在封闭的容器中使用,一定要做好防范措施以使产生的气体能释放到空气中。如果氢气聚集并与 4%~79%(标准温度和标准压力下的体积分数)浓度的大气混合,则形成爆炸性的混合气体。这种混合气体在遇到火花或火源时即被点燃。

2. 短路

这些电池的内阻很低,如果电池外短路,就会大电流放电。其结果是产生的热量可能导致严重烧伤,而且这也是一种潜在的火灾危险。将金属物品或工具置于极柱间可能会导致严重的皮肤烧伤。

3.5.5 VRLA 电池的应用与研究进展

VRLA 电池的主要用途是备用电源,从低功率(一般低于 5 kV·A)的应用如应急灯、个人电脑或工作站的 UPS 等到电信设备上的高功率 UPS。连续供应电源在一些领域是很关键的,如银行、证券交易所、医院和航空运输控制中心等。这些场所内短暂的停电会造成重要数据丢失甚至危害安全和健康。低功率 UPS 系统一般用于断电时提供充足的电量和充分的时间,以使设备能够安全关闭。在高功率应用中,一般要求 UPS 在发电机被接入电路前供电。高功率 UPS 领域中 VRLA 电池的使用经验表明,与富液式铅酸电池相比,VRLA 电池也存在一系列复杂问题。在 20 世纪大多数时间里,高功率 UPS 设备上采用的铅酸电池都是富液式的。富液式铅酸电池的缺点是占地面积大、会溢出酸雾以及要求加水进行维护,因此涉及大量电池的 UPS 设备维护成本很高。20 世纪 80 年代中期,由于 VRLA 电池的出现及其免维护的特性,人们尝试用 VRLA 电池替代富液式铅酸电池,并期盼 VRLA 电池的寿命像富液式电池那样达到 20 年。而 VRLA 电池在使用几年后就会失效,这是负极自放电引起的问题。因此,更现实的要求是规定电池的寿命为 5~10 年,并且在高功率 UPS 应用中出现重新使用富液式铅酸电池的趋势。在低功率 UPS 应用中,正在考虑由铅酸电池到镍镉电池或镍氢电池的转换。

VRLA 电池在放电性能、循环寿命方面的显著改善以及维护需求的降低,使其可能进入一些新的领域。最近的研究包括采用改进的玻璃纤维隔板或玻璃纤维-聚合物混合隔板、采用碳电极与传统负极并联的具有高电容特性的电池[超级电池(ultra battery)]、合金材料和结构改进以及充电接收能力的提高等。生产设备的高速自动化使产品一致性得到提高,允许多个模块串联形成高电压产品。这种设计和改进使微混合电动车和户外使用的叉车等获益。VRLA 单体电池具有以侧面紧贴排列的组合特性,可以更好地利用地面空间,也可以减少室内应用的维护工作量。

3.6 铅 炭 电 池

铅炭电池(包括超级电池)是在国际先进铅酸电池联合会倡导下,为了满足混合动力电动汽车(HEV)在高倍率部分荷电状态下长寿命循环使用而开发的一种先进的铅酸电池。而且，由于铅炭电池能有效抑制部分荷电状态下铅负极的硫酸盐化，延长了电池的寿命，降低了电能储存的成本，目前其在储能领域也开始推广使用。

混合动力电动汽车中电池的工作模式是在高倍率部分荷电状态下的浅充放电，工作窗口为30%～70%荷电状态。传统铅酸电池用于混合动力电动汽车及风电能、光伏储能，电池长期处于部分荷电状态，失效都是由负极硫酸盐化引起的，造成电池容量的快速衰减而失效。因此，需要研究解决铅酸电池在高倍率部分荷电状态下工作时的负极硫酸盐化问题。很多研究表明，在负极活性物质中加入具有电化学活性的碳材料是解决这一问题的有效方法，能有效延长电池的循环寿命。

3.6.1　铅炭电池的结构和原理

铅炭电池有三种结构形式，第一种是美国 Axion Power 公司的 Pb/C 电池，正极是 PbO_2 电极，负极是炭电极；第二种是日本古河电气工业株式会社和美国东宾制造公司开发生产的铅炭电池 Ultra Battery，负极采用炭电极与铅电极"合并"结构(图 3.27)；第三种是"内混"结构铅炭电池，只需在和膏时把碳材料和铅膏均匀混合即可，其他生产工艺设备与传统铅酸电池相同。

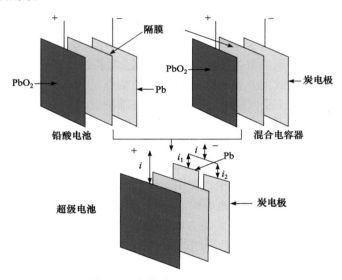

图 3.27　超级电池(Ultra Battery)

图 3.28 给出了铅炭电池的电路模型，负极板包括两个系统：一个电容系统 C 和一个电化学系统 EC，两个系统对应的都是 PbO_2 正极。电容系统和电化学系统并联工作且相互关联，其中电容系统储存或释放电荷，能够分担铅负极的法拉第反应电流，起缓冲作用，可有效缓解负极的硫酸盐化。铅炭电池的电容系统的充放电过程实际上起到了超级电容器的作用，由于电容系统是双电层充放电，没有物质结构变化，可逆性非常好，能够进行很多次循环。

粗略分析电容系统和电化学系统的容量不难发现，电容系统容量只有电化学系统容量的 0.5%～1%。因此，铅炭电池充放电过程中负极板的电化学系统起支配作用，决定了铅

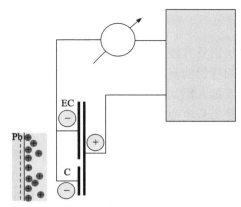

图 3.28 铅炭电池并联的电容系统和电化学系统

炭电池的循环能力。由此看来，碳材料的作用不仅仅限于它对负极容量的贡献。碳材料能够强烈影响电化学系统的结构和行为，如减小孔径、增加面积、提高导电性、降低极化等。

Pavlov 等提出了铅炭负极的平行充电机理，即铅离子转化为铅的过程不仅发生在铅表面，也发生在碳材料颗粒表面，如图 3.29 所示。由于碳材料的比表面积比铅的大，在充电过程中，大量铅晶核将在铅碳颗粒表面形成，并长大成新的铅颗粒或枝晶，形成 Pb-C 活性物质(图 3.30)。放电时，形成的 Pb-C 活性物质表面促使小颗粒的硫酸铅在碳颗粒表面大量生成，从而防止了硫酸铅晶粒长大。小颗粒硫酸铅溶解度高，容易在电极充电时还原为海绵状金属铅，降低硫酸铅还原为铅的极化过电势，有利于提高充电接收能力和增强电极高充电态下的循环寿命。

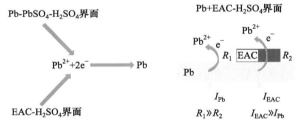

图 3.29 铅炭电池平行充电机理示意图
EAC：活性炭

图 3.30 活性炭颗粒表面沉积铅颗粒(a)和铅枝晶(b)的扫描电子显微镜照片

3.6.2 铅炭电池的负极和碳材料

铅炭电池负极的海绵状铅具有较大的表面积，表面能高，处于热力学不稳定状态。因此，在充放电过程中海绵状铅的真实表面积会不断减小，降低铅负极的比容量。为了减缓海绵状铅的收缩，需要加入添加剂，常用的负极添加剂有碳材料、硫酸钡、木素及衍生物等。其中，碳材料是铅炭电池负极的关键材料，由于碳材料种类繁多，而且不同厂家生产的同类碳材料结构各异，因此添加量也随碳材料的种类、颗粒大小、结构和微观形貌的不同而不同。用于铅炭电池负极的碳材料应具有以下性质中的一种或几种：①高比表面积和高比电容；②与 PbSO$_4$/Pb 的工作电势相匹配；③与铅的相容性好，铅-碳界面的电子穿越势垒低，能形成 Pb-C 活性物质；④电导率高，能形成良好的电子导电网络，降低电极的欧姆极化；⑤析氢过电势高，析氢速率低。

用于铅炭电池的碳材料主要有活性炭、石墨烯、石墨、炭黑、导电聚合物、活性炭纤维、碳纳米管等。

(1) 活性炭。活性炭是以煤、木材和果壳等为原料，经炭化、活化和后处理制得。活性炭由微晶碳不规则排列，在交叉连接之间有细孔，因此它具有多孔结构，溶液成分可以进入孔隙中。活性炭的比表面积大，是超级电容器常用的电容材料。电容受比表面积的影响，但并不是所有孔的表面都能够形成可充放电的双电层，太小的盲孔其比电容很小。活性炭的孔径分布、孔结构、形状和表面官能团都对其比电容有决定性的影响。提高活性炭的中孔比例，其比电容和功率特性都将得到提高和改善。采用硝酸或氢氧化钾进行活化预处理，可以得到较宽的孔径分布，表面官能团会提高活性炭的孔表面润湿性，并能够提供额外的赝电容。

(2) 石墨烯。石墨烯是一种由单层碳原子构成的二维层状碳材料，比表面积可达1520 m^2·g^{-1}，具有优良的电子导电性，在酸性溶液中化学稳定性好。石墨烯不但具有高的比表面积，可以提供比电容，而且电子导电性远高于活性炭。石墨烯用于铅炭电池，其片层表面不但是铅沉积的载体，片层的限域效应还可以抑制硫酸铅晶粒的长大，并且石墨烯片层能够通过电子导电，片层间还可以储存电解质。

(3) 石墨。石墨包括致密结晶石墨、鳞片石墨、微晶石墨、膨胀石墨等，具有片状结构，导电性好、化学稳定性高、价格便宜，可用于铅炭电池的负极，提高活性物质的导电性，改善电池的性能，但不同形态的石墨对铅炭电极的作用差别很大。

(4) 炭黑。炭黑的碳原子排列方式类似于石墨，组成六边形平面，通常 3～5 层构成一个微晶，炭黑微晶的每个石墨层面中碳原子的排列是有序的，而相邻层间碳原子的排列是无序的，炭黑的多个粒子通过碳晶层互相穿插，形成链枝状。炭黑的导电性很好，加入铅炭负极中，由于其粒径很小，分散在不导电的硫酸铅晶粒间隙中，具有导电网络的作用。

(5) 导电聚合物。导电聚合物与上述碳材料不同，不是单纯的碳材料。在导电聚合物中，主链上交替的单键和双键形成大π键，π电子的流动使聚合物导电。导电聚合物主要有聚苯胺、聚吡咯、聚噻吩、聚乙炔、聚并苯、聚对苯及聚苯乙炔等。导电聚合物具有法拉第准电容，这是因为其在充放电过程中会发生高度可逆的氧化还原反应，生成 N 型或 P 型掺杂，所以充放电速度快、温度范围宽、循环性能好。导电聚合物的密度小、比表面积大，具有较高的比电容，而且电导率高，适合作为电容材料。

(6) 活性炭纤维。活性炭纤维又称纤维状活性炭，是由纤维状前驱体经一定程序炭化活化而成的，其直径为 10～30 μm，由微粒子以各种方式结合在一起，形成丰富的纳米孔隙，比表面积大。活性炭纤维是一种典型的微孔炭，孔隙直接开口于纤维表面，扩散路径比活性炭短，传质速度快，而且活性炭纤维含有许多不规则结构和表面官能团，因此其具有很好的电容特性。

(7) 碳纳米管。碳纳米管是一维纳米碳材料，可分为单壁碳纳米管和多壁碳纳米管。碳纳米管密度小、比表面积大，具有优异的导电性、良好的机械强度和热稳定性，被广泛应用于超级电容器电极。

3.6.3 铅炭电池的正极活性物质

铅炭电池使用的硫酸电解质的电导率为 0.5～1 S·cm^{-1}，而 PbO$_2$ 的电导率为 1.35×10^2 S·cm^{-1}，也就是说在正极板中固相电导率比液相电导率高 2 个数量级。根据多孔电极理论，电极反应最先发生在靠近隔膜一侧，即正极板表面。部分荷电状态下工作的铅炭电池的正极板表面软化现象尤为突出。为了与长寿命的铅炭电池负极相匹配，有必要提高铅炭电池正极活性物质的抗软化能力，采取有效措施形成稳定的四碱式硫酸铅(4BS)骨架，制造高 4BS 含量的正极板。

制造高 4BS 含量正极板的方法有两种。一种方法是采用高温和膏、高温固化工艺生成 4BS。由于高温和膏、高温固化时自发生成 4BS，晶体尺寸大小不一，而且在极板中的分布不均匀，因此电池初期容量低，一致性差。另一种方法是在铅膏中预置 4BS 晶种，其在极板固化过程中起晶核作用，尤其是添加纳米 4BS 晶种，固化后的 4BS 数量多，分布均匀，晶粒大小相对均一，活性物质的利用率高，而且极板的一致性好，同时具有很好的循环稳定性。

3.6.4 铅炭电池的应用领域

为了实现绿色低碳和可持续发展，世界各国大力发展风力发电、光伏发电等新能源和电网，由于风能、光能不稳定，以及智能电网削峰填谷，都需要配备储能系统。经济指标是风力发电、光伏发电和智能电网的关键，当每度电成本低于 0.5 元时，才具有经济可行性。目前最先进的铅炭电池在 50% DOD 时，循环寿命达到 6000 次。若考虑回收价值，该铅炭电池每度电成本约 0.32 元，远低于其他储能电池。国外已成功将铅炭电池用于风力发电、光伏发电储能领域。铅炭电池的正、负极经改善后，有效抑制了负极硫酸盐化和正极板软化，具有充电能力好、高倍率部分荷电状态下循环寿命长的特点，可用于起停车和微混车等混合动力电动汽车。铅炭电池具有安全和成本优势，在储能领域应用前景广阔。

3.7 铅酸电池的发展方向

3.7.1 全固态铅酸电池

全固态铅酸电池使用的正、负极活性材料和正、负极集流体与普通铅酸电池差别很小，主要区别是使用胶体电解质。胶体电解质使这类电池具有特殊的性能：耐过充电、过放电，自放电速度小，可抑制活性物质脱落，寿命长，还具有热控制简单、安全性高的特点。缺点是大电流性能不好，适合中、低倍率放电。

全固态铅酸电池的关键是胶体电解质的制备和成型。一般是利用胶体的触变特性，即高速搅拌下呈液体状态，否则呈凝胶态，并且这种触变特性具有一定的可逆性。胶粒尺度为 1～1000 nm，由 SiO_2 和 H_2SO_4 溶液配制而成，流动性好，浇铸后可形成凝胶。一般市售硅溶胶的密度为 1.10～1.20 g·cm^{-3}，SiO_2 含量为 20%～30%，pH 为 9.0～9.5，溶胶粒径为 20～60 nm。硅溶胶是浅蓝色半透明液体，其用于铅酸电池的要求是：黏度小、SiO_2 含量高、粒径为 5～30 nm。胶体太小会使凝结速度加快，不易浇铸，生成的凝胶硬度大，触变性不好。胶粒过大，则难以形成稳定的凝胶，且其弹性也不好。

3.7.2 基于可溶性 Pb^{2+} 的液流电池

铅酸电池的主要研究内容是如何提高能量密度，进一步提高其循环寿命。能量密度的提高主要集中在以下两个方面：一是轻型集流体的开发；二是活性物质利用率的提高。由于反应机理的限制，进一步提高活性物质的利用率比较困难，因此以前者为主。

除了上述两个方向外，铅酸电池的研究内容还包括新体系的开发。基于可溶性 Pb^{2+} 的液流电池，正极活性物质为 PbO_2，负极为 Pb，电解质为 $Pb(CH_3SO_3)_2+CH_3SO_3H$，正极充放电反应为

$$PbO_2 + 4H^+ + 2e^- \rightleftharpoons Pb^{2+} + 2H_2O \tag{3.74}$$

负极反应为

$$Pb \rightleftharpoons Pb^{2+} + 2e^- \tag{3.75}$$

电池总反应为

$$PbO_2 + 4H^+ + Pb \rightleftharpoons 2Pb^{2+} + 2H_2O \tag{3.76}$$

3.7.3 新型结构设计

卷绕式电池结构具有内阻低、功率密度高、循环寿命长、低温性能好、电荷接受能力更强、充电时间只有 AGM 电池的 1/4、电池结构紧凑、比容量高等优点。此外，管式电极结构也是铅酸电池发展的新方向，其有利于保持正极活性物质之间的电接触，同时防止活性物质脱落。

思 考 题

1. 铅酸电池的基本组成部分有哪些？正、负极反应原理是什么？

2. 硫酸电解质中主要是什么离子起作用？铅酸电池的电动势与硫酸活度的关系是什么？

3. 在铅-硫酸水溶液的电势-pH 图中，水平线、斜线和垂直线分别代表什么？

4. 什么是板栅？板栅材料的选择有哪些要求？主要的板栅材料有哪些？分别有哪些优点和缺点？

5. 铅锑合金中锑含量较低时会产生微裂纹，原因是什么？解决措施有哪些？

6. PbO_2 常见的晶形有哪些？分别属于什么晶系？有哪些差别？

7. Pb-O 聚合物链的结构是什么？质子和电子在聚合物链上是怎样传导的？

8. 正极反应机理有哪几种？性能衰减的机制有哪些？

9. 负极反应机理有哪几种？性能衰减的机制有哪些？负极自放电反应存在哪些反应过程？

10. 铅酸电池的制造工艺包括哪些步骤？试述铸造板栅的工艺流程。

11. 和膏过程中包括哪些化学反应？

12. 固化后生极板的主要成分包括哪些？什么是化成？包括哪些步骤？

13. 电池的装配过程包括哪些步骤？有哪些注意事项？

14. 铅酸电池未来的发展方向有哪些？哪种新的设计更有前景？

第4章 镍氢电池

4.1 概 述

镍氢电池又称金属氢化物-镍(MH-Ni)电池,其设计源于镍镉电池,是继镍镉电池之后的新一代二次电池。镍氢电池以容量高、功率大、无记忆效应、绿色环保等优势而受到人们的广泛关注,是目前二次电池的研究发展方向之一。与镍镉电池相比,镍氢电池是以储氢合金取代负极镉,消除了镉对环境的污染。此外,镍氢电池的工作电压为1.2 V,与镍镉电池相当,但其容量提升了50%以上,能量密度可达到95 W·h·kg^{-1},功率密度可达到900 W·kg^{-1},循环寿命超过1000次,运行温度范围为-40~55 ℃,在此温度区间工作容量损失非常小,并且可以实现快速充电。

镍氢电池的发展大致经历了三个主要阶段:第一阶段为可行性研究阶段(20世纪60年代末~70年代末);第二阶段为实用性研究阶段(20世纪70年代末~80年代末),荷兰、美国、日本等国家都先后进行了储氢合金电极的研究,美国Ovonic公司(1988年)、日本松下、东芝、三洋(1989年)等公司先后成功开发了镍氢电池;第三阶段为产业化阶段(20世纪90年代),我国在20世纪80年代末成功研制出电池用储氢合金,随后于1990年成功研制了AA型镍氢电池。截至2005年年底,全国能批量生产不同规格型号镍氢电池的企业已经达到100多家,国产镍氢电池的综合性能已经达到国际先进水平。在国家高技术研究发展计划(863计划)的推动下,镍氢动力电池是我国"十五"计划电池行业的重点之一。镍氢电池作为动力电池在电动汽车和电动工具方面的应用研究已经取得了一定的成就,正在朝着高能量密度和高功率密度的方向发展。

4.2 镍氢电池的组成

镍氢电池由氢氧化镍正极、储氢合金负极、电解质、隔膜、集流体、密封圈、外壳、安全阀等组成。简易镍氢电池则主要由正极、负极、隔膜三部分组成,并保留一定的剩余空间,其基本构成见图4.1。

4.2.1 镍正极

1887年,Desmazures、Dun和Hasslacher讨论了氧化镍作为碱性电池正极活性物质的可能性。镍镉电池、镍锌电池、镍铁电池、镍氢电池都是以镍材料作为正极,因此对氧化镍正极核心组分氢氧化镍的研究具有重要的现实意义。传统的氢氧化镍电极在充放电循环过程中通常涉及β-Ni(OH)$_2$(β^{II})与β-NiOOH(β^{III})之间的相互转化。在β^{II}与β^{III}之间进行转化时,活性物质的体积变化较小。此外,由于β-NiOOH的电导率比β-Ni(OH)$_2$高5

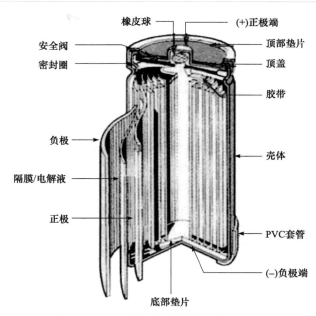

图 4.1 镍氢电池构成示意图

个数量级，因此在充电过程中，β-NiOOH 的生成使活性物质的电导率逐渐增加，从而不存在电导率低的问题。但在放电过程中，充电态物质逐渐被导电性差的放电态物质取代、隔离，从而影响放电效率。通过调控电极组成和使用多种添加剂，如 Co 和 Zn，可使 $\beta^{II} \rightleftharpoons \beta^{III}$ 循环顺利进行。除此之外，采取一些预防措施确保电极活性物质的导电性，也能够在一定程度上限制电极膨胀。随着现代技术的发展，氢氧化镍电极的制备工艺不断改进，性能也得到极大的提升，经历了袋式电极、穿孔金属管、烧结镍板、塑料黏结式镍电极、泡沫镍及纤维镍式电极等多个阶段。

镍氢电池的正极为氧化镍电极。在常见的碱性电池中，氧化镍电极充电态为 NiOOH，放电态为 $Ni(OH)_2$。NiOOH 是 P 型半导体，通过电子缺陷(空穴)进行导电。$Ni(OH)_2$ 为绝缘体，但是可以通过调节其中的缺陷实现一定程度的导电。当把 $Ni(OH)_2$ 浸入电解质中时，在两相界面形成双电层，如图 4.2 所示。

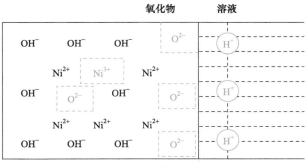

图 4.2 $Ni(OH)_2$-电解质溶液界面的双电层

根据半导体理论，晶格中的 Ni^{3+} 比 Ni^{2+} 少一个电子，称为电子缺陷；O^{2-} 比 OH^- 少一个质子，称为质子缺陷。$Ni(OH)_2$ 与溶液中的 H^+ 构成双电层。电极的电化学过程和双电层的建立都是通过晶格中的电子缺陷和质子缺陷完成的。

镍氢电池正极一般采用高孔隙率的泡沫镍作为导电骨架，涂覆高密度的 $Ni(OH)_2$ 粉末或原位生长 $Ni(OH)_2$。根据电池正极的制备工艺，可以将其分为烧结式和泡沫镍式两大类。烧结镍板电极的制备成本较高，并且制作工艺复杂。相对而言，以质量轻、孔隙率高的泡沫镍作基体的泡沫镍涂膏式镍电极比容量高，适宜作镍氢电池正极。此外，含镍纤维具有孔径小(约 50 μm)、孔隙率高(约 95%)的特点，展现出质量轻、比容量高和活性高、强度好等优点，因此更加受到人们的青睐。阴极浸渍法是最初被用来向泡沫镍基板中填充活性物质的方式，而目前镍氢电池一般采用 2.0 mm 的泡沫镍电极，通过将活性物质、添加剂、导电剂等原材料进行电化学浸渍或涂膏处理而制成。

在活性材料中掺入添加剂是提高电极容量的常用方法。虽然添加剂在一定程度上能够改善材料的容量和活性，但对于 $Ni(OH)_2$ 来说，其容量和活性主要是由它的结构和形态决定的。在镍正极中，活性物质一般包括 $Ni(OH)_2$ 和 $NiOOH$ 两种。但通常 $NiOOH$ 不稳定，所以电池中的活性物质多为 $Ni(OH)_2$。从晶形来看，$Ni(OH)_2$ 包括 $\alpha\text{-}Ni(OH)_2$ 和 $\beta\text{-}Ni(OH)_2$ 两种，而 $NiOOH$ 包括 $\beta\text{-}NiOOH$ 和 $\gamma\text{-}NiOOH$ 两种。在强碱性条件下，$\alpha\text{-}Ni(OH)_2$ 在 $Ni/\alpha\text{-}Ni(OH)_2$ 固相界面处发生阳极氧化，而 $\beta\text{-}Ni(OH)_2$ 在 $\beta\text{-}Ni(OH)_2$/溶液界面处发生阳极氧化。由于氧化机理不同，$\beta\text{-}Ni(OH)_2$ 电化学活性高于 $\alpha\text{-}Ni(OH)_2$，如图 4.3 所示。一般化学合成方法制得的均为 β 态，因此对 β 态的研究较多，并且已经投入批量生产。

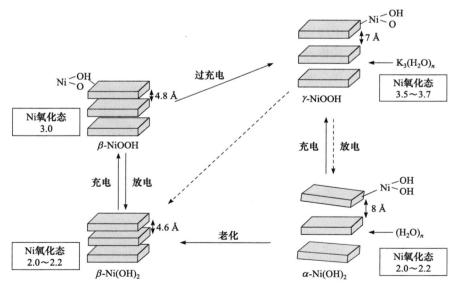

图 4.3　$Ni(OH)_2$ 的晶形转变

根据活性物质的形貌可以将 $Ni(OH)_2$ 分为普通和球形两种。

(1) 普通 $Ni(OH)_2$ 由传统沉淀法生产。在制备过程中，由于其成核速率比晶体生长速率大得多，其振实密度相对较低，从而导致电极填充密度下降；同时，由于其比表面积大，电极机械稳定性降低，从而影响电极使用寿命。

(2) 球形粉体是通过对其结晶生长方式进行控制实现的。例如，通过对 Ni(OH)$_2$ 的粒度与形貌等进行有效控制，可以极大地增大填充密度，从而提升电极的比容量。当球形 Ni(OH)$_2$ 作为镍氢电池正极活性物质时，其理论放电比容量可达 289 mA·h·g^{-1}。

充电时：　　　　　Ni(OH)$_2$ $\longrightarrow$ NiOOH(Ni^{2+}被氧化成 Ni^{3+})

放电时：　　　　　NiOOH $\longrightarrow$ Ni(OH)$_2$(Ni^{3+}被还原成 Ni^{2+})

镍正极的代表性材料如下。

1. 高密度球形 Ni(OH)$_2$

高密度球形 Ni(OH)$_2$ 具有球粒状形貌，其振实密度高达 1.9～2.0 g·cm^{-3}。高容量和高密度是其两项优良性能，因此其可作为理想的电极活性材料。传统 β-Ni(OH)$_2$ 的颗粒不规则，微孔体积为 30%，粒径范围较宽，振实密度为 1.6 g·cm^{-3}；高密度球形 Ni(OH)$_2$ 能使电极单位体积的填充量提高 20%，放电比容量可达 550 mA·h·cm^{-3}，而传统的烧结式电极板的比容量只有 400 mA·h·cm^{-3}。

Ni(OH)$_2$ 存在 α 和 β 两种晶形。采用 X 射线衍射技术表征 Ni(OH)$_2$ 样品时，不同晶形的样品得到不同的衍射峰(图 4.4)。α-Ni(OH)$_2$ 和 β-Ni(OH)$_2$ 的层间距分别为 0.75 nm 和 0.46 nm。与 β-Ni(OH)$_2$ 相比，α-Ni(OH)$_2$ 层间距较大，最强衍射峰向低角度移动。因此，α-Ni(OH)$_2$ 和 β-Ni(OH)$_2$ 的差别主要在于最小 2θ 衍射峰。α-Ni(OH)$_2$(001)晶面出现衍射峰的角度约为 11°，而 β-Ni(OH)$_2$(001)晶面出现衍射峰的角度约为 19°。目前生产镍氢电池使用的 Ni(OH)$_2$ 均为 β 晶形(图 4.5)。

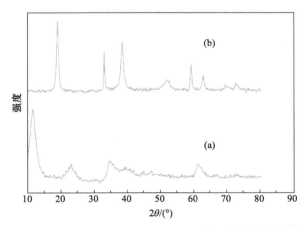

图 4.4　α-Ni(OH)$_2$(a)和 β-Ni(OH)$_2$(b)的 X 射线衍射图谱

2. β-Ni(OH)$_2$

β-Ni(OH)$_2$ 具有完整的晶形结构，与化学法制备的电极材料 Ni(OH)$_2$ 的结构相似。研究表明，结晶完好的 β-Ni(OH)$_2$ 由层状结构的六方晶胞组成(图 4.6)，每个晶胞中含有一个镍原子、两个氧原子和两个氢原子。两个镍原子之间的距离为 a_0=0.312 nm，两个 NiO$_2$

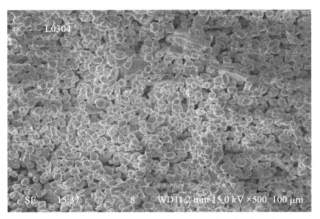

图 4.5　球形 β-Ni(OH)$_2$ 的扫描电子显微镜照片

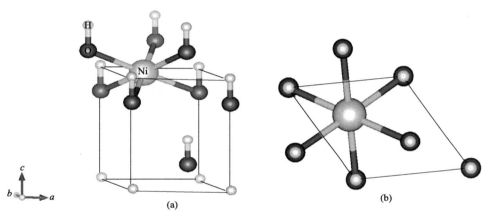

图 4.6　β-Ni(OH)$_2$ 的晶体结构

(a) 三维六方晶格；(b) ab 平面内的投影

层间的距离为 c_0=0.4605 nm。NiO$_2$ 层中 Ni^{2+} 与八面体间隙可成为空穴，也可能被其他金属离子(如 Co^{2+} 和 Zn^{2+} 等)填充而形成 Ni^{2+} 的晶格缺陷。填充 NiO$_2$ 层间八面体间隙的物质可能还有 H$_2$O、CO$_3^{2-}$、SO$_4^{2-}$、K$^+$ 和 Na$^+$ 等。为了得到具有完整晶形的 β-Ni(OH)$_2$，一般采用以下两种方法。一种是两步法，首先将 Ni(NO$_3$)$_2$ 与 KOH 混合，在 100 ℃ 条件下反应制备氢氧化物，然后将包含 NH$_3$·H$_2$O、NaOH 或 KOH 的混合物在 200 ℃ 条件下进行水热处理，从而获得完整晶体。另一种是在不断搅拌下将 3 mol·L^{-1} Ni(NO$_3$)$_2$ 溶液逐滴加入 90 ℃ 的 7 mol·L^{-1} KOH 溶液中，然后收集、清洗、干燥，再将该 Ni(OH)$_2$ 溶解在 8 mol·L^{-1} NH$_3$·H$_2$O 中获得 Ni(NH$_3$)$_6$(OH)$_2$ 蓝色溶液，将该溶液转移到盛有浓 H$_2$SO$_4$ 的干燥器中放置几天，NH$_3$ 慢慢地被 H$_2$SO$_4$ 吸收，具有完整晶形的 β-Ni(OH)$_2$ 透明薄片逐渐析出。此外，先通过电化学方法制备 α-Ni(OH)$_2$，然后在 6～9 mol·L^{-1} KOH 溶液中、90 ℃ 条件下处理 2～3 h，也能够获得 β-Ni(OH)$_2$。

β-Ni(OH)$_2$ 的准确结构可以通过中子衍射法获得。中子衍射结果证实，β-Ni(OH)$_2$ 具有水镁石型 C6 型结构，与 Ca、Mg、Fe、Co 和 Cd 的+2 价氢氧化物相同。它是由镍氧叠层组成的八面体结构，镍原子处于(0001)平面，其被交错在(0001)平面上方和下方的 6 个氢氧原子所包围，Ni 的分数坐标是(0，0，0)，而 O 原子的分数坐标是(1/3，2/3，z)和 (2/3，1/3，z)。完整晶形的 β-Ni(OD)$_2$ 的晶体学参数值见表 4.1。

表 4.1　β-Ni(OD)$_2$ 的晶体学参数

参数	数值/nm	键	键长/nm
a_0	0.3126	Ni—O	0.2073
c_0	0.4593	D—H	0.0973
		Ni—Ni	3.126

由于 H 的不规则散射，无法给出新沉积的 Ni(OH)$_2$ 的准确衍射结果。新制备的 Ni(OH)$_2$ 与完整晶形 Ni(OH)$_2$ 的晶胞参数不同：a_0=0.312 nm，c_0=0.469 nm，O—H 键键长为 0.108 nm，这与 Szytula 等报道的中子衍射结果相近。在新制备的 Ni(OH)$_2$ 与完整晶形 Ni(OH)$_2$ 中，O—H 键都平行于 c 轴。由于完整晶形的 β-Ni(OH)$_2$ 为非电活性，因此两者的差异就显得极为重要。这种差异可归结于高浓度 OH$^-$基团在具有大表面积材料表面形成的一种缺陷结构，这与所吸附的水分子有关，与红外光谱中 1630 cm^{-1} 吸收带一致，但在完整结晶材料中并未观察到该吸收带。

红外光谱也证实镍原子与羟基构成了八面体结构，但仍没有证据能够证明有氢键存在。在电池材料 Ni(OH)$_2$ 中，也发现有少量吸附水。尽管如此，由于 X 射线衍射证明(001) 晶面距为 0.465 nm，因此这些含有少量水的 Ni(OH)$_2$ 仍被认为是 β-Ni(OH)$_2$。热重分析 (TGA)表明，这些水在较高温度下可以除去。这些水与 Ni^{2+} 共存于晶格中，化学法制备的电极材料的分子式可能为[Ni(H$_2$O)$_{0.326}$](OH)$_2$。但在完整晶形 β-Ni(OH)$_2$ 中并不含有吸附水，而在电池中使用的高比表面积 Ni(OH)$_2$ 中确实含有吸附水，并伴随着晶胞参数的变化(如从 0.459～0.469 nm，O—H 键键长为 0.097～0.108 nm)，并且在红外光谱 1630 cm^{-1} 处出现吸收带。TGA 数据也表明，这些吸附水可在 50～150 ℃一步除去。

$\beta^{II} \Longleftrightarrow \beta^{III}$ 循环中的放电产物不同于完整晶形 β-Ni(OH)$_2$。在拉曼光谱中，放电产物的 O—H 键伸展模式和晶胞参数均不同于完整晶形 β-Ni(OH)$_2$。完整晶形 β-Ni(OH)$_2$ 是从氨配合物中重结晶合成的。在放电态电极中，可观察到 3605 cm^{-1} 峰在高于 100 ℃时减弱，并在 150 ℃时完全消失。中子散射、红外光谱和拉曼散射数据均表明，电池中的放电产物与完整晶形 β-Ni(OH)$_2$ 密切相关，但不完全一样。它可能具有缺陷结构，因此有利于水分子吸附和电化学反应。

3. α-Ni(OH)$_2$

α-Ni(OH)$_2$ 的层间含有水分子，它们与 α-Ni(OH)$_2$ 存在氢键作用(图 4.7)。在 pH 较低的情况下，可以通过镍盐电解或硝酸镍溶液与苛性碱发生反应，获得在碱性溶液中不稳定并且结晶度小的 α-Ni(OH)$_2$，其在碱液中发生陈化，进而转变成 β-Ni(OH)$_2$。用电化学的方法可在镍基体上制备 α-Ni(OH)$_2$ 薄膜：在 0.1 mol·L^{-1} Ni(NO$_3$)$_2$ 溶液中，将镍片进行阴极电解，控制电流密度为 $8\ mA\cdot cm^{-2}$，电极表面伴随着 NO_3^- 的减少和溶液 pH 的上升，α-Ni(OH)$_2$ 逐渐沉积出来。在周期为 100 s 的沉积过程中可生成 $0.5\ mg\cdot cm^{-3}$ 的 α-Ni(OH)$_2$。

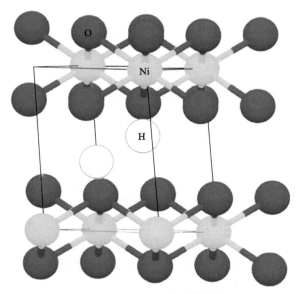

图 4.7　α-Ni(OH)$_2$ 的晶体结构

α-Ni(OH)$_2$ 的结构与 β-Ni(OH)$_2$ 的结构相似，也具有水镁石层状结构，二者的区别在于在(0001)平面之间是否有水分子的存在，使 c 轴上层间距增大到 0.8 nm。在 α 与 β 相中，Ni(OH)$_2$ 的平面结构是相似的，其层与层的排列无序、取向自由，它们被与 Ni—OH 基团之间形成氢键的水分子隔开，而 c 轴在固定空间内自由取向。用电子显微镜观察到的端层 Ni(OH)$_2$ 为薄而扭曲的片。在(0011)平面上平均晶粒度为 3 nm，相当于 5 层堆积；底面尺寸大小约为 8 nm。由于 α-Ni(OH)$_2$ 的高分散度，表面保留有吸附水和少量 NO_3^-。该吸附水可在 50～90 ℃下除去，而层间吸附水需要在 90～180 ℃除去。

α-Ni(OH)$_2$ 的结构与它的制备方法有直接关系。通过化学法、阴极沉积法和电化学还原 γ-NiOOH 所制得的 α-Ni(OH)$_2$，其晶格参数和 O—H 键伸缩参数等均不尽相同。在还原 γ-NiOOH 的样品中，晶格参数的变化可能是由于镍的氧化态高于+2，而 O—H 键参数变化可能是由于水含量及氢键的变化。

化学式 Ni(OH)$_2\cdot n$H$_2$O 并不能代表 α-Ni(OH)$_2$ 的实际组成。向 Ni(NO$_3$)$_2$ 和 NiSO$_4$ 以及不同碳链长度的羧酸盐等镍盐中加入 NH$_3\cdot$H$_2$O 可得到层间距不同的 α-Ni(OH)$_2$，可见 α-Ni(OH)$_2$ 的层间距依赖于相应镍盐阴离子的尺寸大小。例如，使用己二酸镍时，α-Ni(OH)$_2$ 的层间距为 1.32 nm。由 Ni(NO$_3$)$_2$ 制备的 α-Ni(OH)$_2$ 中含有 NO_3^-，并与 Ni 键合在一起。以氢氧根的空缺为依据，其分子组成为 Ni(OH)$_{2-x}$A$_y$B$_z\cdot n$H$_2$O，其中 A 和 B 分别为 -1 和 -2 价阴离子，$x=y+2z$。由 Ni(NO$_3$)$_2$ 制备的 α-Ni(OH)$_2$ 的氢氧根缺陷含量为 20%～30%。

α-Ni(OH)$_2$ 在水体系中是不稳定的，会逐渐转化成 β-Ni(OH)$_2$。反应物及产物的透射电子显微镜照片显示，反应在液相中进行时，在浓 KOH 溶液中反应速率快、产物颗粒小。

例如，用电化学方法制备的 α-Ni(OH)$_2$ 电极在浸入 4.5 mol·L^{-1} KOH 溶液 30 min 后全部转变为 β-Ni(OH)$_2$，新制备的 β-Ni(OH)$_2$ 也含有阴离子和吸附水，但随着产物粒径的增加，阴离子和吸附水的数量减少。

此外，还有一种结晶性差(badly crystallized)的 β_{bc}-Ni(OH)$_2$，其结构介于层状 α 型和结晶很好的 β-Ni(OH)$_2$ 型结构之间。将 α-Ni(OH)$_2$ 在 70 ℃的 5 mol·L^{-1} KOH 溶液中陈化，形成 β_{bc}-Ni(OH)$_2$，其性质介于 α 型和 β 型之间，这可能与其中含有一定的 NO$_3^-$ 有关。

4. 纳米 Ni(OH)$_2$

除此之外，还有一类典型的正极材料——纳米 Ni(OH)$_2$。纳米 Ni(OH)$_2$ 是一种新型的电池材料，其结构和晶形与普通球镍一样，有 α、β 两种。它属于六方晶系，颗粒形状多样，通常有球形、椭圆形、针形和薄片形等，为浅绿色粉末，但纳米化后其 XRD 峰产生了明显宽化的现象。小粒径的 Ni(OH)$_2$ 堆积密度有所提高，具有均匀的孔隙率和狭窄的孔径分布、较大的比表面积和压实密度、较低的热分解温度和热焓，从而使 Ni(OH)$_2$ 具有比常规材料更高的活性，比容量提高了许多。二者的一些主要物理性质比较见表 4.2。

表 4.2　纳米 Ni(OH)$_2$ 与普通球镍的物理性质比较

类型	平均粒径/μm	比表面积/(m²·g^{-1})	压实密度/(g·cm^{-3})	比容量/(mA·h·cm^{-3})	质子扩散系数/(cm^{-2}·s^{-1})	热分解温度/℃	热焓/(J·g^{-1})
普通球镍	10～20	9.9	2.0～2.1	500	3.5×10^{-11}	334.6	484.6
纳米球镍	0.005～2.2	36.5	2.3～2.5	700	1.1×10^{-10}	330.6	443.9

与非纳米材料相比，纳米材料通常具有量子尺寸效应、量子限域效应和界面效应等，从而使其具有许多特殊的物理和化学特性。随着 20 世纪 90 年代纳米材料科学技术的崛起式发展，其研究范围也逐步扩大到化学电源领域。

美国 Nano 公司曾利用湿法制备纳米氢氧化镍，并将其用作电池原材料，取得了电池容量提升 20% 左右的成果。此外，我国也制备了纳米氢氧化镍，使电池容量得到有效提高。其中，沉淀转化法因工艺条件易控、成本低、流程短、产率高等优点被广泛采用。其原理如下：基于难溶化合物溶度积(K_{sp})的不同改变沉淀转化剂的浓度及转化温度，同时借助表面活性剂控制颗粒生长，并抑制颗粒的团聚，进而制备出单分散的纳米颗粒。研究表明，转化温度、沉淀转化剂及阻聚剂的浓度对 Ni(OH)$_2$ 粒径具有较大影响。用沉淀转化法制备的纳米 Ni(OH)$_2$ 具有更高的电化学反应活性和快速活化能力。有关质子扩散行为的研究也证实，纳米 Ni(OH)$_2$ 的电化学反应速率比球形 Ni(OH)$_2$ 高近 1 个数量级。

单一的纳米 Ni(OH)$_2$ 的放电性能并不好，但如果将常规使用的 Ni(OH)$_2$ 与纳米级的 Ni(OH)$_2$ 以最佳配比进行混合制备正极材料，则可以极大地提升单电极的放电容量。例如，将通过沉淀转化法制备的纳米 Ni(OH)$_2$ 按照 8% 的比例掺入球形 Ni(OH)$_2$ 中，则可以使 Ni(OH)$_2$ 的利用率提高 10% 以上。采用微乳液制备的纳米 Ni(OH)$_2$ 为球形或椭球形，将其掺杂到普通球形 Ni(OH)$_2$ 中，可使 Ni(OH)$_2$ 的利用率提高，尤其是当放电电流较大时，利用率可提高 12%。

4.2.2 储氢合金负极

储氢合金具有很强的捕捉氢能力，可以在一定温度和压力条件下，促进氢分子先分解成单个原子，然后这些分解的氢原子"见缝插针"地进入储氢合金原子之间的缝隙中，并与储氢合金发生化学反应生成金属氢化物，从外在表现来看，其在"吸收"氢气的同时会放出大量的热。这些金属氢化物被加热并发生分解反应，从而使氢原子结合并以氢分子的方式释放出来，并伴随明显吸热。这两个过程同时存在，是一个动态平衡。

储氢合金负极由储氢合金和骨架两部分组成，将储氢合金粉与胶黏剂混合成膏状物质，再涂覆到泡沫镍集体与骨架组合为一体，经烘干、辊压制成。储氢合金按主要组成元素大致分为四类：稀土-镍系(AB$_5$型)、钛锆系(AB$_2$型)、稀土-钛铁系(AB型)及稀土-镁系(A$_2$B型)，其中 AB$_5$型和 AB$_2$型储氢合金的市场占有率最高(表 4.3)。

表 4.3　目前开发的几种储氢合金及其氢化物的性质

类型	合金	氢化物	吸氢量(质量分数)/%	放氢压(温度)/MPa(℃)	氢化物生成焓/(kJ·mol^{-1} H$_2$)
AB$_5$	LaNi$_5$	LaNi$_5$H$_{5.0}$	1.4	0.4(50)	−30.1
	LaNi$_{4.6}$Al$_{0.4}$	LaNi$_{4.6}$Al$_{0.4}$H$_{5.5}$	1.3	0.2(80)	−38.1
	MmNi$_5$	MmNi$_5$H$_{6.3}$	1.4	3.4(50)	−26.4
	MmNi$_{4.5}$Mn$_{0.5}$	MmNi$_{4.5}$Mn$_{0.5}$H$_{6.6}$	1.5	0.4(50)	−17.6
	MmNi$_{4.5}$Al$_{0.5}$	MmNi$_{4.5}$Al$_{0.5}$H$_{4.9}$	1.2	0.5(50)	−29.7
AB$_2$	Ti$_{1.2}$Mn$_{1.8}$	Ti$_{1.2}$Mn$_{1.8}$H$_{2.47}$	1.8	0.7(20)	−28.5
	TiCr$_{1.8}$	TiCr$_{1.8}$H$_{3.6}$	2.4	0.2~5(−78)	−38.9
	ZrMn$_2$	ZrMn$_2$H$_{3.46}$	1.7	0.1(210)	−200.8
	ZrV$_2$	ZrV$_2$H$_{4.8}$	2.0		
AB	TiFe	TiFeH$_{1.95}$	1.8	1.0(50)	−23.0
	TiFe$_{0.8}$Mn$_{0.2}$	TiFe$_{0.8}$Mn$_{0.2}$H$_{1.95}$	1.9	0.9(80)	−31.8
A$_2$B	Mg$_2$Ni	Mg$_2$NiH$_{4.0}$	3.6	0.1(253)	−64.4

1. AB$_5$型

在六方晶系 AB$_5$型(图 4.8)储氢合金中，LaNi$_5$是稀土系储氢合金的典型代表。它具有诸多优点，如吸氢量大、易活化、不易中毒、平衡压力适中、滞后小、吸放氢快等，在热泵、电池、空调器等应用中具有极大潜力。但它的缺点是，在吸放氢过程中晶胞体积变化大，膨胀率约为23.5%。对于 LaNi$_5$系合金来说，制备均质的金属间化合物是非常困难的，原因是其组成范围非常窄。一旦其化学计量偏移至富 La 侧，就会在母相晶界上析出富 La 相。结果是在氢化过程中，晶界发生非常大的体积变化，从而导致粉化。为了满足氢化物材料在不同工程技术应用方面的需求，在 LaNi$_5$的基础上，通过使用 B 组元替代 A 组元的方式，如用 Ni 替代 La，发展出了三元、四元乃至多元系的合金。图 4.9为 AB$_5$型储氢合金的发展现状。

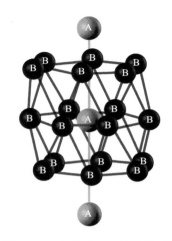

图 4.8　六方晶系 AB_5 的局部环境

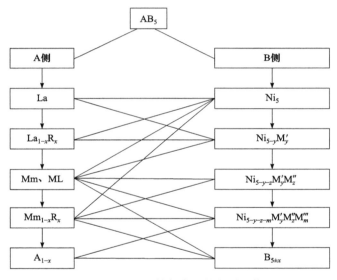

图 4.9　AB_5 型储氢合金的发展现状

R：Ce、Pr、Nd、Zr、Ti、Ca、Y；Mm：混合稀土金属；ML：富 La 混合稀土金属；

M'、M''、M'''：Co、Mn、Al、Fe、Cu、Si、Ta、Nb、W、Mo、B、Zn、Cr、Sn 等

$LaNi_5$ 是具有 $CaCu_5$ 型晶格结构的金属间化合物(图 4.10)，室温下与几个大气压的氢气反应，即可被氢化，生成具有六方晶格结构的 $LaNi_5H_6$。其氢化反应如下所示：

$$LaNi_5 + 3H_2 \rightleftharpoons LaNi_5H_6 \tag{4.1}$$

$LaNi_5$ 吸氢后转变为 $LaNi_5H_6$，其储氢量为 1.4%(质量分数，下同)，在 25 ℃条件下，分解释放氢的平衡压力约为 0.2 MPa，分解热为 $-30.1\ kJ \cdot mol^{-1}\ H_2$，非常适合在室温环境中进行反应。将 $LaNi_5$ 作为电池负极材料，与 $Ni(OH)_2$ 电极组成电池，充电时，负极上的氢与 $LaNi_5$ 形成氢化物 $LaNi_5H_6$，在常温、工作压力 $(2.53\sim6.08)\times10^5$ Pa 条件下，$LaNi_5$ 的理论电化学比容量可达 372 $mA \cdot h \cdot g^{-1}$。但 $LaNi_5$ 电极的容量随着充放电循环次数的增

加而不断减小，电池寿命相对较短。造成这种现象的原因有两个：一是 La 与水发生反应，生成氢氧化镧；二是吸放氢过程中，合金不断地膨胀与收缩，从而发生微粉化现象，这对于用作储氢或电池负极材料来说都是不利的。因此，各国学者在改善其储氢及电化学性质方面进行了许多研究，包括：①使用其他元素替代 La 和 Ni；②使用混合稀土金属，如富铈或富镧混合稀土金属替代 La；③采用非化学计量的 $AB_{5\pm x}$；④对制备工艺进行改革；⑤对合金表面进行处理等。在这些研究的推动下，$LaNi_5$ 系合金逐渐发展到实用化阶段。

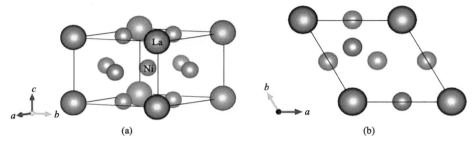

图 4.10　$LaNi_5$ 的晶体结构

(a) 三维六方晶格；(b) ab 平面内的投影

2. AB_2 型

AB_2 型为拉弗斯(Laves)相储氢合金(图 4.11)，分为钛基和锆基两大类。20 世纪 60 年代，Pebler 和 Gulbransen 对二元锆基 ZrM_2(M = V、Cr、Mn、Fe、Co、Mo 等)的储氢性能进行了研究，发现 ZrV_2、$ZrCr_2$、$ZrMn_2$ 三种合金能够吸氢，分别转变为氢化物 $ZrV_2H_{5.3}$、$ZrCr_2H_{4.0}$、$ZrMn_2H_{3.6}$。它们具有储氢量大、活化快、动力学性能好等优点。但是当处于碱性溶液中时，它们的电化学性能非常差，因此不适合用作电极材料，但可应用于热泵、空调等领域。虽然之后也进行了钛基二元合金 $TiMn_2$、$TiMn_{1.5}$ 的开发研究，但是 $TiMn_2$ 的氢化物分解压力非常高，在室温条件下难以发生吸氢反应，在碱性溶液中同样具有电化学性能差的缺点。基于此，在 $TiMn_2$、$ZrMn_2$ 二元合金的基础上，又利用其他元素代替 A(Ti、Zr)或 B(Mn)形成 AB_2 合金(图 4.12)。

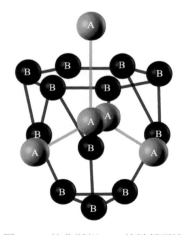

图 4.11　拉弗斯相 AB_2 的局部环境

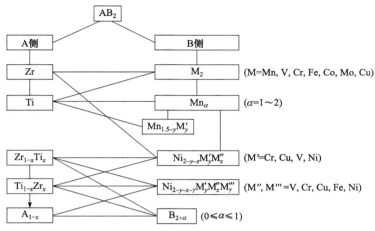

图 4.12 AB₂ 型储氢合金的发展现状

3. AB 型

在 AB 型储氢合金中，TiFe 合金是典型代表。它是在 1974 年由美国布鲁克海文国家实验室的 Reilly 和 Wiswall 发现的，其晶体结构如图 4.13 所示。当将 TiFe 合金用作储氢材料时，经活化后能够在室温条件下进行可逆吸放氢，储氢量理论值达 1.86%，平衡氢压为 0.3 MPa，这与工业应用非常接近，并且它的价格低，资源非常丰富，因此在工业生产中具有一定的优势。但它也存在不少缺点，如活化困难，需要在高温、高压 (450 ℃、5 MPa)氢气气氛中才能够活化，还具有抗杂质气体中毒能力差的缺点，因此在反复吸放氢循环后性能会明显下降。为了克服这些缺点，人们在 TiFe 二元合金的基础上，用其他元素代替 Fe，开发出一系列更适用的新型合金(图 4.14)。目前，开发的储氢性能好的合金有：$TiFe_{0.8}Mn_{0.18}Al_{0.02}Zr_{0.05}$、$TiFe_{0.8}Ni_{0.15}V_{0.05}$、$TiMn_{0.5}Co_{0.5}$、$TiFe_{0.5}Co_{0.5}$、$TiCo_{0.75}Cr_{0.25}$、$TiCo_{0.75}Ni_{0.25}$、$Ti_{1.2}FeMn_{0.04}$ 等。它们易被活化、滞后现象小，能够在 -30～200 ℃运行。

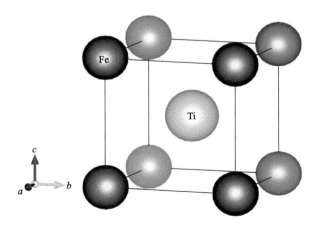

图 4.13 TiFe 合金的晶体结构

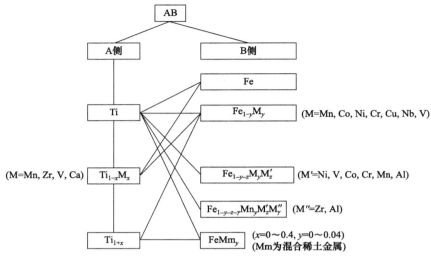

图 4.14　AB 型储氢合金的发展现状

4. A_2B 型

镁系储氢合金是发展潜力较大的储氢材料之一。使用金属镁作为储氢材料具有以下优势：①密度小，为 1.74 g·cm⁻³；②MgH₂ 容量高，储氢量可达 7.6%，Mg₂NiH₄ 的储氢量也可达到 3.6%；③资源多，价格低。不过，Mg 吸放氢的条件相对苛刻，Mg 与 H₂ 需要在 300～400 ℃、2.4～40 MPa 的条件下才能生成 MgH₂，在 0.1 MPa 下，解离温度为287 ℃，反应速度慢，这主要是由于表面氧化膜妨碍了 Mg 和 H₂ 进一步反应。为了克服这些缺点，目前对 Mg-M(M = Ni、Cu、Ca、La、Al)系等二元合金进行了系统研究，并在此基础上开发了三元、四元等合金。此外，在制备工艺、表面改性和合金复合化方面也进行了相关研究。最典型的是 Mg-Ni 系合金，并在此基础上进行了 A、B 侧元素的部分替代(图 4.15)。

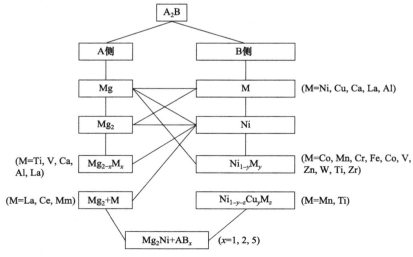

图 4.15　A_2B 型储氢合金的发展现状

作为电池材料时，Mg_2Ni 的理论电化学比容量为 999 $mA \cdot h \cdot g^{-1}$，大大高于 $LaNi_5$ ($372 mA \cdot h \cdot g^{-1}$)，但实际应用时，$Mg_2Ni$ 由于在室温条件下形成的氢化物非常稳定，从而不容易脱氢，导致放氢过电势高、放氢量低；当与强碱性电解质(如 6 $mol \cdot L^{-1}$ KOH)接触时，Mg_2Ni 合金表面易产生惰性氧化物膜，进而阻止电解质与合金表面发生进一步反应，包括氢交换、氢转移和氢向合金体内扩散(图 4.16)，导致 Mg_2Ni 的电化学容量和循环寿命都比不上 $LaNi_5$，因此镁系合金难以用于镍氢电池。不过由于 Mg-Ni 系合金具有独特的优良性质，仍然存在巨大的发展潜力。因此，人们尝试从不同方面对 Mg-Ni 系合金进行了研究，包括表面改性、多元合金化、复合合金化、制备方法上的机械合金化等(图 4.17)。

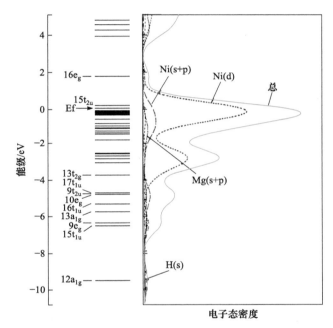

图 4.16 Mg_2Ni 的能级结构与电子态密度

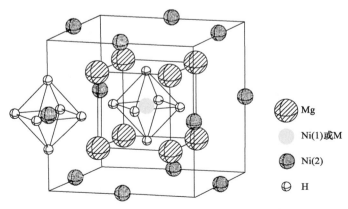

图 4.17 Mg_2Ni 中部分 Ni 被 M 取代模型
M = V、Cr、Fe、Co、Cu、Zn

5. 钒基固溶体型合金

钒及钒基固溶体型合金，如 V-Ti 及 V-Ti-Cr 等，在吸氢后会转变为 VH 及 VH_2 两种氢化物。VH_2 的储氢量高达 3.8%(质量分数)，理论比容量为 $1018\ mA\cdot h\cdot g^{-1}$，是 $LaNi_5H_6$ 的 3 倍。室温下，VH 具有较低的平衡氢压($p_{H_2}\approx 10^{-9}\ MPa$)，导致 VH $\longrightarrow$ V 的放氢反应难以被利用。实际上，可以利用的 $VH_2\longrightarrow$ VH 反应的放氢量只有 1.9%(质量分数)左右，但钒基固溶体型合金的上述可逆储氢量仍明显高于现有的 AB_5 型和 AB_2 型合金。钒基储氢合金的吸氢相是钒基固溶体，故称其为钒基固溶体型合金。钒基固溶体型合金具有可逆储氢量大、氢在氢化物中扩散速率快等优点，因此在氢的储存、净化、压缩和氢同位素分离等方面得到应用。不过，钒基固溶体在碱性溶液中通常没有电化学活性，而且没有可充放电的能力，所以未能在电化学体系中应用。

为了进一步开发高容量的钒基固溶体型合金，日本对此进行了相关研究。研究表明，在 V-Ti 合金中添加适量的催化元素 Ni，并优化控制合金的相结构，利用在合金中形成三维网状分布的、发挥导电和催化作用的第二相，可使以 V-Ti-Ni 为主要成分的钒基固溶体型合金具备良好的充放电能力。在 $V_3TiNi_x(x = 0\sim0.75)$合金中，$V_3TiNi_{0.65}$ 合金的放电比容量可达 $420\ mA\cdot h\cdot g^{-1}$，但存在循环容量衰减较快的问题。通过对 $V_3TiNi_{0.65}$ 合金进行热处理及进一步多元合金化研究，合金的循环稳定性及高倍率放电性能显著提高。钒基固溶体型合金已发展成为一种新型的高容量储氢电极材料，显示出良好的应用前景。

6. 新型储氢合金

1) $LaNi_3$ 及其替代合金

AB_3 型合金在开发高容量、低成本、环境友好的储氢合金等方面具有优势(图 4.18)。它的结构与 AB_5 型和 AB_2 型密切相关：AB_3 型合金拥有重叠排列结构，1/3 像 AB_5 型，2/3 像 AB_2 型。例如，$LaNi_3$ 在室温下能与氢发生反应，生成 $LaNi_3H_5$。Kadir 等对 RMg_2Ni_9(R = Y、Ca、稀土元素)体系的研究发现，替代的 AB_3 型化合物是一类有希望的可逆储氢候选材料，预计 AB_3 型比 AB_5 型更容易吸氢，因为它含有 AB_2 型。基于 AB_3 型独特的晶体结构，也可以在其 A 位置上进行 Mg、Ca、Ti、稀土元素等的掺杂。

2) AB_2C_9 型合金

Kadir 等研究了 AB_2C_9 型 $LaMg_2Ni_9$ 合金，结果表明，合金在 303 K、约 3.3 MPa 下很少吸放氢，储氢量约为 0.33%。而其改进型$(La_{0.65}Ca_{0.35})(Mg_{1.38}Ca_{0.62})Ni_9$ 吸氢后，晶胞体积增加约 20%，每个金属原子的最大储氢量为 1.87%，储氢量达到 $LaMg_2Ni_9$ 的 5.7 倍。

3) La-Mg-Ni 系合金

Kohno 等对新三元系 La_2MgNi_9、$La_5Mg_2Ni_{23}$ 和 La_3MgNi_{14} 等储氢合金进行了研究，它们的放电比容量为 $410\ mA\cdot h\cdot g^{-1}$，是 $LaNi_5$ 系合金的 1.3 倍。

$La_5Mg_2Ni_{23}$ 系合金是由 AB_5 和 AB_2 层叠构成的。这类结构非常有利于改善负极充放电容量，同时也表明，制备电池容量更高、质量更轻的合金是可行的。

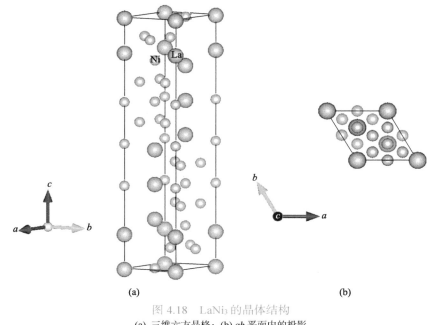

图 4.18 LaNi₃ 的晶体结构

(a) 三维六方晶格；(b) *ab* 平面内的投影

7. 纳米管储氢电极材料

纳米材料作为物理、化学、材料等诸多学科的研究前沿，在储氢合金中发挥了重要作用，赋予了其新的热力学、动力学特性，如提升活化性能、提高氢扩散系数和吸放氢动力学性能等。

最近世界各国都在大力开发纳米储氢电极材料，主要有纳米 Mg-Ni 合金、纳米 Fe-Ti 合金和纳米管储氢合金等。目前开发工作多集中于镍氢电池用的 Mg-Ni 合金和碳纳米管，其次是燃料电池用的 Fe-Ti 合金及碳纳米管。

碳纳米管具有独特的晶格排列结构，它的尺寸小，拥有大的比表面积，这使其具有远超传统储氢材料的储氢量。近年来，碳纳米管储氢研究引起了人们的广泛关注。1999 年，Nützenadel 等报道了碳纳米管的电化学储氢研究结果，其放电比容量为 80 mA·h·g⁻¹，且高倍率放电效率优异。之后，单壁碳纳米管、多壁碳纳米管和表面修饰的碳纳米管也相继用于电化学储氢研究。单壁碳纳米管的电化学比容量为 300~800 mA·h·g⁻¹，多壁碳纳米管的电化学比容量为 180~300 mA·h·g⁻¹。由于研究报道的比容量不一致，所涉及的储氢机理也不明确，纳米管储氢机理成为研究的一大难点。

其他纳米管，如 MoS₂ 纳米管在 50 mA·g⁻¹ 的放电电流密度下，电化学比容量达到 260 mA·h·g⁻¹，且电极材料的循环稳定性能良好。研究发现，当将少许金属 Pd、Cu 纳米管和 1%(质量分数)的 Ni 纳米柱掺入稀土-镍系储氢电极材料中时，能够显著改善储氢电极与 AAA 型镍氢电池的高倍率(2C)放电性能，在电压截至 1 V 时，放电比容量比原储氢合金大 22%~35%，其放电中值平均电势比原储氢合金电极高 170~200 mV。

非金属纳米管用于电化学储氢，其储氢机理尚不明确。与其他储氢合金材料相比，这种材料存在电化学储氢活性低和自放电严重等问题。对非金属纳米管电化学储氢进行研究，有利于进一步加深对气固储氢机理的认识。从实际应用角度来看，镍氢电池的容量是由限定体积内电极活性物质的有效填充决定的，而非金属纳米管的密度较低，因此很难单独作为电极材料使用。通过与储氢合金复合，利用其在比表面积、吸附特性等方面的优势，发挥其与储氢合金的协同增强效应可改善电极性能。

储氢合金和镍氢电池的制造技术日臻完善，随着市场需求的改变，今后将围绕镍氢电池的高能量密度、高功率密度和低成本化的要求，开展新型储氢合金电极材料及相关材料的研究。当然，在众多类型的储氢合金中，能够作为镍氢电池负极活性物质工业化生产的依然是 $LaNi_5$ 系合金和少量的 AB_2 型合金，其他具有较高理论电化学比容量的合金和纳米储氢材料并没有真正实现工业化。有的是因为没有好的循环性能，有的则是由于没有大的实际放电比容量，目前仍处于研究开发阶段和试用阶段，或者仅限于小规模的实用化生产。熔炼、制粉手段的不断进步，可以加快高容量合金的实用化进程。同时，通过对电极合金进行掺杂、表面处理等，镍氢电池的性能将有一定程度的提高。

4.2.3　储氢合金的生产

储氢合金的组织结构(包括合金的凝固组织、晶粒尺寸及晶界偏析等)因合金成分、合金的铸造条件(凝固冷却速度)及热处理工艺不同而异，对合金电极材料的性能影响很大。合金的凝固组织及晶粒尺寸主要影响其吸氢粉化和腐蚀速率，从而进一步影响合金电极的循环稳定性。例如，当在合金晶界上有合金元素或第二相析出时，可能会促进(或抑制)合金的吸氢粉化及腐蚀过程，降低(或提高)合金电极的循环稳定性；也可能会由于晶界析出第二相的良好电催化活性，改善电极的高倍率放电性能。因此，在进行储氢合金化学成分优化时，还应该对合金的制备技术进行研究与改进，从而优化控制合金的组织结构，进一步提升储氢合金的综合性能。

制备储氢合金的方法很多，如中频感应熔炼法、电弧熔炼法、机械合金化法、熔体急冷法、气体雾化法、还原扩散法、共沉淀还原法、置换扩散法、氢化燃烧合成法等。表 4.4 列出了几种制备方法及特征，由于制备方法不同，合金性能也有很大差异。

表 4.4　几种制备方法及特征

制备方法	合金组织特征	方法特征
中频感应熔炼法	缓冷时发生宏观偏析	价廉，适合大量生产
电弧熔炼法	接近平衡相，偏析少	适合实验及少量生产
机械合金化法	纳米晶结构、非晶相、非平衡相	粉末原料，低温处理
熔体急冷法	非平衡相、非晶相、微晶粒柱状晶组织，偏析少	容易粉碎
气体雾化法	非平衡相、非晶相、微晶粒等轴晶组织，偏析少	球状粉末，无需粉碎
还原扩散法	热扩散不充分时，组成不均匀	无需粉碎，成本低

1. 中频感应熔炼法

中频感应熔炼法是工业生产储氢合金的最常用方法之一，其熔炼规模从几千克至几吨不等。该方法具有批量生产、成本低等优点，其缺点在于耗电量较大，难以调控合金组成。

真空感应熔炼炉(vacuum-induction melting furnace，图 4.19)是周期作业式电炉，主要供特殊钢、高温合金和精密合金等在真空或保护气氛下进行熔炼和铸锭。电炉主要由炉身、支座、感应器、倾炉机构、真空系统和电气控制系统等部分组成。炉身与炉盖都有水冷夹层，并且配备了具有合金加料器、观察窗和热电偶装置的电炉，以及由铜管盘成螺旋线圈的电炉感应器，浇铸时通过炉外手动(或电动驱动)坩埚回转，有的型号则是通过倾斜炉体达到浇铸目的。真空系统由油扩散泵、机械泵、捕集器和各种控制阀门等组成。电气设备中的中频电源选用可控硅中频装置。

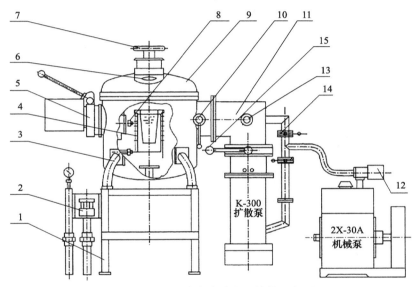

图 4.19　真空感应熔炼炉的结构示意图

1. 支座；2. 水冷系统；3. 炉身；4. 感应器；5. 密封回转轴承；6. 观察窗；7. 加料器；8. 电极；
9. 炉盖；10. 测温装置；11. 真空系统；12. 电磁真空充气阀；13. 放气阀；14. φ50 真空阀；15. φ300 真空阀

2. 电弧熔炼法

与中频感应熔炼法相比，电弧熔炼法在工业上的应用较少，适合实验室及小规模应用。图 4.20 为真空电弧炉的结构示意图。

在电源对电极互相接触之后拉开的情况下，电极之间会有持续的高温放电并伴有强烈弧光。电弧由阴极电压降、电弧柱和阳极电压降构成。电弧柱是电弧放射出强光焰的部分，其呈等离子态，电流能够在其中流动。等离子体中的原子能够发生电离，产生阳离子与电子的混合气。在外部电场的驱动下，阳离子向负极方向移动，电子向正极方向移动，从而形成电流，这里电子起电流载体的作用。不过，电子的质量比离子的质量小得多，电子与离子的碰撞次数非常多，因此离子会获得较大的能量，使电弧柱温度升高，

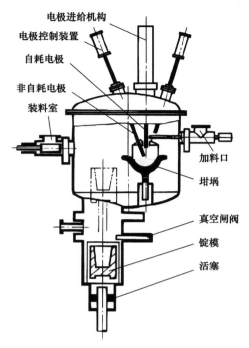

图 4.20　真空电弧炉的结构示意图

进而熔化合金成分，起到共熔的作用。

电弧熔炼的温度非常高，通常用于钛基和锆基合金的冶炼，不适合低熔点、易挥发金属合金的冶炼。例如，(Zr、Ti)(V、Mn、Pd、Ni、Fe)$_2$ 系合金、Ti-Zr-Cr-V 系合金、ZrCr$_{0.4}$Mn$_{0.2}$V$_{0.1}$Ni$_{1.3}$ 等合金的冶炼都能够采用电弧熔炼法进行熔炼，但是为避免冶炼过程中金属元素的偏析，需要将其铸锭重熔三次以上。

3. 机械合金化法

机械合金化(mechanical alloying，MA)法也称为高能球磨(high-energy ball milling)技术，是 20 世纪 60 年代由美国国际镍公司(INCO)的 Benjamin 开发的，最初用于氧化物弥散强化镍基合金的制备。自 80 年代初发现它可用来制备非晶态材料后，机械合金化法引起了人们的极大兴趣。80 年代主要聚焦高能球磨技术用于非晶态材料的制备研究，90 年代则对室温固相反应过程进行深入探究。研究发现，高能球磨过程通常会引入应变、缺陷及纳米量级微结构，使合金化的热力学和动力学过程与普通固相反应过程存在很大差别，并为其他技术(如快速凝固等)提供了不可能得到的组织结构，因而有可能制备出常规条件下难以合成的许多新型合金，为材料的合成制备开辟了一条新途径。

机械合金化通常需要在高能球磨机(图 4.21)中完成。高能球磨是一种高能量干式球磨的方法，它是利用磨球与磨球之间、磨球与料罐之间的碰撞，使粉末发生塑性变形、扩大表面，进而使得洁净的"原子化"金属表面暴露出来，在进一步球磨过程中破碎的粉末发生冷焊，再次被破碎，重复多次破碎、混合之后得到细化复合颗粒。在此过程中，不同组元的原子相互渗透，最终发生合金化。同时，罐内不断产生的热量也加速了反应的进行。为避免在合金化过程中新生原子面的氧化，通常需要在惰性保护气氛(如氩气或氮气)下进行。同时，为避免金属粉末之间、粉末与磨球及容器壁间的黏连，加入庚烷等防黏剂是非常必要的。

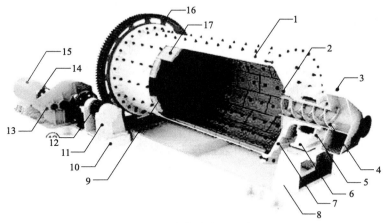

图 4.21 高能球磨机示意图

1. 筒体；2. 石板；3. 进料器；4. 进料螺旋；5. 轴承盖；6. 轴承座；7. 辊轮；8. 支架；9. 花板；
10. 驱动座；11. 过桥轴承座；12. 小齿轮；13. 减速机；14. 联轴器；15. 电机；16. 大齿圈；17. 大衬板

机械合金化一般包括四个阶段：①在磨球的作用下，金属粉末发生冷焊合，形成局部层状组分；②微细粒子在反复破裂与冷焊过程中生成，并且在复合作用的驱动下不断地细化卷绕成螺旋状，同时开始发生固相粒子间的扩散，形成固溶体；③细化和卷曲层状结构，逐步使单个粒子转变成混合体系；④最大限度地促使粒子形成亚稳结构。

机械合金化的原材料非常广泛，可以是元素粉末、元素与合金粉末、金属间化合物及氧化物粉末等的混合物。磨球一般采用轴承钢球，球磨时按一定的球料比放入直径大小不同的磨球(图 4.22)。在高能球磨过程中，复合颗粒内存在非常多的缺陷和纳米微结构，

图 4.22 直径大小不同的磨球

最大直径：$\Phi 20\ \mu m$

会发生固相反应，生成新合金。此外，该过程会不断地促使材料界面及其他晶体缺陷的生成，因此元素的性质、不同元素之间的互相作用以及外界环境(如球料比、转速和球磨时间等)将决定高能球磨的最终结果。

与常规的冶炼工艺和一般的非平衡工艺相比，高能球磨工艺有以下特点：

(1) 在远低于材料熔点的情况下，利用机械能进行固相反应制备合金，无需任何加热和高温熔化。

(2) 能够进行常规方法无法实现的合金制备，特别是熔点、密度、蒸气压相差大以及不互溶体系难熔合金等的制备，如 Mg-Co、Mg-Ni、Mg-Nb、Mg-Ti 等。

(3) 可以不受平衡相图的限制进行材料的合成。

(4) 可以获得较难获得的组织结构，如超饱和固溶体、亚稳相、纳米晶合金、宽成分范围非晶合金及超细弥散强化结构。

(5) 不断细化金属颗粒，形成新鲜表面及大量晶格缺陷，进而降低反应活化能，增强吸放氢反应。

(6) 工艺设备非常简单，不需要破碎及高温熔炼，适合工业化量产。

4. 熔体急冷(淬冷)法

熔体急冷法是在急剧冷却下固化熔体的方法。例如，将熔融合金喷射在旋转冷却的轧辊(有单辊和双辊)上，冷却速率为 $10^2 \sim 10^6 \, K \cdot s^{-1}$，由急冷凝固支撑薄带。单辊法是最常用的方法，其在制备急冷薄带时，很大程度上依赖于材质、辊的回转速度、喷射压、喷嘴的直径以及喷嘴前端与辊间距离。它具有以下特点：

(1) 抑制宏观偏析，细化析出物，延长电极寿命。通常杂质富集的宏观偏析是在缓冷凝固过程中产生的。这与在急冷凝固状态下，凝固时间短，较难发生宏观偏析是相对应的。例如，镍氢电池用的 MmNiCoMnAl 合金，用铸锭法时产生 La、Ce、Mn 与 Nd、Co 逆偏析，制成的电极耐蚀性差。而且，由于该化合物的组成范围很窄，组成易变，采用热处理就可析出粗大的第二相，耐蚀性差。而在急冷凝固时，析出微晶的尺寸一般在 1 μm 以下，不易偏析。因此，凝固速度越快，耐蚀性越好。

(2) 组织均匀，吸放氢特性优良。急冷凝固有利于均质组织，改善平台的平坦性、电极耐腐蚀性及吸氢量等。

(3) 晶粒细化，合金特性好。急冷凝固能够产生过冷材料，且成核数多。同时，扩散会导致溶质原子补偿不足，进而减缓新相的生长速率和减少微细组织，生成多晶界组织。例如，镍氢电池用组成为 $MmNi_{3.55}Co_{0.75}Mn_{0.4}Al_{0.3}$ 的合金，采用铸锭法时，晶粒尺寸平均在 100 μm 以上，而采用 $10^5 \, K \cdot s^{-1}$ 以上凝固速率的轧辊急冷时，则变为 10 μm 以下的微晶。研究发现，在相同比表面积、不同粒径的储氢合金中，微细晶粒具有更快的吸氢速率。相同组成的合金做成电极后，微细晶粒具有优良的高倍率放电特性。其原因还不十分清楚，但假定晶界是扩散路径，因急冷产生微晶晶界多，氢扩散快，所以吸放氢速率就快。

轧辊急冷是急冷凝固的方法之一。在轧辊急冷过程中，辊面的热量急速被夺走，导致散热有一定的方向性，进而使带状合金的厚度达 30～50 μm，垂直冷却面形成柱状晶组织。将这种储氢合金用于电极时，能够获得长的寿命、优良的耐蚀性，这主要与急冷凝固过程中形成的均质组织偏析少、粉化少、耐腐蚀有关。在反复充放电后，柱状晶组织合金的粉化、龟裂不同于等轴晶组织合金的散乱龟裂，它的龟裂具有一定的方向性，由取向结晶引起。与电弧熔炼法制取的合金相比，这种带状合金的氢压平台平坦，制作电极的循环寿命长。电弧熔炼的合金晶粒约 10 μm，与熔体急冷的合金晶粒 1 μm 有较大差异，这有利于缓和晶界上的晶格变形，从而实现高度均质化。将这种急冷合金低温热处理后，氢压平台变平坦，电极循环寿命延长。

Kronberger 采用单辊急冷法制备了 AB_5 型金属间化合物。该装置有一个直径 30 cm 的铜轮，通过改变旋转速度和保护气体的压力来改变冷却速率，制得短带或薄片材料。铜轮的旋转速度为 1100～2000 r·min^{-1}，气体压力为 $(0.1～1.1)\times10^5$ Pa，研究的合金为 $LaNi_{3.5}Co_{0.8}Mn_{0.4}Al_{0.3}$ 和 $MmNi_{3.5}Co_{0.8}Mn_{0.4}Al_{0.3}$(Mm 中含 La 30%或 50%)。这种方法能够获得纳米晶，由这种纳米晶制得的电极具有优异的活化行为，活化循环后有明显的电压平台，而容量与中频感应熔炼法所得合金的容量差别不大。

Lei 等在超高温度梯度(约 1300 ℃·cm^{-1})和不同生长速率(48～220 μm·s^{-1})下，用快速单向凝固法制得含 Mn 稀土基 $ML(NiCoMnTi)_5$ 合金。单向凝固似乎对电极的活化没有影响，但可以大大改善容量和高速放电能力以及合金的循环稳定性。同时，放电容量和高速放电能力随生长速率的增加而增加，但生长速率对合金循环稳定性的影响是没有规律的。在 48 μm·s^{-1} 的生长速率下，制得细单体柱状结构合金，200 次循环后容量衰减率仅为 12%，而母合金的容量衰减率为 30%。单向凝固改善了合金的放电容量和高速放电能力，这可能与单向凝固合金具有较好的均一性和结晶性等有关，在晶界上优先沉积 Ti、Ni 和 Co 可改善合金表面的电催化活性。

Chartouni 等将 $LmNi_{3.6}Co_{0.7}Al_{0.3}Mn_{0.4}$(Lm 为富 La 稀土金属:La 50%,Ce 30%,Pr 10%,Nd 9%)合金重熔后，用水冷旋转铜盘淬冷，冷却速率约为 10^3 K·s^{-1}。结果发现这样淬冷的合金活化最快，5 个循环后达到总容量的 80%，而浇铸合金要 10～12 个循环才能达到。迅速淬冷合金的晶粒很小，直径约为 20 μm，而浇铸合金晶粒为 100 μm。大量晶界存在于迅速冷却的样品中，导致电化学循环后粉末颗粒破裂，加快了电极的活化。由于浸润在电解质中的表面积较大，反应阻力较小，因此快速放电性得以改善，但较大的表面积也导致腐蚀性增加，致使电极循环寿命缩短。

表 4.5 列出了各种铸造方法制得的储氢合金特征。可以看出，合金熔炼后可以采用不同的铸造技术，不同方法制得的储氢合金具有不同特征，实践中可根据具体情况选用。目前，大规模工业生产中多采用单面或双面冷却的锭模铸造，其他方法还处于发展阶段。

表 4.5　各种铸造方法制得的储氢合金特征

铸造方法	冷却速率/(K·s^{-1})	合金形状	结晶集合组织	结晶粒径/μm	晶格变形程度
锭模铸造	10	由锭模决定	—	10～100	大
气体雾化	$10^2～10^4$	球状	等轴晶	<20	大
	$10^2～10^4$	薄片状	柱状晶	<20	小
熔体淬冷	$10^4～10^6$	带状	柱状晶	<10	小

5. 气体雾化法

气体雾化法是一种集熔炼、气体喷雾、凝固于一体的新型制粉技术。将中频感应熔炼后的熔体注入中间包,当熔体从中间包中流出时,在其出口处用高压惰性气体(氩气)促使熔体以细小液滴状态从喷嘴喷出,在喷雾塔内下落凝固成球形粉末,沉积在塔底。气体雾化时,粉粒的凝固速率为 $(10^2 \sim 10^4)K \cdot s^{-1}$。与锭模铸造锭经机械磨碎的同等粒径粉末相比,这种雾化粉粒的填充密度约为 10%,因此电极容量增加。这种粉粒与锭模铸造所得粉末的 $p\text{-}C\text{-}T$ 曲线相同,氢压平台平坦性差。这种球状骤冷凝固粉容易产生晶格应力,可以通过热处理法除去。

气体雾化法的优点是直接制取球形合金粉。这种方法可防止合金组分偏析,进而均化、细化合金组织,减少制备工艺,缩短加工时间,减轻污染。

由于气体雾化具有一系列优点,近年来吸引了很多研究者的关注。例如,用气体雾化法制取 AB_5 型、AB 型和 AB_2 型三种合金,即 $MmNi_{3.6}Co_{0.7}Mn_{0.4}Al_{0.3}$、$TiNi$ 和 $ZrV_{0.4}Ni_{1.6}$,一次熔炼量为 70 kg,喷雾压力为 5 MPa·cm^{-1},熔流直径为 6 mm,熔体流下所需时间为 2 min。合金雾化后在雾化桶内边下落边冷却,最后堆积于回收桶底部。但处于高温的合金粉末受到气氛中微量氧的高温氧化,在粉末表面生成氧化膜,从而影响储氢合金的性能,因此应尽可能抑制氧化。

单靠减少熔炼室、雾化桶内和氩气中氧含量的方法来提高储氢合金的性能是有限的,设备也不可能保证完全不漏气。最好的办法是,熔体雾化成粉末后,使凝固的粉末加速冷却,以便堆积的合金粉温度最高不超过 400 ℃。因为在超过 400 ℃冷却时,粉末冷却速度慢,吸氢合金含有稀土元素 La、Ce、Pr 及 Mn、Al、Ti、Zr 和 V 等易氧化元素,在冷却过程中易被氧化,在粉末的表面生成牢固的氧化膜。这种表面膜成为阻挡层,使氢不易被吸收,因此储氢合金的性能降低。如果粉末温度保持在 400 ℃以下,上述元素即使生成氧化膜也不牢固,氢易于透过,不致成为障碍,因此可得到高性能的储氢合金。

为达到加速冷却的目的,可以采用强制冷却的方法,如往雾化桶中从下向上通入氩气,使下落粉末被搅乱,延迟下落时间,从而提高冷却效率;也可以用水冷却雾化桶或收集桶壁,或者在雾化桶内设多层斜置水冷挡板,强制冷却粉末。总之,无论采用哪种方法,单独用或联合使用都可以,但一定要保证粉末在收集桶内的堆积终了温度不超过 400 ℃。如果处理时间过长,堆积粉的温度可能上升,则应提高冷却温度,需通过实验决定其冷却方法及冷却速率。如果不采取任何措施自然冷却,粉末在收集桶内的堆积终了温度一般达 600~800 ℃,暴露在如此高温下的粉末极易被微量氧气氧化,生成致密的氧化膜。

表 4.6 列出了不同冷却温度下三种合金的放电比容量。从表中可以看出,400 ℃以下冷却的储氢合金粉制成的负极的放电比容量明显提高,而且基本为定值。

气体雾化可直接制取球状粉末。球状粉末可提高电极中储氢合金的充填量,避免不规则颗粒对隔膜的刺破,并且减少表面缺陷,从而减少粉末粉化裂纹的来源,有利于延长电极的循环寿命。气体雾化粉的凝固速率快,无成分偏析,气体雾化储氢合金含有细

表 4.6 不同冷却温度下储氢合金负极的放电比容量 单位：$mA \cdot h \cdot g^{-1}$

冷却温度/℃	合金 A	合金 B	合金 C
800	195	124	134
600	274	198	268
500	288	218	308
400	291	225	335
300	290	228	336
200	293	223	333

注：合金 A 为 $MmNi_{3.6}Co_{0.7}Mn_{0.4}Al_{0.3}$；合金 B 为 $TiNi$；合金 C 为 $ZrV_{0.4}Ni_{1.6}$。

小枝晶组织，晶粒显著细化，从而增加了氢气扩散通道，降低晶胞膨胀收缩，提高合金吸氢量与延长循环寿命。

Lichtenberg 等用气体雾化法制取电动汽车用低 Co 的 AB_5 型稀土系储氢合金，其具有长循环寿命和高倍率放电能力。低 Co 气体雾化组成为 $Mm(NiCoMnAlX)_5$，含 Co 量(质量分数)为 0、4.2%和 10%，X=Fe、Cu。这类合金在密封镍氢电池中的循环寿命比传统熔炼-模铸合金的寿命长，并且除了加 Fe 的合金外，体积膨胀 $\Delta V/V$ 也都比传统合金小，在低温条件下的高倍率放电能力甚至更好。

Solonin 等用氩气气体雾化法制备了 $LaNi_{4.5}Al_{0.5}$ 和 $LaNi_{2.5}Co_{2.4}Al_{0.1}$ 粉末。过程参数为：熔体温度 1450 ℃，气体压力 1.25 MPa(对 $LaNi_{4.5}Al_{0.5}$)和 0.7 MPa(对 $LaNi_{2.5}Co_{2.4}Al_{0.1}$)，气体温度 630 ℃，熔体质量 0.6~0.7 $kg \cdot min^{-1}$，制备的粉末质量为 25 kg。结果表明，两种合金雾化粉有同样的粒度分布，最大为 100 μm，两者均为 $CaCu_5$ 型结构。粗颗粒含有 0.1%(质量分数，下同)O_2，细颗粒(小于 50 μm)约含 0.2% O_2，较细粉的氢容量较低，气体氢化时需要更强的活化条件。而粗颗粒的吸氢能力与电弧熔炼法制备的合金粉相当，电化学性能较好。粗颗粒无需任何活化，在第一次循环时就展示出了最大氢容量。而小于 50 μm 的颗粒必须在 200 ℃下活化，第 7 次循环后才达到标准氢容量。

4.3 镍氢电池的工作原理

镍氢电池是一种碱性电池，以氢氧化镍[$Ni(OH)_2$]作为正极活性物质，储氢合金作为负极活性物质，电解质为氢氧化钾(KOH)水溶液。其电池表达式为

$$(-)M/MH \mid KOH(6 \text{ mol} \cdot L^{-1}) \mid Ni(OH)_2/NiOOH(+)$$

式中，M 为储氢合金；MH 为金属氢化物。

在充电过程中，正极 $Ni(OH)_2$ 逐渐转化为 NiOOH，负极储氢合金吸氢变为金属氢化物，发生水分解反应；而放电过程正好相反，正极发生 $NiOOH \longrightarrow Ni(OH)_2$ 的转换，负极储氢合金脱氢，在表面产水，从而实现可逆充放电(图 4.23)。

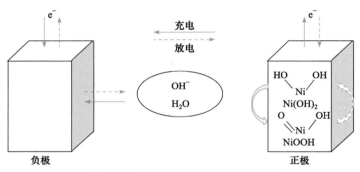

图 4.23　镍氢电池电化学过程示意图

1. 正常充放电反应

在正常充放电时，镍氢电池正、负极上发生的电化学反应可表示如下。

正极反应：　　　$Ni(OH)_2 + OH^- \rightleftharpoons NiOOH + H_2O + e^-$　　　$\varphi^\ominus = 0.49 \text{ V}$　　　(4.2)

负极反应：　　　$M + xH_2O + xe^- \rightleftharpoons MH_x + xOH^-$　　　$\varphi^\ominus = -0.829 \text{ V}$　　　(4.3)

总反应：　　　$M + xNi(OH)_2 \rightleftharpoons MH_x + xNiOOH$　　　$\varphi^\ominus = 1.319 \text{ V}$　　　(4.4)

可以看出，在充放电过程中，镍氢电池正、负极上发生的电化学反应都是固相转变机制，在整个反应过程中，并不会产生任何可溶性中间态金属离子，也不会消耗和生成任何电解质成分。因此，镍氢电池可以在完全密封和免维护的条件下工作，氢原子或质子在两个电极之间往复地迁移。在充电过程中，正极活性物质中的 H^+ 首先扩散到正极-溶液界面，与溶液中的 OH^- 反应生成 H_2O。然后，游离的 H^+ 经过电解质溶液扩散到负极-溶液界面，发生电化学反应，生成氢原子，最后扩散到负极储氢合金材料，生成金属氢化物。放电过程是充电的逆过程。

2. 过充放电反应

在进行过充放电时，镍氢电池的正、负极反应如下。
正极反应：

过充电(析出氧气)：　　　　　$4OH^- \longrightarrow O_2\uparrow + 2H_2O + 4e^-$　　　(4.5)

过放电(析出氢气)：　　　　　$2H_2O + 2e^- \longrightarrow H_2\uparrow + 2OH^-$　　　(4.6)

负极反应：

过充电(消耗氧气)：　　　　　$2H_2O + O_2 + 4e^- \longrightarrow 4OH^-$　　　(4.7)

过放电(消耗氢气)：　　　　　$H_2 + 2OH^- \longrightarrow 2H_2O + 2e^-$　　　(4.8)

从上述反应过程来看，在过充放电过程中，调控储氢合金的催化能力可以抑制正极产生 O_2 和 H_2，从而使镍氢电池能够耐过充放电。

为了确保氧的复合反应，镍氢电池通常采用正极限容方式，即负极容量大于正极，正、负极容量之比为(1∶1.2)～(1∶1.4)。这样可以实现在充电末期和过充电时由正极析出的氧气能够穿过隔膜扩散到负极表面，然后与氢复合，还原成 H_2O 和 OH^-，从而抑制和缓解电池内压力的升高。否则，MH 电极在电池过充时会释放大量氢气，导致电池内压升高；而在过放电时，正极析出的氢气也会穿过隔膜，扩散到负极表面，被储氢合金迅速吸收，而 MH 电极析出氧气，促使储氢合金被氧化。

4.3.1 正极工作原理

与金属电极不同，氧化镍是一种 P 型氧化物半导体电极。电池正极为六方晶系层状结构的 β-NiOOH，放电产物为 $Ni(OH)_2$。电池放电时，氧化还原反应发生在电极-溶液界面上，通过半导体晶格中电子缺陷和质子缺陷的转移来实现。

1. 充电过程

电极在充电过程中发生阳极极化，$Ni^{2+} - e^- \longrightarrow Ni^{3+}$，产生的电子经由导电骨架转移到外电路；$Ni(OH)_2$ 中的 OH^- 失去 H^+ 而变成 O^{2-}，质子则经由界面双电层转移到溶液中，进一步与 OH^- 结合生成 H_2O，即

$$H^+_{(固相)} + OH^-_{(液相)} \longrightarrow H_2O \tag{4.9}$$

在电极表面双电层区域发生的阳极极化，首先会形成局部空间电荷内电场，使氧化物表面一侧形成新的 Ni^{3+} 和 O^{2-}。同时，阳极极化会降低电极表面的质子(OH^- 中的 H^+)浓度，而内部仍具有较高浓度的 OH^-，从而产生 OH^-浓度梯度，H^+ 由高浓度区(电极内部)向低浓度区(电极表面)传导，相当于 O^{2-} 向晶格内部扩散。

在充电过程中，正极电极电势持续升高。由于 H^+ 在固相中的扩散速度非常慢，若充电电流过大，则电子迁移大于质子扩散，电极表面 Ni^{3+} 不断增加，H^+ 不断减少，在极限情况下，表面质子可以降至零，使表面层中的 NiOOH 几乎全部变成 NiO_2。当电流继续流过时，溶液中的 OH^- 发生分解，进而析出氧气，即

$$NiOOH + OH^- - e^- \longrightarrow NiO_2 + H_2O \tag{4.10}$$

$$4OH^- - 4e^- \longrightarrow O_2\uparrow + 2H_2O \tag{4.11}$$

这一析氧过程发生在充电后不久，氧化镍电极内部仍有 $Ni(OH)_2$ 存在，并且充电时所形成的 NiO_2 掺杂在 NiOOH 晶格中。因此，在进行充电时，即使氧化镍电极上有氧气析出，也并不代表其充电过程已经结束。

生成的 NiO_2 可以使电势达到一个相当高的值(约为 0.65 V)，在电极停止充电后，由于 NiO_2 的不稳定性，电极表面处的 NiO_2 可进行分解，析出氧气：

$$2NiO_2 + H_2O \longrightarrow 2NiOOH + \frac{1}{2}O_2\uparrow \tag{4.12}$$

随着 NiO_2 浓度的降低，电极电势也会下降，进而减小电极容量。

2. 放电过程

NiOOH 与溶液接触所建立的双电层如图 4.24 所示。

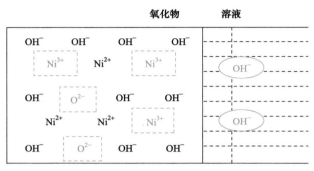

图 4.24　NiOOH-溶液界面的双电层

当氧化镍电极发生放电阴极极化时，其反应为

$$\beta\text{-NiOOH} + H_2O + e^- \longrightarrow Ni(OH)_2 + OH^- \tag{4.13}$$

放电时，Ni^{3+} 被外电路的电子还原为 Ni^{2+}，在电极固相表面层形成 H^+，进一步与 O^{2-} 结合为 OH^-，向固相内部扩散，见图 4.25。

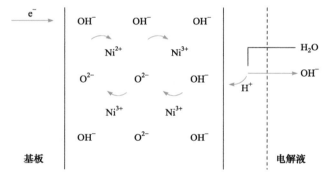

图 4.25　氧化镍电极的阴极过程(放电)

质子来源于碱性溶液中的 H_2O：

$$H_2O \longrightarrow H^+_{(\text{固相})} + OH^-_{(\text{液相})} \tag{4.14}$$

质子在固相中的扩散速度限制了氧化镍电极的反应速率。为了维持反应速率，电极电势必须有相应的变化，这是氧化镍电极的另一特点。

氧化镍电极属于固相质子扩散机理。在充放电过程中，水分子能够在氧化镍晶格中脱嵌而不改变其半导体结构。其充放电反应为

$$\beta\text{-NiOOH} + H_2O + e^- \Longleftrightarrow \beta\text{-Ni(OH)}_2 + OH^- \tag{4.15}$$

通常在充放电过程中会生成 β-NiOOH 和 β-Ni(OH)$_2$，但在高浓度的 KOH 或 NaOH 溶液中，长时间过充放电后会产生 γ-NiOOH 和 NiO$_2$，从而降低电极活性。

3. 氧化镍电极的充放电曲线

氧化镍电极的充放电曲线如图 4.26 所示。

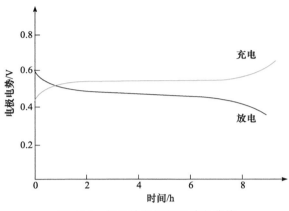

图 4.26　氧化镍电极的充放电曲线

充电时的反应速率表示如下：

$$i_a = zFka_{OH^-}a_{H^+}\exp\left(\frac{\beta\varphi F}{RT}\right) \tag{4.16}$$

式中，i_a 为阳极过程反应速率$(A \cdot m^{-2})$；z 为电极反应的转移电子数；F 为法拉第常量；k 为反应速率常数$(m \cdot s^{-1})$；a_{H^+} 为氧化物表面层中质子活度；a_{OH^-} 为电解质中 OH^- 活度；β 为对称系数；φ 为氧化物与溶液界面双电层电势差(V)。

在电极表面发生充电反应时，表层的质子浓度持续下降，导致氧化镍内部的质子在浓度梯度的驱动下扩散到电极表面。由于固相中的扩散较困难，质子的扩散速率小于反应速率，致使表面层中 H^+ 浓度不断下降，空间正电荷数量不断减小。若要保持反应速率(充电电流 i_a)不变，电极电势 φ 必须不断提高，于是氧化镍电极在充电过程中电极电势不断升高，如图 4.26 中充电曲线所示。

NiOOH 电极放电时，阴极过程反应速率可表示为

$$i_c = zFka_{H_2O}a_{O^{2-}}\exp\left(\frac{-\alpha\varphi F}{RT}\right) \tag{4.17}$$

式中，i_c 为阴极过程反应速度$(A \cdot m^{-2})$；a_{H_2O} 为水的活度；$a_{O^{2-}}$ 为固相表面层中 O^{2-} 的活度；$\alpha = 1-\beta$；其他符号含义同前。

单纯的 $Ni(OH)_2$ 是不导电的，其经过氧化后被赋予半导体性质，并且导电性随着氧化程度的增加而升高。$Ni(OH)_2$ 在制造和放电过程中，总有一些未被还原的 Ni^{3+}，以及按化学式计量过剩的 O^{2-} 存在，即 $Ni(OH)_2$ 晶格中某一数量的 OH^- 被 O^{2-} 代替，且同一数量的 Ni^{2+} 被 Ni^{3+} 代替。这种半导体的导电性取决于电子缺陷的运动和晶格中电子缺陷的浓度。当电极浸入电解质中时，在 $Ni(OH)_2$-溶液界面形成双电层，溶液中的 H^+ 与 $Ni(OH)_2$ 中的 O^{2-} 定向排列。阳极极化时，H^+ 从电极表面逸出，穿过双电层，进而迁移到溶液中

与 OH⁻ 发生反应生成水。

阳极的氧化反应是在电极表面双电层中进行的，首先在界面氧化物表面一侧形成电子缺陷，降低表面的质子浓度，进而与氧化物内部质子形成浓度梯度，促使氧化物内部质子扩散到电极表面。不过，质子在固相中扩散困难，扩散速率比反应速率小，从而导致表面 H^+ 浓度降低，减少了空间正电荷量。如果要保持反应速率不变，则必须提高电极电势。因此，氧化镍电极的电势在充电过程中不断升高，当充电电压超过某一阈值时，表面层中的 NiOOH 几乎被氧化成 NiO_2，此时电极电势足够氧化 OH⁻，释放 O_2。

$$NiOOH + OH^- \rightleftharpoons NiO_2 + H_2O + e^- \tag{4.18}$$

$$4OH^- \longrightarrow O_2\uparrow + 2H_2O + 4e^- \tag{4.19}$$

因此，在充电过程中，当氧化镍电极上析出氧时并不表示充电完成，这时仍有部分 $Ni(OH)_2$ 存在于氧化镍电极内部。此外，充电过程形成的 NiO_2 掺杂到 NiOOH 晶格中，成为 NiOOH 的吸附化合物。

充电时，双电层在 NiOOH-溶液界面形成。放电时，氧化镍电极进行阴极极化，外电路电子还原固相中的 Ni^{3+} 形成 Ni^{2+}，溶液中的质子 H^+ 穿过双电层占据质子缺陷位。

这个阴极过程与 NiOOH 电极的放电反应一致。

$$NiOOH + H_2O + e^- \longrightarrow Ni(OH)_2 + OH^- \tag{4.20}$$

在 NiOOH 的阴极过程中，H^+ 在电极固相表面层生成，扩散至固相内部与 O^{2-} 反应。晶格中的 Ni^{3+} 与外电路迁移过来的电子反应生成 Ni^{2+}。在碱性溶液中，质子(H^+)来自 H_2O。

阴极过程会降低固相表面层的 O^{2-} 浓度，减少 NiOOH，增加 $Ni(OH)_2$。如果 H^+ 扩散进入氧化物固相中的速度与反应速率相等，则电极表面层的 O^{2-} 浓度将保持不变，此时阴极反应速率为恒定值。实际上，H^+ 在固相中的扩散比在液相中困难得多，而 O^{2-} 在电极表面层中的浓度下降很快，如果要保持反应速率不变，则阴极极化电势向负方向移动。因此，电池放电过程中，正极 NiOOH 在未被完全还原为 $Ni(OH)_2$ 时，电池电压已达到终止电压，导致氧化镍电极活性物质利用率受放电极化的影响，这也与固相氧化物中质子扩散速率有关。

氧化镍电极充放电反应机理的一般反应式表示如下：

$$Ni(OH)_2 + OH^- \rightleftharpoons \beta\text{-}NiOOH + H_2O + e^- \tag{4.21}$$

在充满电的情况下，电极电势为 0.6 V(2.8 $mol \cdot L^{-1}$ KOH)。电极电势随着放置时间的延长有所下降。放电曲线平稳段的电势为 0.49～0.47 V，相当于 Ni_2O_3/NiO 的平衡电势。

初始的高电势是因为存在高价 NiO_2，但 NiO_2 不稳定，易分解。随着 NiO_2 浓度的减小，电势逐渐下降，同时有 O_2 析出。

$$2NiO_2 + H_2O \longrightarrow 2NiOOH + \frac{1}{2}O_2 \tag{4.22}$$

放电曲线平台段的电极反应可表示为

$$Ni(OH)_3 + e^- \longrightarrow Ni(OH)_2 + OH^- \tag{4.23}$$

$$NiOOH + H_2O + e^- \longrightarrow Ni(OH)_2 + OH^- \tag{4.24}$$

氧化镍电极充电时，电势开始急剧上升，在 0.65 V 左右平稳，然后析出氧，直至电流全部消耗于氧的析出。

充电过程中，氧化镍的电极电势比 Ni_2O_3 高，一方面是由于电极极化，另一方面是 NiO 转变为 Ni_2O_3 需经过高电势的 NiO_2，电极过程对应于 OH^- 在电极上的放电：

$$2OH^- \longrightarrow H_2O + O + 2e^- \tag{4.25}$$

生成的原子态氧(O)将 NiO 氧化为 NiO_2：

$$NiO + O \longrightarrow NiO_2 \tag{4.26}$$

NiO_2 与 NiO 进一步反应：

$$NiO_2 + NiO \longrightarrow Ni_2O_3 \tag{4.27}$$

总反应为

$$2NiO + 2OH^- \longrightarrow Ni_2O_3 + H_2O + 2e^- \tag{4.28}$$

氧化镍电极中有 NiO、NiO_2 和 Ni_2O_3 共存。充电初期，电势由 NiO $\longrightarrow$ NiO_2 反应决定；充电后期，电势由 Ni_2O_3 $\longrightarrow$ NiO_2 反应决定。

氧化镍电极在充满电后，内部存在不稳定的 NiO_2，若不立即放电，NiO_2 将自发分解，从而损失部分能量。Ni_2O_3 是放电过程中起主要作用的活性物质。

4.3.2　负极工作原理

1. 吸氢反应机理

当氢分子与合金接触时，会吸附在合金表面，然后氢发生 H—H 键的断裂、解离，形成原子态氢(H)。这些原子态 H 扩散到金属和金属原子的间隙中，即晶格间位置，形成固溶体。固溶于金属中的氢在化学吸附-溶解转换活化能的作用下，进一步向内部扩散。一旦固溶体达到氢饱和，过剩氢原子就与固溶体反应生成氢化物，释放出溶解热。在使用纯氢的情况下，合金氧化劣化程度不太严重，但是在反复吸放氢过程中，由于合金的粉化与导热性的降低，反应热的扩散将成为控速步。

通常氢与金属或合金的反应属于多相反应，主要包括：①H_2 传质；②化学吸附氢解离：$H_2 \rightleftharpoons 2H_{ad}$；③表面迁移；④吸附的氢转化为吸收氢：$H_{ad} \rightleftharpoons H_{abs}$；⑤氢在 α 相的稀固态溶液中扩散；⑥α 相转变为 β 相：$H_{ad}(\alpha) \rightleftharpoons H_{abs}(\beta)$；⑦氢在氢化物($\beta$ 相)中扩散。因此，了解氢在金属中扩散系数的大小对于掌握氢在金属中的吸收-解吸过程动力学参数是有帮助的。

2. 吸氢动力学

LaNi₅储氢合金动力学研究主要是针对其在$\alpha+\beta$相区的吸氢机理。Miyamoto 认为相界化学反应是控速步，Boser 认为形核长大是控速环节，而 Coodell 认为氢在合金表面的化学吸附和在氢化物中的扩散混合是控速步。宏存茂等对 LaNi₅-H 体系α相区的吸氢反应动力学进行了研究[H/M(物质的量比)值低于 0.1 时为α相区]，发现其吸氢过程是通过氢分子的解离和氢原子在 LaNi₅ 中的溶解实现的。LaNi₅ 合金在α相区的吸氢动力学可以用可逆吸放氢的速率方程描述。在 20～50 ℃，吸氢速率常数k_a为 0.08～0.41 s⁻¹，脱氢速率常数k_d为 5～25 MPa·s⁻¹。吸氢反应的表观活化能为 35 kJ·mol⁻¹ H₂。他们还对 LaNi₅ 在$\alpha+\beta$相区的压力进行了研究，发现平台前、后半段具有不同的吸氢速率。在吸氢起始阶段，吸氢速率对氢压为一级反应，反应受氢化物表面上氢分子解离控制；随着吸氢反应深度的增大，吸氢速率变为受固相中的界面反应控制。

3. 电极反应

金属氢化物电极在碱性溶液中的基本反应如下。

(1) 氢在固相-溶液中的电吸附-脱附过程：

$$M + H_2O + e^- \rightleftharpoons MH_{ad} + OH^- [福尔默(Volmer)反应] \tag{4.29}$$

(2) 固相氢化-去氢化过程：

$$MH_{ad} \rightleftharpoons MH_\alpha \tag{4.30}$$

$$MH_\alpha \rightleftharpoons MH_\beta \tag{4.31}$$

式中，M 和 MH 分别为金属和多金属合金形成的氢化物；H_{ad}、H_α 和 H_β 分别为吸附在电极表面、电极本体内和金属氢化物晶格中的氢原子。通过水分子的电还原[式(4.29)]，吸附态氢原子在电极表面产生，它们中的大多数扩散进入电极材料内部，然后在主体晶格生成固体溶液[式(4.30)]。当氢浓度达到一定极限时，开始生成金属氢化物[式(4.31)]。另外，在固相中，如果氢扩散、穿透和结合相较于起始电荷转移更慢，则吸附氢原子发生化学或电化学再组合现象，析出氢分子：

$$2MH_{ad} \rightleftharpoons H_2 + 2M[塔费尔(Tafel)反应] \tag{4.32}$$

$$MH + H_2O + e^- \rightleftharpoons H_2 + OH^- + M[海洛夫斯基(Heyrovsky)反应] \tag{4.33}$$

氢析出的福尔默-塔费尔机理已在 Pd 及其合金，以及其他众多 LaNi₅ 和 Ti-Zr-V-Ni 为主的储氢合金上得到证实。

在电极放电过程中，上述 5 个反应按反方向进行。氢原子从氢化物相中释放出来，或者氢分子经过电氧化脱附，在电极表面解离为氢原子。减小氢吸附在电极表面的浓度，能够促进氢从氢化物相本体扩散进入电极-溶液界面。

由于氢的析出降低了 MH 电极的氢化-去氢化循环效率，因此有待寻求电极材料本体中的福尔默反应和氢扩散更快的电极材料。

4. M/MH 反应中的热力学和动力学

以 Hg，HgO/OH⁻ 电极为参比电极，通过能斯特方程可以将 MH 电极在碱性溶液中的平衡电势($E_{MH,\,eq}$)转换成氢的平衡压 p_{H_2}。

金属氢化物电极反应和氧化汞电极反应如下：

金属氢化物电极：

$$2H_2O + 2e^- \rightleftharpoons H_2 + 2OH^-$$

$$\varphi^{\ominus}_{H_2O/H_2} = -0.829\ V$$

(4.34)

氧化汞电极：

$$HgO + H_2O + 2e^- \rightleftharpoons Hg + 2OH^-$$

$$\varphi^{\ominus}_{Hg,\,HgO/OH^-} = 0.098\ V$$

(4.35)

电池反应：

$$HgO + H_2 \rightleftharpoons Hg + H_2O$$

(4.36)

采用氧化汞电极作为参比电极，储氢电极平衡电势和氢压的关系可表示为

$$
\begin{aligned}
\varphi_{MH,\,eq} &= \varphi^{\ominus}_{H_2O/H_2} - \varphi^{\ominus}_{Hg,\,HgO/OH^-} + \frac{RT}{2F}\ln\frac{a_{H_2O}}{a_{H_2}} \\
&= \varphi^{\ominus}_{H_2O/H_2} - \varphi^{\ominus}_{Hg,\,HgO/OH^-} + \frac{RT}{2F}\ln\frac{a_{H_2O}}{\gamma_{H_2}\,p_{H_2}/p^{\ominus}}
\end{aligned}
$$

(4.37)

式中，$\varphi^{\ominus}_{H_2O/H_2}$ 和 $\varphi^{\ominus}_{Hg,\,HgO/OH^-}$ 分别为 H₂O/H₂ 电对和 Hg，HgO/OH⁻电对的标准电极电势 (pH = 14)；a_{H_2O} 为水的活度；a_{H_2} 为 H₂ 的活度；γ_{H_2} 为氢的逸度系数；$p^{\ominus}$ 为标准压力。在 $T = 293\ K$、$p = 1.032 \times 10^5\ Pa$ 时，将 MH 电极在 6 mol·L⁻¹ KOH 中的 γ_{H_2} 和 a_{H_2O} 代入，$\varphi_{MH,\,eq}$ 和 p_{H_2} 之间的关系如下所示：

$$\varphi_{MH,\,eq} = -0.9324 - 0.0291\lg(p_{H_2}/p^{\ominus})\qquad (vs\ Hg,\ HgO/OH^-)$$

(4.38)

因此，只需测出储氢电极在不同放电容量时的平衡电势，就能够推算出氢压 p_{H_2}。以 p_{H_2} 对电极容量 C 作图，可得到平台压力 $p_{eq,\,H_2}$ 与温度的关系。测定不同温度下的平衡氢压，根据范托夫(van't Hoff)公式就可以求出氢化反应的 ΔH 和 ΔS。

报道的 La-Ni-M 和 Zr-Ti-V-M(M 为 Mn、Cr、Cu、Ni)合金电极的 p-C 等温线与在固相-气体反应体系中的测定结果完全一致。在 p-C 等温线的平台区域(MH$_\alpha$ 向 MH$_\beta$ 转化)，金属氢化物稳定性高，平衡氢压小，平衡电极电势正移。随着 M—H 键键能的减小和 p_{H_2} 的增大，平衡电极电势更负。电化学法的优点是在 $10^{-3} \sim 10^7$ Pa，仅用少量的充电或放电态 MH 材料就可得到平衡氢压。电化学法测量 p-C 等温线的最大特点是工作压力小于 100 kPa，因此平衡氢压也必须小于 100 kPa，这是电化学法与固相-气体吸放氢反应法测定的主要区别。就实验方法而言，固相-气体反应设备较复杂，必须有一套高压、高真空装置；而电化学法设备简单，只需将储氢合金制成电极即可。就实验结果准确度而言，

固相-气体吸放氢反应法要求有良好的高压、高真空系统，影响因素较少，结果较准确；而电化学法中电极制备方法的差异和氧化电流的大小都可能影响测试结果，准确度相对较低。

p-C 等温线平台区域的氢压直接与 M—H 相互作用能有关，它与金属氢化物的最大氢含量一起决定充放电容量和储存在 MH 电极中的能量。通常很难对氢压相对较高的电极充电，大约从 -0.93 V 起，大部分电荷被消耗在气态氢的生成上。对于形成不稳定氢化物的金属间化合物和合金，当 p_{H_2} 高于 5×10^5 Pa 时，储氢容量非常有限。另外，对于形成相对稳定的氢化物的电极材料，当 p_{H_2} 低于 10^3 Pa 时，放电容量很小，这可用储氢电极平衡电势正移使金属相氧化来解释。对于氢化物电极，p_{H_2} 理想值应为 $1 \times 10^4 \sim 5 \times 10^5$ Pa，选择适当的电极材料组成及配比可以实现这个目标。

除了热力学性能外，在实用电化学能量转化装置(如镍氢电池)中选择 M/MH 系统的重要目标是研究在合金-电解质界面和固相本体中氢电吸附-脱附的动力学。合金催化活性的衡量标准是表观交换电流密度(j_0)、活化阻力[$R_p=(\mathrm{d}J/\mathrm{d}\eta)_{\eta} = 0$]，以及氢扩散系数($D$)和扩散阻力($R_D$)。显然，提高交换电流密度和/或氢的扩散性将增加镍氢电池中储氢材料的放电容量和充放电效率。降低电荷转移反应活化焓(ΔH^*)也能达到同样的效果。

通常每个反应的相对速率和氢吸附-脱附的库仑效率主要取决于 M—H 相互作用能的大小。氢吸附能增加时，水分子的电还原变得更快，然而氢析出的速率减小，该结论也适用于其逆反应。

Holleck 和 Flanagan 发现，在 Pd 和 Pd/Au 电极上获得的交换电流密度(j_0)是本体中氢浓度的函数。Yayama 等提出了一个简单的理论模型来描述 j_0 值和平衡电势($\varphi_{MH, eq}$)作为 H/M 的函数。Yang 等用这个模型来评估电极表面的吸附氢和固相本体中的氢气之间的平衡。

4.3.3 镍氢电池的失效机制

镍氢电池在经过多周期循环后，会出现电化学性能下降甚至失效的现象。电池失效是一个复杂的过程，与多种因素有关。造成镍氢电池失效的原因可分为内部因素和外部因素。内部因素一般与正极、负极、隔膜、电解质等有关；外部因素则与工作温度、充放电深度等有关。其中，最主要的还是内部因素，有以下三个方面：

(1) 正极氢氧化镍性能恶化。
(2) 负极储氢合金性能衰减。
(3) 隔膜老化和电解质损失。

1. 正极衰退机理

氧化镍电极的失效原因比较复杂，最主要的原因是电极过充时形成 γ-NiOOH。研究表明，氧化镍电极充放电过程中分别产生 β-Ni(OH)$_2$、α-Ni(OH)$_2$、β-NiOOH、γ-NiOOH 四种晶体，目前镍氢电池常用的是 β-Ni(OH)$_2$、β-NiOOH 两种晶体。四种晶体的转变关系见图 4.27。

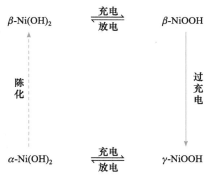

图 4.27　四种晶体的转变关系

四种晶体中，α-Ni(OH)$_2$ 被认为是准晶态物质，在陈化和使用过程中转变成 β-Ni(OH)$_2$；γ-NiOOH 是 β-NiOOH 的过充产物，电极变形、老化、膨胀都与 γ-NiOOH 的形成密切相关。镍氢电池在快充、过充的情况下，一部分 β-NiOOH 转变成 γ-NiOOH，与 β-NiOOH 相比，γ-NiOOH 晶胞体积增加 44%；在放电过程中，γ-NiOOH 转变成 α-Ni(OH)$_2$，晶胞体积又增加 39%。因此，在反复充放电过程中，较大的体积变化导致电极破裂、变厚，原来良好的导电网络被破坏，电阻增加。此外，由于 $\varphi^{\ominus}_{\gamma\text{-NiOOH}/\alpha\text{-Ni(OH)}_2} < \varphi^{\ominus}_{\beta\text{-NiOOH}/\beta\text{-Ni(OH)}_2}$，一部分 γ-NiOOH 不能完全放电而导致 γ-NiOOH 的积累，因此电极可逆性变差。

对于添加钴的 Ni(OH)$_2$ 电极，在充电过程的活化阶段被氧化成 CoOOH，从而提高极片的导电性。在电池使用过程中，一部分钴化合物在氢气气氛下能够与氢气反应，最终生成 Co$_3$O$_4$，反应机理如下：

$$CoOOH + \frac{1}{2}H_2 \longrightarrow Co(OH)_2 \tag{4.39}$$

$$Co(OH)_3 + \frac{1}{2}H_2 \longrightarrow Co(OH)_2 + H_2O \tag{4.40}$$

$$Co(OH)_2 + 2CoOOH \longrightarrow Co_3O_4 + 2H_2O \tag{4.41}$$

$$3CoOOH + \frac{1}{2}H_2 \longrightarrow Co_3O_4 + 2H_2O \tag{4.42}$$

$$3Co(OH)_3 + \frac{1}{2}H_2 \longrightarrow Co_3O_4 + 5H_2O \tag{4.43}$$

最终生成的 Co$_3$O$_4$ 是不导电的，而且较为稳定，不能再进入 Ni(OH)$_2$ 晶格中或形成导电性好的 CoOOH。活性钴向惰性钴的转化导致 Ni(OH)$_2$ 颗粒之间及 Ni(OH)$_2$ 与泡沫镍之间生成了高阻抗层，这也是电极衰退的原因之一。

此外，正极中少量的钴化合物可能溶解在浓碱电解质中形成钴配合物，它扩散到隔膜后氧化隔膜分子，自身被还原成钴沉积在隔膜上；同时，钴配合物还能够透过隔膜到达负极片，在负极充电时被还原成钴并沉积下来。当隔膜上沉积的钴达到一定数量后，就会透过隔膜产生非常细的"钴桥"，发生电子导电，造成微短路，进而发展成完全短路，使电池失效。即使在负极上沉积的钴未形成"钴桥"，也可能在充放电时，在负极表面呈尖端生长的钴发生尖端放电而导致微短路。此外，负极溶出的 Mn 也可能造成微短路，而且溶出的 Mn 会加快钴的溶出与合金氧化。

氧化镍电极除了自身膨胀等因素引起失效外，负极腐蚀也对正极造成一定影响。在碱性电解质中，MH 电极中的一些活泼元素会发生腐蚀反应，其中 Mn、Al 最容易产生腐蚀现象，特别是当 Al 被腐蚀后，在正极中沉积，使 α-Ni(OH)$_2$ 变稳定，进而使正极放电容量降低。另外，由于温度过高、电解质浓度过大及电解质中金属杂质离子的存在，球形 Ni(OH)$_2$ 电极在长期充放电过程中逐渐粗化，导致充电困难。

2. 负极衰退机理

目前，可用于 MH 电极的储氢材料有 AB$_5$ 型、AB/A$_2$B 型、AB$_2$ 型合金等，但从价格和活化性能来看，AB$_5$ 型合金是 MH 电极的首选材料，它具有易活化、放电平台平坦等优点。MH 电极的衰退机理比较复杂，一般认为是负极活性物质的粉化和氧化。

20 世纪 60 年代末期，LaNi$_5$ 合金被发现具有可逆吸放氢的特性。但是，LaNi$_5$ 合金用作储氢电极时，容量衰减很快。Boonstra 用 LaNi$_5$ 材料做循环吸放氢实验时发现，当用含有 H$_2$O、O$_2$ 的 H$_2$ 做循环吸放氢实验时，材料表面积达到一个最大值后不再增加。因此，Boonstra 认为 LaNi$_5$ 作储氢电极会很快衰退，原因在于 LaNi$_5$ 与电解质接触时表面生成了氧化膜；当 La(OH)$_3$ 和 Ni(OH)$_2$ 的物质的量比为 1∶5 时，吸氢后体积发生剧烈膨胀，导致表面氧化膜破裂，电极破坏。因此，他提出了 LaNi$_5$ 电极衰退机理，即氧化-破裂机理。

Willems 用扫描电子显微镜分析了 LaNi$_5$ 作电极时的表面情况，发现其表面生成了 La(OH)$_3$，且随着循环次数的增加，La(OH)$_3$ 的量也逐渐增加。在碱溶液中，LaNi$_5$ 分解的驱动力来源于 LaNi$_5$ 的腐蚀反应，其吉布斯自由能达 -472 kJ·mol^{-1}，这是 LaNi$_5$ 生成焓的 4 倍。由于在循环充放电过程中电极持续粉化，不断被氧化，从而失效，因此称为粉化-氧化机理。Willems 及其合作者进一步发现，用 Co 部分取代 Ni，用 Nd 部分取代 La，体积膨胀率可以大大降低，循环寿命也得到很大改进。但由于 La、Nd、Co 都是比较昂贵的金属，因此这类储氢合金难以大批量生产。

之后，各种低 Co 混合稀土储氢合金材料的开发非常迅猛，达到实用化程度，其基本组成为 AB$_5$ 型，但取代元素繁多。A 侧主要是 La、Ce、Pr、Nd 等稀土元素和 Zr；B 侧主要是 Mn、Co、Ni、Al、V、Ti 等。这些低 Co 储氢合金材料电极衰退的主要原因仍然是储氢合金中活泼元素的氧化，导致电池充电过程中正极析出的氧气在负极表面得不到及时复合，使电池内压上升，而且在氧的作用下合金的氧化和腐蚀加快，进一步降低了氧在负极合金表面的复合能力和负极的放电容量；在循环过程中，合金粉化也是储氢合金容量降低的原因之一，储氢合金吸氢后晶格会出现明显的膨胀，增大材料的内应力，扩展晶粒内的微裂纹，产生氢脆，进而引起晶粒的破裂，合金粉化使其吸放氢能力极大地降低。另外，在强碱性电解质中，稀土元素 La、Ce、Pr、Nd 等不稳定，容易被腐蚀形成 M(OH)$_3$，也会消耗电解质，因此加快了隔膜的干枯，导致电池欧姆内阻急剧上升，这也是储氢合金性能衰退的原因之一。

3. 电解质

电解质是电池的重要组成部分，直接影响电池的电化学性能，包括容量、内阻、内压、循环寿命等。在电池循环充放电过程中，电解质会逐渐枯竭，进而无法完全浸润电极片，致使电化学反应不完全，电池容量无法达到设计要求，电池内阻升高(浓差电阻和离子传导电阻/迁移电阻升高)，充电电势升高，放电电势下降，循环寿命变短，因此电解质的干涸也是电池失效的主要原因之一。电解质干涸的主要原因如下：

(1) 电极材料粉化，电极膨胀，使电解质重新分配。当镍氢电池经过多次充放电循环后，镍电极膨胀，具有较高吸水量的 γ-NiOOH 及 α-Ni(OH)$_2$ 的生成导致电解质减少，隔膜含液量降低；同时负极也略微膨胀，从而将隔膜压紧，改变了电极间隙，使隔膜的孔隙率和所包含的电解质减少；电极变厚，吸收从隔膜挤出的电解质，导致电解质再分配。

(2) 电池内压过高，使安全阀打开，电解质泄漏。过充放电过程中电池壳内压力升高，达到一定压力后从安全阀泄压而造成电解质损失，少量的电解质无法润湿渗透 MH 电极表面渐趋增厚的氧化膜，加速了合金的氧化、粉化，增大了电极的极化，加剧了电池的失效。

(3) 由于材料氧化腐蚀，消耗了一部分电解质。在强碱性电解质中，负极中的稀土元素 La、Ce、Pr、Nd 等不稳定，容易被腐蚀形成 M(OH)$_3$，消耗了一部分电解质。

(4) 电解质中的水分在循环或储存一段时间之后，可能以某种目前尚不清楚的形式存在，如结晶水被范德华力或氢键等束缚，不能参与电化学反应(电解质浓度升高)。

4. 隔膜

隔膜在电池中主要起到隔离正、负电极，确保两电极之间良好的离子传输和防止活性物质向对电极迁移的作用。隔膜的优劣对电池性能有较大影响，包括电池容量、放电电压、循环寿命和自放电等。

隔膜在循环过程中干涸是电池早期性能下降的原因之一。由于隔膜干涸，电池的欧姆内阻增加，导致电池放电不完全，容易发生电池过充，因此电池容量无法恢复到初始状态，极大地降低了电池放电容量。隔膜变干与下列因素有关：

(1) 正、负极片在充放电过程中发生膨胀将隔膜压紧，改变了电极间隙，使隔膜的孔隙率和所包含的电解质减少，电极变厚，吸收从隔膜挤出的电解质，导致隔膜变干。

(2) 负极中稀土元素 La、Ce、Pr、Nd 等在强碱液中不稳定，发生腐蚀生成 M(OH)$_3$，消耗了一部分电解质而导致隔膜变干。

(3) 隔膜在使用过程中自身性质的变化，如保液能力和吸液速率。

(4) 电池在充放电过程中温度升高，加速了隔膜分解。

(5) 镍电极膨胀使 MH 电极周围处于极贫液区，容易形成一层氧化膜，使电极表面活性和气体复合能力变差，电池过充时正极产生的氧气未能快速复合掉，造成电池内压升高，达到一定压力后从安全阀泄压而造成电解质损失。而 MH 电极电化学性能衰减更不利于壳内气体的复合，气压过高造成电解质进一步流失，更不利于 MH 电极放电；直至电解质无法渗透过氧化膜，引起电池失效。

5. 内压升高

随着镍氢电池充放电的进行，内压将升高，这是引起电池失效的另一个原因。镍氢电池充放电时内压升高的根本原因在于正极连续的析氧反应未能及时消除，同时负极也出现析氢。正极在充电后不久有氧气析出，在电池过充电时，氧气析出量更大；负极在充电初期，氢原子在储氢合金表面形成，并逐渐扩散到合金内部形成金属氢化物，充电后期有许多氢原子复合成氢气析出。镍氢电池内压过高容易导致电池漏液、爬碱。另外，内压过高引起安全阀开启，电解质中的水电解使氢气和氧气逸出，致使电解质逐渐干涸，导致电池容量下降，循环寿命迅速衰减。

6. 阻抗升高

电池阻抗包括溶液电阻 R_s、反应阻抗 R_t、瓦博格(Warburg)扩散阻抗 Z_W 与界面容抗 Q_c。镍氢电池失效分为两步：①隔膜中电解质损失使 R_s 增加，导致电池性能下降，早期的衰退可以通过重新注入电解质而得到恢复；②失活的电极表面促使 R_t 增加，降低电压和容量，这种衰退是不可逆的。总之，镍氢电池的内压升高、电阻增大基本都是电极本身退化造成的。因此，提高镍氢电池的使用寿命，需要优化电极材料的组合，并且对电极活性物质的制备工艺和电池装配工艺进行改进，从而实现抑制氧化、降低粉化和提高电池保湿能力等目标。

7. 外部原因

引起镍氢电池失效的外部原因主要涉及使用温度、充放电深度等因素。为了延长电池的寿命，应当尽量在室温环境中使用镍氢电池。在高温条件下，尤其是在过充电条件下，电池内部的气体及电解质容易泄漏出来，并且高温将加剧电池内部的隔膜及其他材料性能的衰退；若使用温度过低(0 ℃以下)，氧气的复合反应减慢。在过充电情况时，电池内部的压力将迅速上升。而放电深度对镍电极的膨胀影响非常大，正极膨胀与放电深度呈指数关系。因此，电池失效是多种因素综合的结果，除了其本身结构的原因外，还涉及使用过程及使用环境中的多种因素。

4.4 镍氢电池的结构类型

目前镍氢电池的结构类型可分为圆柱形结构、方形结构和其他结构三类。

4.4.1 圆柱形结构

圆柱形结构电池是镍氢电池中发展早、成熟快的一种，工艺较为成熟(图 4.28)。这种结构的电池可以获得最好的力学和电气性能，因此品种、数量多，使用范围广。在圆柱形结构镍氢电池中，正、负极材料通过隔膜分开，然后卷绕在一起，密封在钢壳中。目前通常采用的是卷绕直封口式工艺，即卷绕好的两个极片直接装入电池壳后，立即滴注适量的电解质，封口后活化检测。圆柱形镍氢电池的制作工艺如图 4.29 所示。

图 4.28 圆柱形镍氢电池示意图

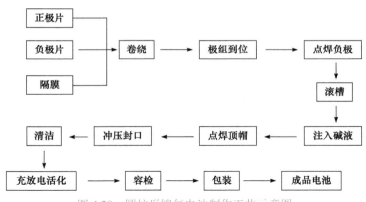

图 4.29 圆柱形镍氢电池制作工艺示意图

由图 4.29 可知，正极片和负极片用隔膜隔开，经卷绕成桶状，放入钢壳内，将负极片与钢壳的底部点焊到一起，然后滚槽使钢壳上部产生一个可以放入电池帽的凹槽，再注入电解质，将正极与电池的顶帽焊接在一起并盖好，放入封口机中冲压封口。封好口的电池经过简单的清洁，最后进行充放电活化，一般充放电活化一两次，经容检确保容量和一般指标没有问题的，就可以包装，贴上商标出厂。

从生产角度看，这种直封口式电池生产工艺简化了工艺流程，提高了生产效率，降低了劳动强度，避免了开口化成后废碱液对环境造成的污染，改善了作业环境，为连续化生产提供了技术保证，而且生产的电池在性能上也优于传统开口化成的电池。

上述电池制作工艺的每个步骤都很关键，每个步骤都影响电池的性能。首先，为了保证每个电池的质量和性能稳定，必须保证所注入的电解质的量都相同。因为镍氢电池一般采用贫液式设计，即做到电池内无流动电解质，所以一般注入完电解质之后，电解质在离心条件下吸附在正极、负极和隔膜上，使电解质充分分散，这样也有利于后面点焊封口的操作。

其次，电池密封也是很重要的一步。镍氢电池根据阴极吸附机理实现电池密封，以达到负极无氢气析出和正极无盈余氧气的目的。在充电末期，储氢合金晶格的空隙几乎充满了氢，此时正极电化学反应速率变大，则氧气加速透过隔膜到达负极周围，与负极表面上的氢进行复合并生成水。一旦电池进行过充电，则电池内存在盈余气体，将使电池内部气压升高，因此需要设置安全阀来排放盈余气体，以进行减压并保证安全。

密封材料对镍氢电池的充放电性能和使用寿命也起到至关重要的作用，因为镍氢电池使用氢氧化钾水溶液作为电解质，并且为了提高电池的容量，电解质的用量都尽量减少，这就要求电池在使用过程中电解质不能泄漏和挥发减少，否则会使电池容量衰减严重。另外，镍氢电池充电时产生氢，这些氢一部分储存在合金电极中，还有一部分以氢气形式存在于电池中，电池放电时这些氢是负极电化学反应的活性物质，如果发生氢的泄漏也会严重影响电池的充放电性能和使用寿命，因此需要对镍氢电池产品进行严格密封，这就需要高性能的密封材料。电池密封材料主要指电池封口使用的密封圈和密封剂。目前国内广泛采用的电池密封圈是改性聚烯烃或尼龙，也有采用具有优良性能的热塑性弹性体代替聚烯烃、尼龙等塑料材料。通过共聚、共混及合成稳定剂来改进基质材料的高温耐碱性，现在已研制成功能满足在 65 ℃时密封要求的镍氢电池密封圈。

4.4.2 方形结构

方形结构镍氢电池(图 4.30)一般有两种：一种是小矩形电池，适用于小型电子产品，如数码相机、笔记本电脑、手机等；另一种是动力电源电池，正、负极在同一侧。方形电池的生产工艺流程与圆柱形电池相似，但由于形状不同，方形电池采用激光焊接封装，实现壳体一体化，而圆柱形电池是传统的卷边压缩密封。

图 4.30 方形结构镍氢电池示意图

方形电池除了形状、外观有别于圆柱形电池外，从电池设计的角度来说，电池的整个结构都要考虑方形电池的特殊性(图 4.31)。在方形电池中，电极装配的松紧度对电池的性能有极大影响。装配太松，对电池正、负极板的强度不利，特别是泡沫镍的黏结式电极，易造成电极活性物质脱落。随着充放电循环的进行，电池容量衰减加快，电池的质量比能量和体积比能量降低，循环寿命缩短；装配过紧，由于正、负极板的膨胀，对隔膜施加很大的压力，造成隔膜干涸，电池内阻增大，电池容量降低，严重时电池过早失效。

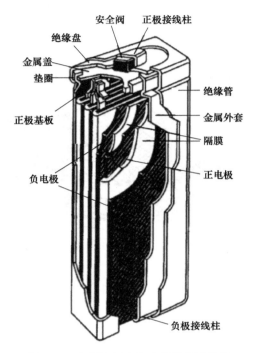

图 4.31　方形镍氢电池内部结构示意图

4.4.3　其他结构

　　扣式镍氢电池的开发源于笔记本电脑、摄像机等设备对高能量密度和薄型化的需求(图 4.32)。活性物质被压入基板上构成电极，正、负极和隔膜交替地叠加在一起，形成层状结构。与圆柱形和方形镍氢电池不同，扣式镍氢电池没有安全阀，特别适合于小电流、低功率应用。将负极材料放在负极盖内，加一定的压力使活性物质与集流体密合，在上面铺放隔膜，再将正极材料与黏结剂混合，加压成型，置于隔膜之上，滴入电解质，扣上钢壳，经封口即成扣式镍氢电池(图 4.33)。

　　综上所述，圆柱形镍氢电池型号较多，应用广泛，AAA 型电池的比容量达到 900 mA·h，最新型的 AA 型电池的比容量达到 2600 mA·h。随着新技术的使用和结构的改进，镍氢电池的结构更加紧凑，能量和功率都有较大提高。另外，中功率 5C 倍率输出的 D、F 型电动助力车电池和 30 A·h 的摩托车电池，高功率 10C 倍率输出的 SC 电动工具用电池，超高功率 20C 倍率输出的 D 型混合型电动汽车用电池，都有非常好的应用前景。

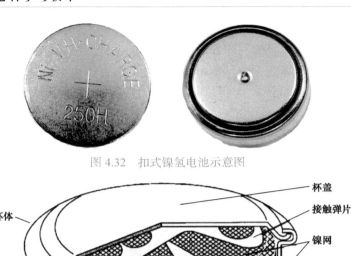

图 4.32　扣式镍氢电池示意图

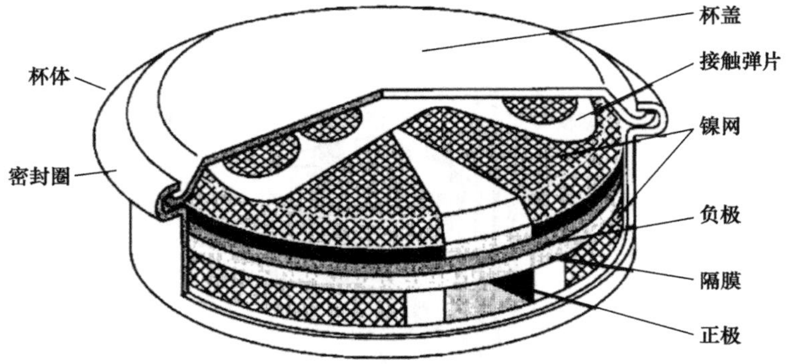

杯盖

接触弹片

镍网

负极

隔膜

正极

杯体

密封圈

图 4.33　扣式镍氢电池内部结构示意图

4.5　前景与展望

1. 大容量镍氢电池

大容量(高能量密度)镍氢电池仍将占据重要地位,主要用作电动汽车驱动电源。许多发达国家都投入了大量的资金进行相应的研究与开发。国外几家大公司研究开发的电动汽车用镍氢电池性能见表 4.7。从表中数据可以看出,镍氢电池的性能还无法满足高级电动汽车的需要,因此研究大容量和高能量密度的镍氢电池是必要的发展方向。

表 4.7　电动汽车用大容量镍氢电池的性能对比

国家及公司名称	容量/(A·h)	电压/V	尺寸/mm³	能量密度/(W·h·kg⁻¹)
美国,Ovonic	50、90、100	13.2、13.2、12	412×102×179	70
法国,SAFT	100	12	390×120×195	60
日本,古河	100	12	280×165×205	60
日本,汤浅	97	12	388×116×175	65

2. 高功率镍氢电池

混合动力电动汽车被认为是最实用和最具有发展前景的清洁车型,这使得高功率镍氢动力电池的研究与开发更为迫切。美国 Ovonic 公司和日本松下公司生产的高功率镍氢电池的性能指标见表 4.8。

表 4.8 高功率镍氢电池的性能

国家及公司名称	电池结构	容量/(A·h)	质量比功率/(W·kg^{-1})	体积比功率/(W·L^{-1})
美国，Ovonic	方形	150	290	800
		120	355	1100
		90	225	600
		60	630	1700
		30	1450	1450(50% DOD)
日本，松下	圆柱形	20	570	1600
		6.5	530	1820
		6.5	500	1730

3. 汽车用镍氢动力电池

2018 年 1 月～2019 年 5 月生产的 49 款电动汽车所使用的蓄电池总储电量为 15～110 kW·h。其中，有 6 款燃料电池大型客车的总储电量超过了 100 kW·h，有 3 款燃料电池中型货车的总储电量超过了 60 kW·h，如此大的电量已经超过了部分同类型纯电动汽车的储能装置电量。国外的燃料电池汽车也大多使用锂离子电池，只有日本丰田汽车使用了 1.6 kW·h 镍氢电池。

思 考 题

1. 镍氢电池的概念及其基本构成是什么？
2. 简述电极过程动力学的基本内容。
3. 镍氢电池正、负极材料种类有哪些？
4. 简述镍氢电池负极材料的制备方法及特点。
5. 简述镍氢电池的正、负极工作原理。
6. 镍氢电池的结构类型及各自的优缺点是什么？

第5章 锂离子电池

5.1 概 述

锂离子电池也称锂离子二次电池或锂离子蓄电池,是近年来发展迅速的一种新型化学电源。自 1990 年日本索尼公司和加拿大莫里能源公司研制锂离子电池获得成功以来,它一直是世界各国竞相研究开发和应用的热点。由于具有能量密度高、循环寿命长、工作温度范围宽、自放电率低、存储时间长以及无记忆效应等优势,锂离子电池在日常生活中已经得到广泛应用。与传统镍镉电池、镍氢电池及铅酸电池相比,锂离子电池具有较高的体积比能量和质量比能量(表 5.1)。对某一特定规格的电池来说,较高的体积比能量和质量比能量意味着更小的电池体积和更轻的电池质量,这些特性可以促进便携式电子设备的发展。

表 5.1 锂离子电池与其他传统二次电池的性能对比

项目	锂离子电池	镍镉电池	镍氢电池	铅酸电池
体积比能量/(W·h·L^{-1})	250～400	50～150	140～300	60～110
质量比能量/(W·h·kg^{-1})	100～250	40～60	60～120	30～50
平均工作电压/V	3.6	1.2	1.2	2.0
使用电压范围/V	2.5～4.2	1.0～1.4	1.0～1.4	1.8～2.2
循环寿命/次	500～1500	500～2000	500～5000	500～800
使用温度范围/℃	−20～60	−20～65	−20～65	−40～65
自放电率/月	<5%	>10%	20%～30%	>10%
安全性能	安全	安全	安全	不安全
是否对环境友好	是	否	是	否
记忆效应	无	有	无	无
优点	高能量密度、高电压、无公害	高功率、快速充放电、低成本	高能量密度、高功率、无公害	价格低廉、工艺成熟
缺点	需要保护回路、高成本	记忆效应、镉有毒	自放电率高、高成本	能量密度小、污染环境

锂是自然界中最轻的金属元素(原子量为 6.94,离子半径为 76 pm),也是电化学当量(0.26 g·A·h^{-1})最小、标准电极电势(−3.04 V)最负和理论比容量(体积比容量 2.06 A·h·cm^{-3},质量比容量 3.86 A·h·g^{-1})最高的元素,优异的特性使它成为电极材料的理想选择。锂电池的研究可以追溯到 1912 年,路易斯(Lewis)提出了锂金属电池的概念。考虑到金属锂会与

水和空气发生反应,哈里斯(Harris)于 1958 年在锂金属电池中采用了有机电解质,并得到科学界的一致认可。1970 年,美国埃克森公司的惠廷厄姆以 TiS_2 作为正极、金属锂为负极,开发出世界上首个锂二次电池。该款电池虽然具有可深度充放电 1000 次且每次容量损失不超过 0.05%的优异性能,但未取得商业化进展,主要是由于锂金属电池工作时,负极锂表面电荷分布不均,容易造成锂沉积不均匀。这种不均匀沉积进一步导致锂在局部沉积过快而形成枝晶(图 5.1),枝晶的折断会造成锂的不可逆损失,而且枝晶的不断生长会刺穿隔膜引起电池短路,产生大电流,进而生成大量的热,使电池着火,甚至发生爆炸,具有严重的安全隐患。

负极金属Li

图 5.1　锂金属负极枝晶生长示意图

　　针对锂金属电池的上述问题,阿曼德于 1980 年率先提出了"摇椅式"电池的概念,即正、负极都采用嵌锂化合物,依靠 Li^+ 在正、负极之间来回穿梭实现电池的充放电。与此同时,美国科学家古迪纳夫对钴酸锂($LiCoO_2$)进行了研究,它的理论比容量达到 $274\ mA\cdot h\cdot g^{-1}$,但其含有的 Li^+ 不能全部可逆脱出,当 Li^+ 脱出过多时会破坏钴酸锂结构的稳定性,引起材料结构坍塌。古迪纳夫通过努力最终实现超过半数的 Li^+ 能够可逆脱出钴酸锂,使钴酸锂材料的可逆比容量达到 $140\ mA\cdot h\cdot g^{-1}$ 以上,这一成果最终导致了锂离子电池的诞生。当时正在日本旭化成株式会社工作的吉野彰采用钴酸锂作为正极、石墨材料作为负极开发了最早的锂离子电池模型。日本索尼公司采用这种技术,于 1990 年推出了全球首款商用锂离子电池,以石墨材料为负极,有效避免了直接采用金属锂负极可能带来的安全问题,提高了电池安全性。随后,加拿大莫里能源公司也研制成功了新型的锂离子电池。锂离子电池的商业化使用减小了手机、数码相机、笔记本电脑等便携式电子设备的体积和质量,同时延长了它们的使用寿命。此外,与镍镉电池、镍氢电池及铅酸电池相比,锂离子电池不含铅、镉等重金属元素,减少了对环境的污染。

　　21 世纪以来,锂离子电池的电极材料进一步发展,可作为正极材料的有尖晶石锰酸锂($LiMn_2O_4$),层状的 $LiMn_{1-x}Co_xO_2$、$LiNi_{1-x-y}Co_xMn_yO_2$、$LiNi_{1-x-y}Co_xAl_yO_2$,富锂材料和聚阴离子型材料 $LiMPO_4$(M=Fe、Mn、V 等)。负极材料有碳基材料、硅基材料、锡基材料和钛酸锂等。经过 20 多年的发展，锂离子电池的性能得到巨大提升。随着电极材料的研发与扩展，锂离子电池在大规模储能等领域也有很大的发展空间。2019 年 10 月 9 日，美国科学家古迪纳夫、英裔美国科学家惠廷厄姆与日本科学家吉野彰共同获得 2019 年诺贝尔化学奖，以表彰他们在锂离子电池领域做出的突出贡献。

5.2 锂离子电池的工作原理

锂离子电池是以锂离子嵌入化合物为正、负极材料，依靠 Li^+ 在正、负极间迁移完成充放电过程的电池总称。锂离子电池的充放电过程是锂离子在正、负极的嵌入和脱出过程，在该过程中伴随着与锂离子等物质的量电子的转移，因此锂离子电池也被形象地称为"摇椅式"电池。锂离子电池主要由正极、负极、电解质和隔膜四部分组成，两种能够可逆脱嵌锂离子的化合物为正、负极活性物质。此外，正极和负极还包括导电碳、黏结剂和集流体。集流体是指起收集电流作用的结构或零件。在锂离子电池中，正、负极的集流体分别为铝箔、铜箔。

锂离子电池实质上是一种浓差电池，其工作原理如图 5.2 所示，正、负极都可以脱嵌锂离子。以钴酸锂为正极、石墨为负极的电池为例，充电时正极钴酸锂中的锂离子脱出，经过电解质，嵌入石墨的碳层间，在电池内形成锂碳层间化合物。放电时，过程正好相反，即锂离子从石墨负极的层间脱出，经过电解质，嵌入正极钴酸锂中。电池的电极反应和电池反应分别如下。

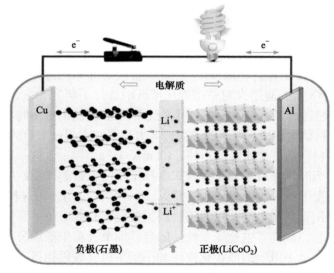

图 5.2　锂离子电池的工作原理示意图

正极反应：
$$LiCoO_2 \underset{\text{放电}}{\overset{\text{充电}}{\rightleftharpoons}} Li_{1-x}CoO_2 + xLi^+ + xe^- \tag{5.1}$$

负极反应：
$$6C + xLi^+ + xe^- \underset{\text{放电}}{\overset{\text{充电}}{\rightleftharpoons}} Li_xC_6 \tag{5.2}$$

总反应：

$$6C + LiCoO_2 \underset{\text{放电}}{\overset{\text{充电}}{\rightleftharpoons}} Li_{1-x}CoO_2 + Li_xC_6 \tag{5.3}$$

充电时，Li^+ 从正极钴酸锂的晶格中脱出，经过内电路进入电解质，然后穿过隔膜向石墨负极迁移，同时 Co^{3+} 被氧化为 Co^{4+}，释放出的电子则由外电路迁移到负极。石墨在得到 Li^+ 和电子后发生还原反应。放电时，电子从负极经过外电路传输至正极，Li^+ 从负极进入电解质，穿过隔膜到达正极，与迁移至正极的电子结合。因此，电子和 Li^+ 的迁移是同时进行的，方向相同但路径不同。电池进行充放电时，Li^+ 在层状材料中的脱嵌只会引起层间距的变化，而不会引起晶体结构的破坏。因此，从充放电反应的可逆性来说，锂离子电池的工作过程是一个理想的可逆反应。

5.3　锂离子电池的工作特点

锂离子电池的迅速发展及广泛应用与锂离子电池的特点密切相关。与铅酸电池、镍镉电池、镍氢电池相比，锂离子电池主要具有以下明显特征：

(1) 工作电压高。单体电池工作电压高达 3.7 V，是镍镉电池、镍氢电池的 3 倍，是铅酸电池的近 2 倍，这也是锂离子电池能量密度高的一个重要原因。因此，组成相同电压的动力电池组时，锂离子电池所需要的串联数目远少于铅酸电池和镍氢电池。一般来说，动力电池中单体电池数量越多，电池组中单体电池的一致性要求就越高。在实际使用过程中，一般是单体电池性能不一致而导致电池组出现问题。从这个角度讲，锂离子电池更适合用作动力电池。例如，36 V 锂离子电池只需要 10 个单体电池，而 36 V 铅酸电池则需要 18 个单体电池。

(2) 质量轻，能量密度大。相同能量的情况下，锂离子电池的质量只有铅酸电池的 1/4～1/3，从这个角度讲，锂离子电池消耗的资源相对较少。而且，由于锂离子电池可采用锰酸锂正极，所用元素储量丰富，因此铅酸电池、镍氢电池可能会有涨价趋势，锂离子电池的成本反而会降低。

(3) 体积小，体积比能量高达 400 $W \cdot h \cdot L^{-1}$，如图 5.3 所示。相同能量的情况下，锂离子电池体积是铅酸电池的 1/3～1/2，提供了更合理的结构和更美观的外形设计条件、空间和可能性。现阶段，由于铅酸电池体积、质量的限制，其设计受到极大约束，以致电动自行车的结构和外观比较单调。而锂离子电池的使用给设计者提供了展示设计思想和风格的更大空间及条件。不同尺寸、形状的锂离子电池的设计促进了动力型锂离子电池行业的发展。

(4) 循环寿命长，循环次数可达上万次。以容量保持率 60%计算，电池组完全充放电循环次数可达 1000 次，使用年限达 5～7 年，寿命是铅酸电池的 2～3 倍。随着电池相关技术的不断进步与革新，锂离子电池寿命将进一步延长，性价比也会越来越高。

(5) 自放电率低，每月不到 5%。

(6) 工作温度范围宽，低温性能好。锂离子电池可在–20～55 ℃正常工作。而水系电池(如铅酸电池、镍氢电池)在低温时电解质流动性变差，损害电池性能。

(7) 无记忆效应。锂离子电池可以随时进行充电，不必像镍镉电池、镍氢电池一样在

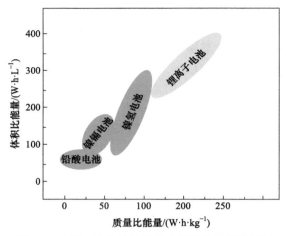

图 5.3　主要二次电池的质量比能量和体积比能量

完全放电状态下才能进行充电。

(8) 适用于动力电池。锂离子电池除电压高之外，动力电池组的保护板可以监测每一个单体电池，进行低功耗智能管理，具有完善的过充电、过放电、短路保护、锁定自恢复等功能，有利于延长电池的使用寿命。而其他类型电池在使用过程中由于电池一致性、充电器等问题，容易造成电池的过充电、过放电等现象，而且监测铅酸电池组内每一个单体电池需要巨大成本。

(9) 锂离子电池中不含有毒物质，是"绿色电池"，得到国家重点支持。而铅酸电池和镍镉电池中存在有害物质铅和镉，受到国家的监管和治理，如取消铅酸电池出口退税，增加铅资源税，从而增加了企业成本。

(10) 目前，相同电压和容量的锂离子电池的价格是铅酸电池的 3～4 倍，但随着锂离子动力电池市场的扩大和制备技术的进步，锂离子电池成本将降低，锂离子动力电池的性价比有可能超过铅酸电池。

5.4　正 极 材 料

正极材料是决定锂离子电池容量、安全性和成本的最核心部分，占电池总成本的 40% 左右。正极是锂离子电池中氧化还原电势较高的一端，它不仅作为电极材料参与电化学反应，还是锂离子的"离子源"。正极材料的比容量、结构稳定性、安全性(热稳定性和耐过充电性)及材料的物性直接影响锂离子电池的各项性能指标，也决定了电池的总成本。理想的正极材料应具备以下特征：

(1) 具有高的氧化还原电势，保证锂离子电池的高电压特性。

(2) 允许大量锂离子的脱出和嵌入，保证锂离子电池的高容量特性。

(3) 充放电过程的可逆性好，材料结构变化小。

(4) 具有高的离子电导率和电子电导率。

(5) 与电解质的兼容性好。

(6) 成本低，易制备，无污染。

目前常见的正极材料有钴酸锂、锰酸锂、三元材料、富锂材料及聚阴离子型材料等。

5.4.1 层状钴酸锂

钴酸锂是最早商业化的锂离子电池正极材料，由于其高的振实密度和压实密度，目前使用钴酸锂正极的锂离子电池具有最高的体积比能量，在消费类电子市场中占比最高。钴酸锂具有层状、尖晶石和岩盐三种结构。在尖晶石结构钴酸锂中，氧原子为立方密堆积排列，锂和钴存在一定程度的混排，锂层中含有 1/4 钴原子，钴层中含有 1/4 锂原子。在岩盐相钴酸锂中，Li^+ 和 Co^{3+} 随机排列，无明显锂层和钴层。目前，锂离子电池中应用最多的是层状钴酸锂，表现出理想的 α-$NaFeO_2$ 层状结构，结构稳定。在本书中，如无特殊说明，都是指层状钴酸锂。层状钴酸锂于 1980 年由古迪纳夫课题组提出，属于六方晶系、$R3m$ 空间群，晶胞参数为 $a = b = 0.282$ nm、$c = 1.405$ nm。图 5.4(a) 为钴酸锂的晶体结构，锂和钴交替占据 $3a$ 和 $3b$ 位置，氧则位于 $6c$ 位置且呈面心立方堆积。每个钴原子与 6 个氧原子配位形成的 $[CoO_6]$ 八面体通过共边组成 $[CoO_2]$ 层，Li^+ 位于层间且与上下 $[CoO_2]$ 层中的氧配位成 $[LiO_6]$ 八面体。$[CoO_2]$ 层内原子以化学键结合，层间靠范德华力维持，由于范德华力较弱，Li^+ 的存在可以通过静电作用来维持层状结构的稳定性。在充放电过程中，Li^+ 能在键合作用较强的 $[CoO_2]$ 层间可逆地脱出与嵌入，因而具有工作电压高、充放电电压平稳、比容量高、循环性能好及离子扩散快等优势。

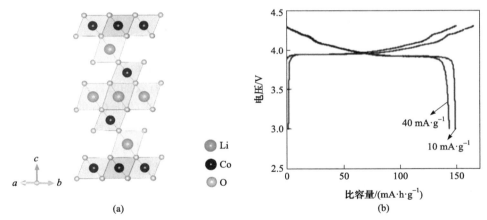

图 5.4　层状 $LiCoO_2$ 的晶体结构(a)和 $LiCoO_2$ 与金属锂组成的半电池的充放电曲线(b)

钴酸锂的理论比容量为 274 mA·h·g^{-1}。然而，当 Li^+ 的脱出量超过 50%时，材料会发生不可逆的相变(由六方晶系到三方晶系，再到单斜晶系)，以及金属 Co 在有机溶剂中溶解，造成电极结构破坏和容量衰减。因此，在实际使用中，钴酸锂的可逆比容量约为 140 mA·h·g^{-1}。尽管如此，材料在充放电过程中依然会经历六方结构的有序-无序转变、严重的机械应变及颗粒粉化。六方结构的有序-无序转变降低了 Li^+ 的扩散系数，而机械应变和颗粒的偶然破坏会导致深度充电的 Li_xCoO_2 有明显的容量衰减。因此，早期商业化的钴酸锂充电电压限制在 4.2 V。

从实际生产应用和发展前景来看，钴酸锂作为目前使用量最大的锂离子电池正极材料，其生产工艺成熟，性能良好，具有比其他正极材料更优越的性能。然而，它的主要缺点是热稳定性不够理想。过充电时，钴酸锂的基本结构被破坏，失去可逆充放电循环能力，放电容量远达不到理论值。同时，钴资源缺乏且分布不均、价格昂贵等因素制约了钴酸锂在市场上的应用及发展。为了进一步提升钴酸锂的性能，对钴酸锂进行掺杂和包覆，能够有效提高其放电容量和循环稳定性。目前，利用阳离子间的相互作用，在[CoO₂]层中掺入一定量的金属离子来调控 Co 的化学环境取得了巨大成功。该方法可以将钴酸锂的充电电压由 4.2 V 提升到 4.35 V[图 5.4(b)]，但其实际容量仍远低于理论容量。近日，将 La 和 Al 共掺杂使 LiCoO₂ 的性能有了重大突破(图 5.5)。其中，La 作为支柱有效增大了沿 c 轴的间距，Al 是带正电中心，二者协同作用促进了 Li⁺ 的传导，抑制了相变。

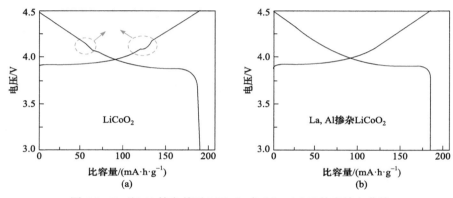

图 5.5　La 和 Al 掺杂前后 LiCoO₂ 在 3.0～4.5 V 的充放电曲线

掺杂后的钴酸锂充电电压和比容量分别高达 4.5 V 和 190 mA·h·g⁻¹，容量保持率也由 86%提高到 96%。除阳离子掺杂外，表面包覆也是一种有效的改性手段，它通过在钴酸锂表面原位或非原位包覆一层氧化物、氟化物或磷酸盐等来防止 Co 的溶解、稳定钴酸锂的结构及提升其循环性能。另外，对钴酸锂进行碳包覆可以提高其电子电导率，减少内阻和离子传递阻抗，进而提升它的倍率性能。但是，碳包覆需要注意时间和温度，否则材料表面的结构和价态会发生改变，进而影响其电化学性能。

目前工业上常采用高温固相法制备钴酸锂。固相合成法是在高温条件下，通过固相间的传质扩散生成新化合物的方法。该方法具有工艺简单、生产成本低、设备投资小等优点，包括以下几个步骤(图 5.6)。

(1) 混料：将碳酸锂和四氧化三钴按照一定的投料配比在球磨机中进行球磨，磨至均匀后进入下一道工序。

(2) 煅烧：经球磨后的原料放置在坩埚内，送入电加热炉内进行煅烧，在空气气氛下连续热合成钴酸锂。

(3) 粗碎、精碎：经烧结得到的钴酸锂呈块状，送入破碎机破碎后再进气流磨，利用高速气流得到超细粉末状的钴酸锂。

(4) 包装：通过振动筛分和混合设备将超细粉末状的钴酸锂置于铝箔袋内密封，并放

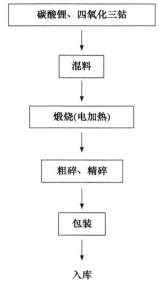

图 5.6　钴酸锂生产工艺流程

入铁桶或塑料桶内。

　　然而，离子和原子在高温下的迁移需要克服一定能垒，不利于固相反应的进行，因此必须延长反应时间才能制备出性能理想的电极材料。为了缩短反应时间，可以采用超细锂盐与钴氧化物混合，同时为了避免生成的颗粒太小而发生迁移和溶解，在反应前加入胶黏剂进行造粒。此外，喷雾热解法、溶胶-凝胶法、沉降法、旋转蒸发法、冷冻干燥、超临界干燥法和喷雾干燥法等也可以弥补高温固相法的缺点，在反应过程中实现离子、原子间的充分接触。

　　钴酸锂是目前锂离子电池领域应用最成功的正极材料之一。随着电子设备的更新换代，锂离子电池的需求量快速增长，钴酸锂的用量也随之增加。随着近几年钴价维持在较高水平，钴酸锂的价格让不少厂家望而生畏，导致不少消费类电子产品逐渐改用三元材料，钴酸锂的市场份额有萎缩的趋势。根据美国地质勘探局(USGS)2019 年的数据，全球已探明钴资源量 2500 万 t，储量 690 万 t，储量高度集中在刚果(金)、澳大利亚和古巴。世界上钴资源的分布呈现高度不均衡状态，刚果(金)、澳大利亚和古巴三国储量之和占全球总储量的 69.4%，特别是刚果(金)钴储量极为丰富，高达 340 万 t，居世界第一位。其次是澳大利亚和古巴，分别有 100 万 t 和 50 万 t。而中国的储量仅为 8 万 t，占全球储量的 1.2%，这将成为我国动力电池发展的最大阻碍。特别是随着 2016～2020 年新能源补贴政策的出台，电动汽车市场预期迎来长期稳定增长，这将进一步增加国内对钴的需求量。因此，许多国内外研究者正在开展废旧钴酸锂电池的回收研究，期望从中回收制备性能优良的钴酸锂正极材料。

5.4.2　尖晶石锰酸锂

　　早在 1983 年，塔克雷(Thackeray)和古迪纳夫等便发现了锰酸锂($LiMn_2O_4$)可作为锂离子电池正极材料，其理论比容量为 148 mA·h·g^{-1}，具有成本低、电势高、环境友好及安全性能高等优势，是最有希望取代钴酸锂的正极材料。

锰酸锂是一种典型的离子晶体，结构如图 5.7 所示，属于立方晶系、$Fd3m$ 空间群，其晶胞参数 a = 0.825 nm。每个晶胞含有 8 个 Li 原子、16 个 Mn 原子和 32 个 O 原子，如图 5.7(a)所示，它们分别占据 8a、16d 和 32e 位置。其中，Mn^{3+}和 Mn^{4+}的比例为 1∶1。如图 5.7(b)所示，每个 Mn 原子和 6 个 O 原子配位形成[MnO$_6$]八面体，这些八面体以共边的方式形成连续的三维立方排列，即[Mn$_2$O$_4$]尖晶石结构。该结构为 Li$^+$的扩散提供了一个由四面体 8a、48f 和八面体 16c 共面组成的三维通道。Li$^+$在其中沿着 8a-16c-8a 的路径扩散(四面体 8a 位置的能垒低于八面体 16c 或 16d 位置的能垒)。

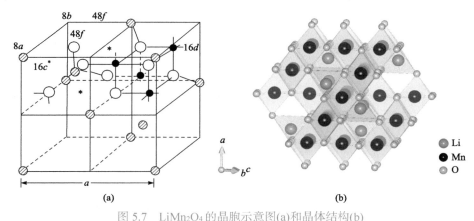

图 5.7　LiMn$_2$O$_4$ 的晶胞示意图(a)和晶体结构(b)
阴影圆、实心圆和空心圆分别代表 Li、Mn 和 O，数字和字母表示尖晶石结构中的晶体位置

如图 5.8(a)所示，锰酸锂在循环过程中表现出三对氧化还原峰。其中，4 V 左右的两对氧化还原峰对应 Li$^+$在四面体 8a 位置的脱嵌，而 3 V 左右的氧化还原峰则对应 Li$^+$在空的八面体 16c 位置的脱嵌。前者能够保持尖晶石结构的立方对称性，后者则为立方晶系的 LiMn$_2$O$_4$ 和四方晶系的 Li$_2$Mn$_2$O$_4$ 之间的相转变，Mn 由+3.5 价还原成+3 价，进而引起姜-泰勒(Jahn-Teller)畸变(图 5.9)。因此，在 Li$_2$Mn$_2$O$_4$ 的[MnO$_6$]八面体中，沿 c 轴方向的 Mn—O 键变长，而沿 a 轴和 b 轴方向的键长变短。在严重的姜-泰勒畸变下，c/a 的变化高达 16%，相应的晶胞体积增加 6.5%，足以导致颗粒表面破裂。因此，尖晶石 LiMn$_2$O$_4$ 的放电截止电压一般在 3 V 以上。对应一个 Li$^+$的脱出和嵌入，锰酸锂的理论比容量为 148 mA·h·g^{-1}，其实际比容量可达 100~120 mA·h·g^{-1}。图 5.8(b)为 LiMn$_2$O$_4$ 在 3.0~4.3 V 的恒电流充放电曲线。与循环伏安(CV)曲线一致，它在 4 V 左右有两对充放电平台，这说明锰酸锂中 Li$^+$在充放电过程中是分两步脱出和嵌入的，其反应机理如下：

$$LiMn_2O_4 \rightleftharpoons 0.5Li^+ + 0.5e^- + Li_{0.5}Mn_2O_4 \tag{5.4}$$

$$Li_{0.5}Mn_2O_4 \rightleftharpoons 0.5Li^+ + 0.5e^- + 2\lambda\text{-}MnO_2 \tag{5.5}$$

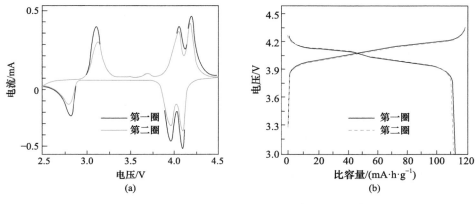

图 5.8　$LiMn_2O_4$ 在 2.5～4.5 V 电压区间内的 CV 曲线(a)和
$LiMn_2O_4$ 在 3.0～4.3 V 电压区间内的恒电流充放电曲线(b)

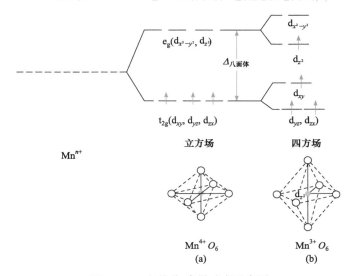

图 5.9　Mn^{3+} 的姜-泰勒畸变示意图

(a) Mn^{4+}：立方对称性 $3d^3$(没有姜-泰勒效应)；(b) Mn^{3+}：四方对称性 $3d^4$(姜-泰勒效应)

　　作为理想的 4 V 锂离子电池正极材料，锰酸锂仍存在一些问题：①比容量低；②放电末期，Mn^{3+} 会发生歧化反应，生成 Mn^{2+} 和 Mn^{4+}，Mn^{2+} 在有机电解质中的溶解会造成电极结构的破坏，溶解后的 Mn^{2+} 会迁移到负极，进而在负极表面沉积，造成电池内部短路；③Mn^{3+} 的姜-泰勒效应会造成电极结构由立方相向四方相转变，引起晶格畸变和晶体结构扭曲，进而导致极化增大和容量衰减；④导电率低。为改善 $LiMn_2O_4$ 自身的缺陷，加速该材料的商业化进程，应主要从合成工艺、离子掺杂、表面修饰和电解质优化等方面对其进行改性。

5.4.3　聚阴离子型材料

　　聚阴离子型材料是指由一系列具有四面体结构的阴离子单元 $(XO_4)^{n-}$ 及其衍生单元

$(X_mO_{3m+1})^{n-}$($X = P$、S、As、Mo 和 W 等)和多面体单元$[MO_x]$(M 为过渡金属)通过共角或共边组成的一类化合物的总称。聚阴离子型框架结构材料具有快速 Li^+ 传导能力、稳定的过渡金属氧化还原电对。与层状过渡金属氧化物相比,聚阴离子化合物中强的 X—O 共价键可以诱导 M—O 共价键产生更高的电离度,从而产生更高电压的氧化还原电对,这称为聚阴离子化合物的诱导效应。因此,聚阴离子型材料具有较高的工作电压。此外,X 与 O 之间强的共价键可以稳定晶格中的 O,使聚阴离子型材料即使在大量 Li^+ 脱嵌的情况下也具有非常好的结构稳定性和安全性。目前,研究较多的是橄榄石型 $LiMPO_4$ 和 NASICON(钠超离子导体)型 $Li_3M_2(PO_4)_3$,其中 $M = Fe$、Co、Ni、Mn、V、Ti 等。

在橄榄石型 $LiMPO_4$ 中,最受关注的是磷酸铁锂($LiFePO_4$),其储锂特性是由美国得克萨斯州立大学古迪纳夫教授团队于 1997 年发现的。与传统的锂离子电池正极材料钴酸锂和锰酸锂相比,它的原料更丰富、价格更低廉,材料本身安全无污染、无记忆效应,且与大多数电解质系统兼容性好,是下一代锂离子电池中最有竞争力的正极材料之一。磷酸铁锂属正交晶系、*Pnma* 空间群,晶胞参数为 $a = 1.023$ nm,$b = 0.600$ nm,$c = 0.469$ nm。其晶体结构如图 5.10(a)所示,O 原子呈近似六方密堆积(ABAB…层序)排列,Fe 原子与周围的六个 O 原子形成以 Fe 为中心的$[FeO_6]$八面体,而磷酸根中的 P 与四个 O 原子形成以 P 为中心的$[PO_4]$四面体。这些$[FeO_6]$八面体和$[PO_4]$四面体通过共边或共角形成一个可供 Li^+ 快速传导的开放性的三维框架。由于 PO_4^{3-} 基团具有稳定材料结构的作用,因此磷酸铁锂具有良好的热稳定性和循环稳定性。

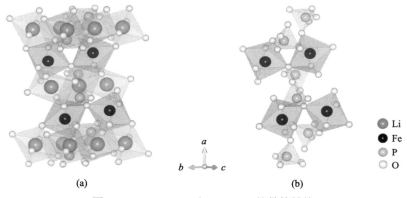

图 5.10　$LiFePO_4$(a)和 $FePO_4$(b)的晶体结构

磷酸铁锂的理论比容量为 170 mA·h·g^{-1},实际比容量已超过 150 mA·h·g^{-1}(0.2C,25 ℃)。如图 5.11 所示,它在循环过程中展现出一对明显的充放电平台,分别位于 3.6 V 和 3.4 V。这说明磷酸铁锂的充放电过程是一个典型的两相反应过程,反应机理如下:

$$LiFePO_4 \underset{\text{放电}}{\overset{\text{充电}}{\rightleftharpoons}} xLi^+ + xe^- + Li_{1-x}FePO_4 \tag{5.6}$$

当 $x = 1$,即 Li^+ 完全脱出时,充电产物为 $FePO_4$。如图 5.10(b)所示,$FePO_4$ 具有与磷酸铁锂相似的结构和相同的空间群,其晶胞参数 $a = 0.993$ nm,$b = 0.586$ nm,$c = 0.484$ nm。与磷酸铁锂相比,$FePO_4$ 的体积仅减小了 2.18%,这是因为 P 与 O 以强共价键牢固结合,

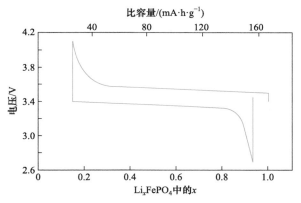

图 5.11　LiFePO$_4$ 在 C/10 下的恒电流充放电曲线

所以材料很难析氧、分解，从而稳定了电极的结构。在深度充放电的条件下，循环可达10 000 次以上。目前，LiFePO$_4$ 已经逐渐走向商业化，应用于电动客车和电动汽车等领域。

磷酸铁锂虽然具有优良的循环稳定性，但存在离子扩散系数($10^{-16}\sim10^{-14}$ cm$^2\cdot$s^{-1})低和电子导电性(10^{-9} S$\cdot$cm^{-1})差等问题。在其晶体结构中，[FeO$_6$]八面体被聚阴离子基团PO$_4^{3-}$ 分开，无法形成连续的[FeO$_6$]网络，从而降低了电子传导性。同时，晶体中的氧原子以接近六方密堆积的方式排列，只能为 Li$^+$ 提供有限的通道，使得室温下 Li$^+$ 的迁移速率降低。

在充电过程中，Li$^+$ 从磷酸铁锂的晶格中脱出，生成 FePO$_4$ 相，同时在二者之间形成相界面。在放电过程中，Li$^+$ 又重新嵌入电极中，并在 FePO$_4$ 相外面形成新的 LiFePO$_4$ 相。因此，对于球形颗粒，锂离子无论是脱出还是嵌入，都要经历一个由内到外或由外到内的扩散过程。这充分说明锂离子在 FePO$_4$-LiFePO$_4$ 界面的扩散是整个充放电过程的控速步。从材料的微观结构分析，锂离子占据位于 ac 平面的八面体位置。该八面体以共边的方式连接，然后以链状形式平行于 c 轴；而铁离子占据的八面体处在相异的 ac 平面上，且以共角形式连接，呈 Z 字形状平行于 c 轴排列。同时，[PO$_4$]四面体连接两个含锂离子的 ac 平面，这种结构极大地限制了锂离子的迁移，这也是磷酸铁锂离子扩散系数小的本质原因。

此外，磷酸铁锂的振实密度和压实密度较低。钴酸锂的理论密度为 5.1 g$\cdot$cm^{-3}，振实密度一般为 2.2$\sim$2.4 g$\cdot$cm^{-3}，压实密度可达 4.8 g$\cdot$cm^{-3}。而磷酸铁锂的理论密度仅为3.6 g$\cdot$cm^{-3}，振实密度一般为 1.0$\sim$1.3 g$\cdot$cm^{-3}，压实密度只有 2.0 g$\cdot$cm^{-3}，比钴酸锂低得多，这降低了它的体积比能量。

为了解决上述问题，主要从以下三个方面进行改性：①表面包覆，如碳材料和导电聚合物等；②离子掺杂；③形貌和粒径调控。

LISICON 是指锂超离子导体，这类材料具有较高的离子扩散系数。在锂离子电池中，最具代表性的是磷酸钒锂[Li$_3$V$_2$(PO$_4$)$_3$]，它有单斜和菱方两种晶形(图 5.12)。单斜磷酸钒锂的合成主要有高温固相和碳热还原两种方法。高温固相法是利用通入的 H$_2$ 在 850 ℃的高温下将含 V^{5+} 的 V$_2$O$_5$ 还原成含 V^{3+} 的磷酸钒锂。碳热还原法则是利用反应前加入的炭黑作为还原剂，在 850 ℃的高温下将 V^{5+} 还原成 V^{3+}。菱方磷酸钒锂是由固相反应合成出的菱方磷酸钒钠通过离子交换的方法得到的。

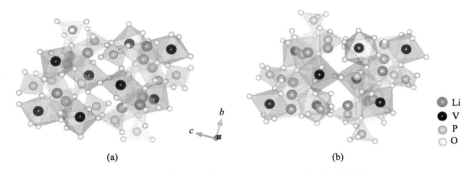

图 5.12　单斜(a)和菱方(b)$Li_3V_2(PO_4)_3$ 的晶体结构

单斜磷酸钒锂属于 $P2_1/n$ 空间群，晶胞参数 $a = 0.861$ nm，$b = 0.859$ nm，$c = 1.203$ nm，$\beta = 90.61°$。菱方磷酸钒锂则属于 $R3$ 空间群，晶胞参数 $a = 0.832$ nm，$c = 2.246$ nm。磷酸钒锂中的 V 有+2、+3、+4 和+5 四种价态，因此理论上它可以脱嵌 5 个 Li^+，理论比容量高达 197 mA·h·g^{-1}。

单斜磷酸钒锂中的 Li^+ 处于 4 种不等价的电荷环境，所以电化学电压谱[EVS，图 5.13(a)]中出现 3.61 V、3.69 V、4.1 V 和 4.6 V 四个电压区。前三个电压区对应 V^{4+}/V^{3+} 氧化还原电对，而 4.6 V 的电压区则对应 V^{5+}/V^{4+} 电对。一般来说，单斜磷酸钒锂中的 V^{4+}/V^{3+} 电对能可逆地脱嵌 2 个 Li^+，理论比容量约为 110 mA·h·g^{-1}。如果加上 4.6 V 区的充电平台，它的可逆比容量可以达到 160 mA·h·g^{-1}。此外，磷酸钒锂还可以通过 V^{3+}/V^{2+} 电对再嵌入 2 个 Li^+，所以其比容量还有很大的上升空间。因此，高容量的单斜 $Li_3V_2(PO_4)_3$ 将具有较大的商业化潜力。

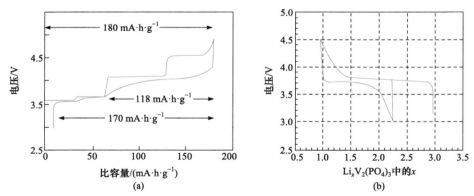

图 5.13　单斜 $Li_3V_2(PO_4)_3$ 的电化学电压谱图(a)和菱方 $Li_3V_2(PO_4)_3$ 在 7 mA·g^{-1} 电流密度下的恒电流充放电曲线(b)

菱方磷酸钒锂中的 3 个 Li^+ 处于相同的电荷环境。随着其中 2 个 Li^+ 的脱出，V^{3+} 被氧化为 V^{4+}，但是只有 1.3 个 Li^+ 可以重新嵌入，其性能明显比单斜磷酸钒锂的差[图 5.13(b)]。这可能是因为 Li^+ 脱出后，磷酸钒锂的晶体结构发生了由菱方到三斜的转变，阻碍了 Li^+

的可逆嵌入。

　　总之，含有 $M_2(XO_4)_3$ 结构单元的聚阴离子型化合物可以允许多个 Li^+ 脱嵌。由于这类材料往往涉及过渡金属在低价态时的氧化还原反应，相应的放电平台较低(< 2 V)，因此解决放电电压低的问题是发展此类材料的关键。

5.4.4　三元材料

　　三元材料是指化学组成为 $LiNi_xCo_yMn_zO_2$ 的氧化物，简称 NCM。它是由镍酸锂改性而来，可以看成钴酸锂、镍酸锂和亚锰酸锂(LiMnO_2)的固溶体。化学式为 $LiNi_xCo_yMn_zO_2$ 的三元过渡金属氧化物于 1999 年首次被报道。该材料综合了钴酸锂的良好循环性能、镍酸锂的高比容量和亚锰酸锂的高安全性及低成本等优势，被认为是钴酸锂的潜在替代者，目前在动力电池和储能电池领域得到规模应用。根据 Ni、Co、Mn 的配比不同，三元材料的常见组成有 $LiNi_{1/3}Co_{1/3}Mn_{1/3}O_2$(NCM111)、$LiNi_{0.5}Co_{0.2}Mn_{0.3}O_2$(NCM523)、$LiNi_{0.6}Co_{0.2}Mn_{0.2}O_2$(NCM622)和 $LiNi_{0.8}Co_{0.1}Mn_{0.1}O_2$(NCM811)。此外，$LiNi_{0.8}Co_{0.15}Al_{0.05}O_2$(简称 NCA)也被归为三元材料。

　　NCM 与层状钴酸锂同属六方晶系、$R3m$ 空间群，具有 α-NaFeO_2 型层状结构。如图 5.14 所示，Ni、Co、Mn 随机占据 3b 位置，O 原子占据 6c 位置并呈现出立方密堆积，每个过渡金属离子与周围 6 个 O 原子形成[MO_6]八面体，Li^+ 位于[MO_6]层间并占据 3a 位置，且与上下过渡金属层中的 O 原子形成[LiO_6]八面体。

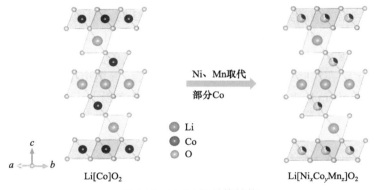

图 5.14　NCM 的晶体结构

　　三元材料中过渡金属的配比不同，电化学性能也有所差异。如图 5.15 所示，Ni 的存在有助于提高材料的比容量，但含量过高将导致 Ni^{2+} 与 Li^+ 混排，进而造成循环和倍率性能恶化。混排是由于 Ni^{2+} 的半径(69 pm)与 Li^+ 的半径(76 pm)接近，在材料制备和电池循环过程中，有部分 Ni^{2+} 进入 Li 层的现象。通常将 NCM 的 X 射线衍射(XRD)谱图中(003)、(104)峰的强度比，以及(006)/(012)和(018)/(110)峰的分裂程度作为判断阳离子混合占位的标志。根据经验，当(003)、(104)峰的强度比高于 1.2，且(006)/(012)和(018)/(110)峰出现明显分裂时，NCM 材料的电化学性能较好。Co 的掺入能够有效稳定三元材料的层状结构并抑制阳离子混排，从而改善材料的循环和倍率性能。Mn 的存在可以降低成本，改善材料的结构稳定性和安全性，但含量过高会导致尖晶石相的生成而破坏层状结构。因此，过渡金属元素之间的比例对材料的电化学性能有非常大的影响。但不论元素组成如何变化，三元材料的充放电机理是相同的。

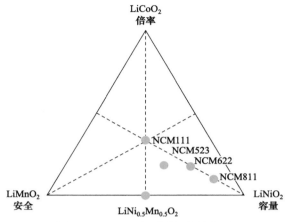

图 5.15　NCM 中不同组分的作用

以 NCM111 为例，其反应机理如下：

$$LiNi_{1/3}Co_{1/3}Mn_{1/3}O_2 \underset{放电}{\overset{充电}{\rightleftharpoons}} xLi^+ + xe^- + Li_{1-x}Ni_{1/3}Co_{1/3}Mn_{1/3}O_2 \tag{5.7}$$

其中，Ni、Co、Mn 的价态分别为+2、+3、+4。整个脱锂过程分为三个阶段：当 $0 \leqslant x \leqslant 1/3$ 时，主要为 Ni^{3+}/Ni^{2+} 的氧化还原反应；当 $1/3 \leqslant x \leqslant 2/3$ 时，对应的是 Ni^{3+} 被氧化为 Ni^{4+}；当 $2/3 \leqslant x \leqslant 1$ 时，Co^{3+} 被氧化为 Co^{4+}；Mn^{4+} 在整个过程中不参与氧化还原反应。NCM111 的工作电压约为 3.8 V，理论比容量为 278 mA·h·g^{-1}，在 2.8～4.6 V 的放电比容量可超过 200 mA·h·g^{-1}。在实际应用中，为了提高循环性能，充电电压一般限制在 4.3 V 以下，放电比容量约为 160 mA·h·g^{-1}，循环次数可达 1000 次以上。表 5.2 是这几种三元材料的性能对比。

表 5.2　几种三元材料的性能对比

三元材料	0.1C 放电比容量 /(mA·h·g^{-1})(3.0～4.3 V)	0.1C 平均电压/V	1C, 100 周容量保持率/%	质量比能量 /(W·h·kg^{-1})	安全性能	成本
NCM111	166	3.80	98	180	较好	最高
NCM523	172	3.80	96	200	较好	较低
NCM622	181	3.80	92	230	中等	较高
NCM811	205	3.81	90	280	稍差	较高
NCA	205	3.81	90	280	稍差	较高

目前，合成三元材料的方法有高温固相法、溶胶-凝胶法及共沉淀法等，但已经工业化的合成方法只有共沉淀法。它是在溶液状态下将含不同化学成分的物质混合，然后加入适当的沉淀剂，形成难溶的超微颗粒前驱体，再将前驱体干燥、煅烧制得相应的超细

颗粒。其优势包括以下几个方面:

(1) 工艺设备、流程简单,沉淀期间可同时完成合成和细化,有利于大规模生产。

(2) 各组分可以较准确地调节,不同组分之间能够实现分子或原子级别的均匀混合。

(3) 控制沉淀条件和沉淀物的煅烧温度,可以制备出形貌可控的正极材料,有利于提高材料的综合电化学性能。

(4) 煅烧温度低,性能稳定,重复性好。

共沉淀法的原理是让多种金属离子在沉淀剂的作用下发生同步沉淀,从而得到各组分均匀分布的沉淀物。该方法的关键在于控制反应条件,使各种金属离子同步沉淀,从而保证产物中各元素的均匀分布。为了提高正极材料的振实密度,一般要求前驱体具有球形形貌。另外,反应条件对前驱体的形貌也有很大的影响。影响前驱体制备的反应条件有沉淀剂种类、pH、反应温度、反应时间、加料速度和搅拌速度等。其中,沉淀剂的选择和 pH 的调控最为关键。

尽管与其他几种正极材料相比,三元材料在能量密度方面具有明显优势,但它仍面临严峻挑战。

(1) 阳离子混排。

(2) 热稳定性较差。材料的热稳定性直接影响电池的安全性能,而正极材料的热分解温度往往是电池热失控的关键因素。通常三元材料中的镍含量越高,热稳定性越差。

(3) 表面结构不稳定。电极材料的脱锂均是从材料表面开始,伴随充电的进行,表面会出现过度脱锂现象,同时由于过渡金属的迁移,层状结构会逐渐向尖晶石结构或惰性岩盐结构转变。在几次充放电后,材料表层就形成了较厚的惰性层(主要成分为 NiO)。此外,表层强氧化性的高价过渡金属离子还会与电解质发生严重的副反应,造成电池极化增大和容量快速衰减。

(4) 二次粒子中的应变与微裂纹。三元材料的合成主要采用共沉淀法,而共沉淀的特点是依靠纳米级一次粒子团聚成二次粒子。在共沉淀过程中,剧烈搅拌使一次粒子无序分布团聚成二次粒子,导致二次粒子中存在不同程度的应力和畸变。

(5) 过高的表面碱含量。三元材料中的活性元素镍暴露在空气中易吸收水分和二氧化碳,与表层残锂反应生成氢氧化锂($LiOH$)和碳酸锂(Li_2CO_3),严重影响三元材料的电化学性能。

针对这些问题,借鉴钴酸锂已有的研究成果,通过体相掺杂、表面包覆和浓度梯度材料的构建等手段可以对材料进行改性。

体相掺杂是指掺入与材料中离子半径相近的离子,通过提高材料晶格能的方式稳定其晶体结构,从而改善材料的循环稳定性和热稳定性。常采用的掺杂方法有金属离子掺杂、非金属离子掺杂和复合掺杂。

表面包覆是指通过物理或化学手段在材料的表面形成一层稳定的保护层,以隔绝本体材料与电解质直接接触的改性技术。它不仅可以保持材料表面结构的稳定,还能够抑制高电势下过渡金属离子的溶解。包覆材料需具有稳定的化学结构,以及良好的电子和离子导电性。包覆材料包括氧化物、氟化物和磷酸盐等,其中以氧化物最为常见。

由于电化学反应一般发生在电极与电解质的界面,电极材料的界面状态对其电化学性能有非常重要的影响。一般的核-壳结构材料以高镍组分为核提供高容量，低镍组分为壳以稳定结构。然而，核-壳结构中两组分在充放电过程中存在体积变化不一致的问题，导致材料电化学性能恶化。与核-壳结构相比，浓度梯度材料具有更好的性能，这是由于从材料内部到外表面层其浓度连续变化，能够有效避免由于组分差异过大造成的核壳分离。

5.4.5　富锂材料

目前，商业化正极材料的实际比容量一般都小于 200 $mA \cdot h \cdot g^{-1}$，严重限制了锂离子电池能量密度的提升。为了适应动力电池市场对高能量密度的需求，高容量、高电压、低成本和高安全性是未来正极材料的主要发展方向。富锂锰基正极材料(简称富锂材料) $x\text{Li}_2\text{MnO}_3 \cdot (1-x)\text{LiMO}_2(0 < x < 1$，M = Mn、Co、Ni)因其高比容量(> 250 $mA \cdot h \cdot g^{-1}$)和低成本等优势引起了人们的广泛关注，被认为是下一代锂离子电池正极材料之一。

从组成上看，富锂材料由 Li_2MnO_3 和 LiMO_2 两种组分构成。如图 5.16 所示，LiMO_2 具有 α-NaFeO_2 型层状结构，锂离子和过渡金属离子分别占据 $3a$ 和 $3b$ 位置。Li_2MnO_3 可表示为 $\text{Li}[\text{Li}_{1/3}\text{Mn}_{2/3}]\text{O}_2$，具有类似于 LiMO_2 的层状结构，属于单斜晶系、$C2/m$ 空间群。在 Li_2MnO_3 中，部分 Li^+ 和 Mn^{4+}(原子比为 1∶2)共同构成过渡金属层，形成 LiMn_6 超晶格结构。

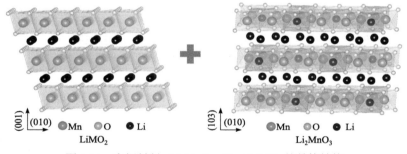

$$\text{(001)} \quad \text{(010)} \qquad \bullet\,\text{Mn} \quad \bullet\,\text{O} \quad \bullet\,\text{Li}$$

图 5.16　富锂材料 $x\text{Li}_2\text{MnO}_3 \cdot (1-x)\text{LiMO}_2$ 的晶体结构

由于 Li_2MnO_3 和 LiMO_2 具有相似的晶体结构，富锂材料的内部结构尚未形成统一认识，主要有以下两种观点：

(1) 固溶体材料。Li_2MnO_3 的(001)晶面和 LiMO_2 的(003)晶面间距都接近 0.47 nm，理论上二者可以形成均匀的固溶体。XRD 精修结果显示，$x\text{Li}_2\text{MnO}_3 \cdot (1-x)\text{LiNi}_{0.5}\text{Mn}_{0.5}\text{O}_2$ ($x = 0$、1/3、1/2、1)材料的晶胞参数与变量 x 呈线性关系。根据 Vegard 规则，推测其为 Li_2MnO_3 和 LiMO_2 的固溶体。Jarvis 等用球差电子显微镜表征富锂材料 $\text{LiLi}_{0.2}\text{Ni}_{0.2}\text{Mn}_{0.6}\text{O}_2$ 的微观结构，发现富锂材料为单斜($C2/m$)结构固溶体，并且不存在 $R3m$ 的结构区域。

(2) 纳米复合物材料。采用高能原位 XRD 和扫描隧道电子显微镜(STEM)研究了富锂材料的合成过程，发现 $R3m$ 相在 525 ℃生成，而 $C2/m$ 相在 800 ℃ 才开始生成，两相在纳米尺度范围内均匀复合。

根据传统层状材料的充放电机理，Li_2MnO_3 中的 Mn^{4+} 难以被进一步氧化，因此一般认为该组分不具有电化学活性。然而，$0.3Li_2MnO_3 \cdot 0.7LiNi_{0.5}Mn_{0.5}O_2$ 在 $2.0 \sim 5.0$ V 电压区间内的首周充放电比容量分别高达 352 mA·h·g^{-1} 和 287 mA·h·g^{-1}(图 5.17)，远高于其理论比容量 184 mA·h·g^{-1}。在首周充电过程中，该材料还表现出两个电压平台。其中，电压小于 4.5 V 的斜坡状平台对应 $LiMO_2$ 中锂离子的脱出，并伴随过渡金属离子被氧化，但在 4.5 V 附近出现的较长平台则无法按照传统层状材料的锂离子脱嵌机制来解释。近年来，人们对这个充电平台的电化学反应机理进行了深入探究。Dahn 等提出，在非水体系中富锂材料在首次充电时，Li$^+$ 与 O 可同时从 Li_2MnO_3 晶格中脱出，形成氧空位。Armstrong 和 Tran 等利用原位电化学质谱(DEMS)和氧化还原滴定技术证实，富锂材料在 4.5 V 平台处确实发生了 O 流失和 Li$^+$ 脱出[净脱出氧化锂(Li_2O)]，并生成具有电化学活性的二氧化锰(MnO_2)。Castel 等也利用 DEMS 检测到富锂材料在首周充电过程中会释放出 O_2 和 CO_2，且二者的量随着循环条件的改变而变化。Sun 等采用原位 XRD 和非原位透射电子显微镜(TEM)分析出首周充电到 4.54 V 时，富锂材料中生成具有电化学活性的 β-MnO_2 相，在随后的放电过程中，β-MnO_2 嵌锂生成层状 $Li_{0.9}MnO_2$ 相。Yabuuchi 等提出了富锂材料的两种高容量充放电机理：Mn^{4+}/Mn^{3+} 氧化还原机理和电极表面氧的氧化还原机理。$Li_{1.2}Ni_{0.13}Co_{0.13}Mn_{0.54}O_2$ 首周充电到 4.5 V 时因脱氧发生费米能级重组，导致材料中部分 Mn^{4+} 被还原成具有电化学活性的 Mn^{3+}；在随后的放电过程中(<3 V)，该平台析出的氧发生电化学还原反应，生成过氧化锂(Li_2O_2)和碳酸锂(Li_2CO_3)。Li_2O_2 在随后的循环中参与电荷补偿，提供额外的表面容量，碳酸锂则为电化学惰性。但是，Hwang 等采用原位表面增强拉曼技术清晰地观察到，当放电电压< 3 V 时，充电时析出的 O_2 在电极-电解质界面上被还原为电化学可逆的碳酸锂。有关富锂材料的充放电机制还存在争议，仍需进一步探索。

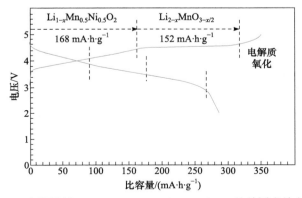

图 5.17　富锂材料 $0.3Li_2MnO_3 \cdot 0.7LiMn_{0.5}Ni_{0.5}O_2$ 的首周充放电曲线

富锂材料通常含有两种或两种以上的过渡金属离子，需要采用适当的合成方法使过渡金属离子在材料内部均匀分布。常见的合成方法有高温固相法、共沉淀法和溶胶-凝胶法。这些合成方法具有各自的优缺点，可以根据不同的需求进行选择。

富锂材料虽然具有较高的比容量，但在实际应用中仍存在许多问题。

(1) 首周库仑效率低。在循环过程中，$LiMO_2$ 组分能够可逆地脱嵌 Li$^+$，而 Li_2MnO_3 组分在首周充电到 4.5 V 时脱出氧化锂，生成具有电化学活性的 MnO_2，但在随后的放电过程中，二氧化锰嵌锂生成 $LiMnO_2$。在整个过程中，50% 的 Li^+ 不能回嵌，导致富锂材料的首周库仑效率较低(一般低于 80%)。

(2) 电极-电解质界面不稳定。只有高电压(> 4.6 V)下富锂材料才会表现出高比容量优势，这对商业化碳酸酯类电解质的高压稳定性提出了挑战。

(3) 离子扩散系数低，倍率性能差。

(4) 循环过程中电压衰减和能量密度下降。这与循环过程中材料晶体结构的转变有关。高电压下，材料表面发生氧流失，同时过渡金属层中的 Li^+ 向 Li 层迁移，形成八面体空位，随后过渡金属离子迁移至八面体空位，直至过渡金属层中 Li 的八面体空位全部被过渡金属离子取代(图 5.18)。

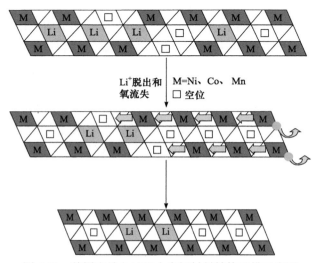

图 5.18　首周充放电过程中富锂材料结构重排示意图

针对富锂材料存在的问题，目前的研究主要集中在富锂材料的结构、组成和形貌的优化上，而忽视了电化学反应场所的界面对其性能的重要影响。今后应加强耐高压电解质体系、添加剂乃至新型黏结剂的开发，优化和调控富锂材料-电解质界面、降低界面电阻和抑制富锂材料结构坍塌等，这样才能有效地改善富锂材料的倍率性能和循环寿命。

5.4.6　其他正极材料

除上述几种主要的正极材料外，钒氧化物、焦磷酸盐、氟磷酸盐、正硅酸盐及硫酸盐等也可以用作锂离子电池正极材料。

在过渡金属元素中，V 比 Co 和 Mn 廉价，且价态丰富(+ 2、+ 3、+ 4、+ 5 等)，可以形成多种氧化物，如 VO_2、V_2O_5、V_6O_{13}、V_4O_9 及 V_3O_7 等。其中，α-V_2O_5 的理论比容量最高，为 $442\ mA\cdot h\cdot g^{-1}$，对应 3 个 Li^+ 的脱嵌。它具有层状结构，O 为扭曲紧密堆积，V 能与 5 个 O 原子键合，形成四方棱锥配位结构。在嵌锂过程中，随着嵌锂量 x 的增加，V_2O_5 逐渐转变成 α、β、δ、γ 和 ω 相的 $Li_xV_2O_5$。当 $0 \leqslant x \leqslant 1$ 时，锂离子的嵌入和脱出是

可逆的；当 $x > 1$ 时，V_2O_5 的结构开始发生变形。1957 年，Wadsley 首次提出层状的 $Li_{1+x}V_3O_8$ 可作为锂离子电池正极材料。研究表明，$Li_{1+x}V_3O_8$ 具有优良的储锂活性，平均电压为 2.63 V，比容量在 300 mA·h·g^{-1} 以上，且 Li$^+$ 在 $Li_{1+x}V_3O_8$ 中的扩散比在 V_2O_5 和 V_6O_{13} 中快。其他可用作锂离子电池正极材料的钒氧化物还有 $Na_{1+x}V_3O_8$、V_6O_{13}、$Li_6V_5O_{15}$、层状 $LiVO_2$、$Li_{0.6}V_{2-\delta}O_{4-\delta}$ 和尖晶石 $Li_xV_2O_4$ 等。

5 V 正极材料是区别于前面提到的放电平台在 3 V 或 4 V 附近的电极材料而言的。它的放电平台在 5 V 左右，主要包括尖晶石结构 $LiMn_{2-x}M_xO_4$ 和反尖晶石结构 LiMVO$_4$(M = Ni、Co)两类。在反尖晶石氧化物 LiNiVO$_4$ 中，V^{5+} 占据四面体位置，而 Li$^+$、Ni^{2+} 和 Co^{2+} 占据八面体 16d 位置。因此，与尖晶石结构中 Li$^+$ 从四面体 8a 位置和八面体 16c 位置脱嵌不同，反尖晶石结构中 Li$^+$ 从八面体 16d 位置脱嵌，电压平台高达 4.8 V。对于同样的 Ni^{3+}/Ni^{2+} 电对，Li$^+$ 从尖晶石 $LiMn_{2-x}Ni_xO_4$ 中四面体 8a 位置脱嵌，电压也高达 4.8 V。如此高的电压是由稳定的共棱八面体[LiNi]$_{16d}$O$_6$ 结构产生的。

作为一种新型的聚阴离子型正极材料，焦磷酸盐 $Li_xMP_2O_7$($x = 1$、2，M 为过渡金属)具有稳定的三维网络结构。与磷酸盐相比，焦磷酸盐正极材料可以为 Li$^+$ 提供自由运动的二维隧道，因而具有良好的电化学性能。以 LiFeP$_2$O$_7$ 为例，Fe^{3+}/Fe^{2+} 的氧化还原电势为 2.9 V，但是大约只有 0.5 个 Li$^+$ 可以嵌入它的晶格中，比容量约为 60 mA·h·g^{-1}。含有两个 Li$^+$ 的焦磷酸盐正极材料虽然具有较高的输出电压，但是其可逆容量仍远小于理论值。加强对高电压电解质的研究有可能使其发生第二个锂离子脱嵌，从而达到双电子转移的理论容量。

氟磷酸盐是在磷酸盐 LiMPO$_4$(M 为过渡金属)的基础上提出来的，由于 PO$_4^{3-}$ 的强诱导效应和 M—F 键的强离子性而具备优异的电化学性能。此外，这类材料安全性高、成本低且具有多维的离子扩散通道。LiVPO$_4$F 是第一个被报道用作锂离子电池正极材料的氟磷酸盐化合物。该正极材料属于三斜晶系，与天然矿 LiFePO$_4$OH、LiAlPO$_4$F 构型相同，其结构是建立在[PO$_4$]四面体和氧氟次格子上的三维框架，每个 V 原子连接 4 个 O 原子和 2 个 F 原子，F 原子位于[VO$_4$F$_2$]八面体顶部，该结构中有 2 个晶体位置可嵌入 Li$^+$。它的放电电压约为 4.2 V，可逆比容量为 116 mA·h·g^{-1}，相当于可逆脱嵌 0.75 个 Li$^+$。该材料的循环性能较差，如在 23 ℃ 和 0.1C 倍率下，30 次充放电循环，其可逆比容量由 116 mA·h·g^{-1} 衰减至 85 mA·h·g^{-1}。体相掺杂和表面包覆等是改善其循环性能的主要手段。

Si 具有地壳丰度高、环境友好和结构稳定等优势，使得硅酸盐成为一种潜在的锂离子电池正极材料。正硅酸盐 Li$_2$MSiO$_4$(M 为过渡金属)属于正交晶系、$Pmn2_1$ 空间群，结构与 Li$_3$PO$_4$ 相似，所有的阳离子都以四面体配位形式存在。[SiMO$_4$]层沿着晶胞 ac 面无限展开，每个[SiO$_4$]四面体与四个相邻的[MO$_4$]四面体通过共点方式连接。Li$^+$ 位于两个 [SiMO$_4$]层之间的四面体位置，且每一个[LiO$_4$]四面体有三个氧原子处于同一[SiMO$_4$]层。Li$_2$MSiO$_4$ 理论上可以脱嵌 2 个 Li$^+$，具有较高的理论比容量，但实际难以实现。

由于 SO$_4^{2-}$ 比 PO$_4^{3-}$ 具有更强的诱导效应，硫酸盐 LiMSO$_4$F 比磷酸盐具有更高的电压平台，放电电压可达 3.9 V。但该材料为无序结构，Li$^+$ 扩散受阻，放电容量低。目前，它的制备方法主要采用成本较高的离子热法。从应用角度来看，低成本合成、具有高可逆容量和良好循环寿命的材料是今后的研究热点。

5.5 负极材料

负极是指锂离子电池中氧化还原电势较低的一端，也是决定电池性能的关键因素之一。早期锂电池的理想负极是金属锂。但是，金属锂在循环过程中存在严重的枝晶问题，随之带来的安全隐患不能有效解决，因此很少被直接用作负极。锂离子电池负极是由负极活性物质碳材料或非碳材料、黏结剂和添加剂等混合制成糊状胶合剂，均匀涂抹在铜箔两侧，经干燥、辊压而成。锂离子电池负极材料需要具备以下特点：

(1) 氧化还原电势适中。太低，则接近金属锂的沉积/析出电势，容易导致枝晶的生成，从而带来安全隐患；太高，则会牺牲全电池的输出电压，降低全电池的能量密度。

(2) 能够可逆脱嵌较多的 Li^+，从而获得较高的比容量。

(3) 材料主体结构在充放电过程中没有或很少发生变化，具有良好的循环稳定性。

(4) 随着 Li^+ 的嵌入和脱出，电池电压波动小，保持比较平稳的充电和放电。

(5) 电子和离子电导率高，可减小极化并能进行大电流充放电。

(6) 具有良好的表面结构且在整个电压区间内稳定，能够与电解质形成稳定的固体电解质界面(SEI)膜。

(7) 能够进行快速充放电。

(8) 经济实用，环保无污染。

目前，碳基材料如石墨、软碳(如焦炭等)、硬碳等已成功用作锂离子电池负极材料。具有潜在应用价值的负极材料包括钛酸锂、锡基材料和某些过渡金属氧化物，以及其他金属间化合物等。它们的脱嵌锂机理与其种类密切相关，主要包括嵌入、合金化和转换反应三种方式。

5.5.1 碳基材料

碳基材料具有环境友好、成本低、比容量高、循环寿命长、氧化还原电势低等优势，是目前应用最为广泛的锂离子电池负极材料。1926 年，弗雷登哈根(Fredenhagen)和卡登巴赫(Cadenbach)发现碱金属离子可以嵌入石墨层间，并合成了 K、Rb、Cs 等碱金属的嵌入化合物(GICs)。1952 年，赫罗德(Herold)等将锂嵌入石墨层间，制备了 Li-GICs。随后，贝森哈德(Besenhard)等研究了石墨在芳香族溶剂碱金属盐溶液中的还原性，发现金属锂可以通过电化学行为嵌入石墨层中。在此基础上，日本索尼公司于 1990 年正式推出了用聚糖醇树脂热解碳(硬碳)作为负极的商业化锂离子电池，开创了二次电池市场的新纪元。

近几十年来，人们对碳基材料的研究从未间断，主要集中在如何提高其能量密度、降低首周不可逆比容量、提高循环稳定性及减少生产成本等。常见的碳基材料包括石墨、软碳和硬碳等。这三种碳材料的层间距大小顺序是石墨<软碳<硬碳，而石墨化程度则是石墨>软碳>硬碳。

石墨导电性好，结晶度高，且具有良好的层状结构，在 Li^+ 实际的嵌入、脱出过程中，充放电比容量可达 300 mA·h·g^{-1} 以上，库仑效率在 90% 以上，不可逆比容量低于 50 mA·h·g^{-1}。Li$^+$ 在石墨中的脱嵌电压范围为 0～0.25 V(vs Li$^+$/Li)，具有合适的充放电电压平台，可与正极材料钴酸锂、镍酸锂、锰酸锂等匹配，组成全电池的平均输出电压高，是目前锂离子电池应用最多的负极材料。石墨具有典型的二维层状结构，如图 5.19(a) 所示，同层碳原子以 sp^2 杂化形成共价键，结合成六元环并向二维延伸，层与层之间靠范德华力维系，层间距为 0.335 nm。碳原子层有两种平行堆积方式：ABAB 型，具有六方晶系对称性(2H)；ABCABC 型，具有三方晶系对称性(3R)。石墨负极的嵌锂特性主要如下：

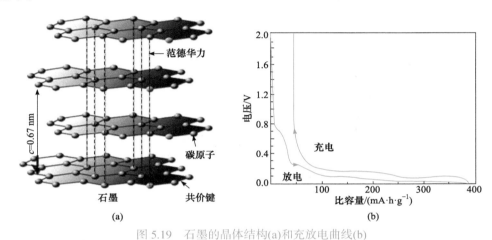

图 5.19　石墨的晶体结构(a)和充放电曲线(b)

(1) 嵌锂电势低，可以为锂离子电池提供高且平稳的工作电压。大部分嵌锂容量分布在 0.01～0.20 V[图 5.19(b)]。

(2) 嵌锂容量高，理论比容量为 372 mA·h·g^{-1}，对应 LiC$_6$ 的形成和分解，但实际比容量为 330～370 mA·h·g^{-1}。

(3) 与有机溶剂相容能力差，易发生溶剂共嵌及石墨层剥离，降低嵌锂性能。

在首周充放电过程中，锂的嵌入量大于脱出量，而在随后的循环过程中二者基本持平。这种不可逆容量主要源于 SEI 膜的形成。SEI 膜是在锂离子电池首周充放电过程中形成的，是在电解质与电极材料固-液界面上发生副反应形成的一层有机-无机钝化层，覆盖于电极材料表面。它是电子绝缘体和 Li$^+$ 优良导体，类似于固体电解质，Li$^+$ 可以自由通过该钝化层，因此称为固体电解质界面膜。实际上，正极材料表面也有 SEI 膜形成，只是现阶段认为其对电池性能的影响远远小于负极。多种分析方法也证明 SEI 膜确实存在，厚度为几十纳米，它的生成不仅与材料的本身性质有关，还与电解质的种类有关。在传统的碳酸酯类电解质中，SEI 膜的组成主要为各种无机成分(如碳酸锂、氟化锂、氧化锂、氢氧化锂等)和各种有机成分[如 ROCO$_2$Li、ROLi、(ROCO$_2$Li)$_2$ 等]。

石墨嵌锂的产物称为锂-石墨层间化合物 LiC$_n$，它有一个重要的特性——阶现象，即 Li$^+$ 在石墨层中分阶段嵌入。锂的嵌入量不同，形成的层间化合物的阶数也不同。如图 5.20(a) 所示，若平均每隔三个石墨层嵌入一层锂，则称其为三阶层间化合物，每两层中插入一层锂称为二阶化合物，依此类推，最高程度为一阶化合物，即 LiC$_6$。LiC$_6$ 的层间距为 0.370 nm，呈 AA 堆积序列，平均每六个碳原子共用一个锂原子[图 5.20(b)]。

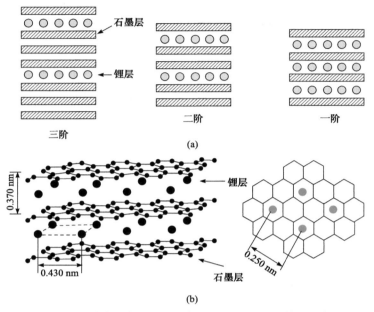

图 5.20　不同阶的嵌锂层间化合物(a)和 LiC$_6$(b)的结构示意图

目前，市场上的锂离子电池基本上都采用石墨负极。石墨又可以分为天然石墨和人造石墨。天然石墨的最上游是石墨矿石，主要分布在黑龙江、山东等地区，石墨矿石经过原矿破碎、湿法粗磨、粗选、粗精矿再磨再选、精选、脱水干燥、分级包装等浮选工艺后得到鳞片石墨(此外还有一种微晶石墨)。浮选后的鳞片石墨经过粉碎、球形化、分级处理，得到球形石墨。球形石墨中杂质含量高，微晶尺寸大，为了缓解炭电极表面的不均匀反应，获得均匀的 SEI 膜，应用于锂离子电池时仍需进行改性处理。经过固相或液相的表面包覆及后续的炭化、筛分等工序，得到改性的天然石墨负极(图 5.21)。

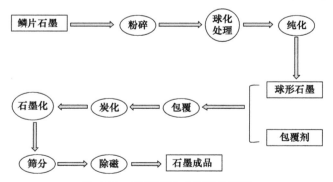

图 5.21　天然石墨成品工艺流程

石墨材料的缺点主要有：由于其石墨化程度高，并具有高度取向的层状结构，对电解质非常敏感，不适合碳酸丙烯酯(PC)类电解质，现多采用碳酸乙烯酯(EC)类电解质。

此外，Li⁺嵌入石墨层后形成的 LiC_6 化合物层间距扩大(d_{002} = 0.370 nm)，在充放电时会发生 Li⁺与有机溶剂共同嵌入石墨层间，造成有机溶剂进一步分解，同时导致石墨层逐渐剥落和石墨颗粒的崩裂及粉化，进而损害电池的循环性能。因此，研究者对石墨材料进行了大量的改性研究，如采用氧化的方法对石墨表面进行化学改性，以增加石墨的表面积、孔隙率和表面官能团的浓度。其他的表面处理方法还有镀铜、金、锡和银等金属，包覆无定形的硬碳材料或锡的氧化物等。

在惰性气氛下，使用焦炭等软碳材料为原料，添加沥青，经过混合成型，先低温炭化后再高温石墨化制备人造石墨。石油焦、针状焦等由石油沥青、石油渣或煤沥青等炭化制得，是制备人造石墨的重要原料。与天然石墨相比，人造石墨具有较小的晶粒尺寸与丰富的位错和晶界，可以提供更多的 Li⁺扩散通道，缩短 Li⁺扩散距离，降低扩散能垒，从而提高倍率性能。

人造石墨中最具有代表性的是中间相碳微球(MCMB)。当热解温度高于 400 ℃时，含多环芳烃的有机化合物发生分解和缩合反应，产生的片状分子沿同一方向堆叠形成具有层状结构、各向异性的液晶态小球。随着片状分子半焦化，这些小球转化为具有光学各向异性和流动性的微米级球形碳材料，即 MCMB。MCMB 外表面主要是由石墨碳层的端面组成，具有高反应活性，且球形片层结构有利于 Li⁺从球的各个方向进行脱嵌，从而提高其脱嵌速率和倍率性能。这种均匀的 Li⁺脱嵌方式可以缓解各向异性扩散导致的石墨片层膨胀、塌陷和无法快速充放电等问题。另外，球形结构有助于制备高密度电极，能够减少电极表面发生的副反应并形成稳定的 SEI 膜，提高电池首周库仑效率。MCMB 的可逆比容量在 282～325 $mA \cdot h \cdot g^{-1}$ 变化，这与石墨化程度密切相关。通过引入非晶态碳的方式，可提高 MCMB 的比容量至 340 $mA \cdot h \cdot g^{-1}$，并提高其首周库仑效率和循环稳定性，但是复杂的工艺过程和较低的产率限制了其产业化规模。

石墨负极的理论比容量有 372 $mA \cdot h \cdot g^{-1}$，但石墨化的温度高达 2800 ℃。因此，迫切需要一种比容量更大、制备温度更低的碳负极材料。在此背景下，无定形碳引起了人们的广泛关注，主要包括软碳和硬碳(图 5.22)。

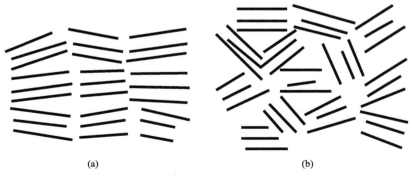

图 5.22　软碳(a)和硬碳(b)的结构示意图

软碳是指易石墨化的碳，即在 2500 ℃以上就能石墨化的无定形碳，通常有焦炭、石油焦、针状焦、碳纤维和碳微球等。软碳的结晶度低[图 5.23(a)]，晶面间距(d_{002})大，与电解质相容性好，有利于 Li^+ 在其中快速扩散。经过 XRD 和透射电子显微镜(TEM)分析，软碳含有三种结构，分别是无定形结构、端层无序结构和石墨化结构。

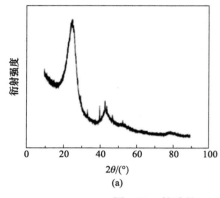
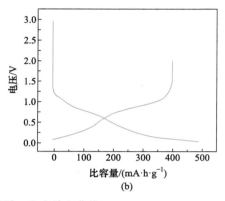

图 5.23　软碳的 XRD 谱图(a)和充放电曲线(b)

软碳的结构与烧结温度有关，通常认为烧结温度低于 1000 ℃制备的软碳存在较多的无定形结构，因为其中含有较多的空穴和位错等缺陷，这些缺陷都能够存储大量的 Li^+，所以无定形结构软碳能存储大量的 Li^+。烧结温度高于 2500 ℃制备的软碳，大部分结构已经石墨化，即每六个碳原子能存储一个 Li^+。中等烧结温度制备的软碳具有端层无序结构，嵌锂容量最小。与石墨相比，软碳的充放电曲线在 0～1.2 V 呈现明显的斜坡状[图 5.23(b)]，无明显的充放电平台，并具有输出电压低及首周不可逆容量高等缺点。

在 2500 ℃以上高温也难以石墨化的无定形碳称为硬碳,这主要是由于有机大分子前驱体在热解的过程中发生交联，进一步固相炭化，不能形成胶质体，使基体结构单元不能平行排列，石墨化程度低。常见的硬碳包括有机聚合物(PVA、PVC、PVDF、PAN 等)热解碳、树脂(如酚醛树脂、环氧树脂、聚糖醇等)碳、生物碳和炭黑等。其中，最典型的是聚糖醇树脂碳(PFA-C)，由日本索尼公司开发并最早用作商业化锂离子电池的负极。硬碳具有互相交错的层状结构(图 5.22)，这种乱层无序的堆叠结构为锂离子提供了更多的活性位点，因此硬碳通常具有较高的储锂容量。PFA-C 的最大比容量可达 $400 \ mA \cdot h \cdot g^{-1}$，超过了 LiC_6 的理论值。硬碳和软碳一样，都是石墨化程度较低的碳材料，所以层间距(d_{002})也较大，锂离子能够快速地在层间穿梭，因而具有较好的倍率性能。由于硬碳材料与碳酸丙烯酯(PC)类电解质有较好的相容性，因此将硬碳包覆在石墨材料的表面获得具有核-壳结构的碳材料完全可以适用于 PC 类电解质。硬碳材料的缺点在于其充放电过程中具有非常大的不可逆比容量和严重的电压滞后，且材料的密度较小。要实现硬碳真正的实用化，还有很多问题需要解决。

近年来，石墨烯也受到了广泛关注。它是由英国曼彻斯特大学的海姆(Geim)和诺沃肖洛夫(Novoselov)于 2004 年使用特殊胶带对石墨片进行反复撕扯粘贴的方法得到的，他们因此获得了 2010 年诺贝尔物理学奖。严格来说，石墨烯是六方晶格中的二维碳原子层，其厚度仅为 0.34 nm，是世界上已知最薄的二维材料。单层石墨烯的碳原子排列方式与石墨单原子层类似，碳原子之间通过 sp^2 杂化轨道成键，然后每个碳原子都贡献一个位于 p_z 轨道上的未成键电子，与邻近原子的 p_z 轨道形成垂直于平面的 π 键，新形成的 π 键呈半填满状态。经过研究证实，石墨烯中碳原子的配位数为 3，相邻碳原子间的键长为 0.142 nm，相邻键之间的夹角为 120°，呈六角环状的蜂窝式层状结构(图 5.24)，每个碳原子提供的半充满的 p_z 轨道形成贯穿全层的多原子大 π 键(与苯环类似)，使石墨烯具有优良的导电和光学性能。

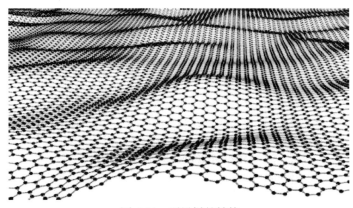

图 5.24　石墨烯的结构

由于石墨烯上下都可以嵌锂，通常认为其理论比容量(744 mA·h·g^{-1})是石墨的两倍，改性后的石墨烯比容量可以达到上千毫安时每克。然而，它在充放电过程中容易发生团聚而导致容量衰减，而且理想结构的石墨烯在制备工艺上也面临巨大的困难。目前石墨烯的制备方法主要有：机械剥离法、化学氧化剥离法、化学气相沉积法、外延生长法、液相剥离法和碳纳米管撕裂法。根据碳原子的层数，石墨烯又可以分为单层、双层、少层(3～10 层)和多层(10 层以上)石墨烯。

5.5.2　非碳基材料

在锂离子电池负极材料中，除碳材料外，一些非碳材料也一直是人们关注的焦点，如钛酸锂、硅基材料和锡基材料等。

钛酸锂($Li_4Ti_5O_{12}$)是一种具有立方相尖晶石结构的固溶体材料，属于 $Fd3m$ 空间群，晶胞参数 a = 0.836 nm，在空气中可以稳定存在。图 5.25(a)是它的晶体结构示意图，其中 O^{2-} 占据所有的 32e 位置，Li^+ 除了占据四面体的 8a 位置外，还与 Ti^{4+} 按化学计量比 1：5

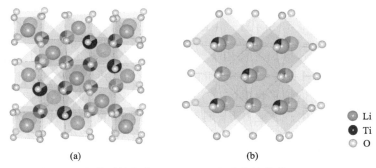

(a)　　　　　　　(b)

● Li
● Ti
○ O

图 5.25　尖晶石结构的 $Li_4Ti_5O_{12}$(a)和岩盐结构的 $Li_7Ti_5O_{12}$(b)

随机地占据八面体的 $16d$ 位置，因此其化学式也可以写为 $Li[Li_{1/3}Ti_{5/3}]O_4$。钛酸锂可以可逆嵌入 3 个 Li^+，生成岩盐结构的 $Li_7Ti_5O_{12}$，其结构如图 5.25(b)所示，相应的理论比容量为 $175\ mA \cdot h \cdot g^{-1}$。图 5.26 为钛酸锂的充放电曲线，它在 1.5 V 左右表现出明显的充放电电压平台且极化非常小，对应 $Li_4Ti_5O_{12}$ 与 $Li_7Ti_5O_{12}$ 之间的相转变。

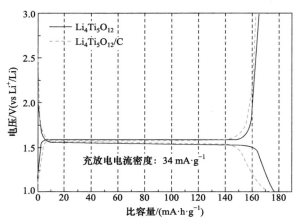

图 5.26 $Li_4Ti_5O_{12}$ 的充放电曲线

零应变性是 $Li_4Ti_5O_{12}$ 最大的特点，其晶体结构在嵌入或脱出锂离子时晶胞参数和体积变化都很小(< 1%)。在充放电循环中，这种零应变性能够避免由于电极材料膨胀、收缩而导致的结构破坏，从而提高电极的循环性能和使用寿命，具有非常好的耐过充电、过放电特征。此外，钛酸锂还具有较高的热稳定性，其相对较高的工作电压可以避免锂枝晶的生成、电解质的分解及 SEI 膜的形成，在大电流密度下的安全性远优于石墨。但是，钛酸锂的电子电导率(< $10^{-13}\ S \cdot cm^{-1}$)和离子扩散系数($10^{-13} \sim 10^{-12}\ cm^2 \cdot s^{-1}$)都比较低，这是限制其倍率性能的主要原因。因此，大量工作都集中在材料改性上，主要方法有离子掺杂、表面修饰及纳米化等。

不同于石墨和钛酸锂的脱嵌机制，硅基材料主要通过与锂发生合金化/脱合金化反应实现电化学储能。理论上，硅与锂可以形成 $Li_{22}Si_5$ 的合金相，提供 $4200\ mA \cdot h \cdot g^{-1}$ 的比容量。同时，硅具有储量丰富、分布广泛、价格低廉及环境友好等优势，被认为是下一代高能量密度锂离子电池的理想负极材料。

Si 与 Li 的合金化/脱合金化反应可以表示为

$$Si + xLi^+ + xe^- \underset{\text{放电}}{\overset{\text{充电}}{\rightleftharpoons}} Li_xSi \tag{5.8}$$

在高温(450 ℃)下，Si 与 Li 发生电化学合金化反应，遵循 Li-Si 相图，经历多相转变过程，分别形成 $Li_{12}Si_7$、Li_7Si_3、$Li_{13}Si_4$ 和 $Li_{22}Si_5$ 四个相。但是，在实际嵌锂过程中，只有在 0.1 V 附近出现一个嵌锂平台(图 5.27)。研究表明，在首周嵌锂的初始阶段，晶体 Si 先向非晶态 Li_xSi 合金转化，这是由于嵌锂过程会破坏 Si 的晶体结构，锂在 Si 中的扩散受到动力学限制，抑制了有序 Li_xSi 合金的形成。因此，硅的嵌锂过程主要是在非晶态下进行，无法区分物相转化和得到的相应电压平台。

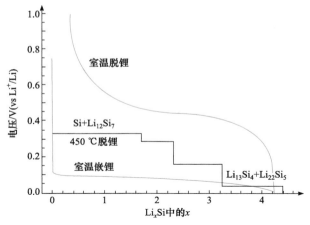

图 5.27 Si 和 Li 在常温和高温下的电化学合金化曲线

然而，硅负极也面临严峻的挑战：①硅在脱嵌锂过程中伴随着巨大的体积变化，会导致 Si 颗粒粉化、电极裂纹扩展、容量衰减快；②作为半导体材料，硅的电子导电性和离子导电性差，不利于其电化学性能的发挥；③硅负极与电解质的界面不稳定，电解质中 $LiPF_6$ 与痕量 H_2O 反应生成的 HF 会侵蚀 Si 材料表面的原生氧化层，进而影响 SEI 膜的稳定性。此外，Si 表面所形成的钝化膜不能适应 Si 在脱嵌锂过程中的巨大体积变化而破裂，新鲜的 Si 表面暴露在电解质中，会导致钝化膜持续生成，活性锂不断被消耗，最终造成容量损失。

为了解决 Si 的体积膨胀问题，从材料设计角度来看，氧化亚硅、无定形硅合金和纳米硅/碳复合材料是目前较为成熟的硅基材料。除此之外，预锂化也是硅负极应用的关键支撑技术。它一方面能使硅基材料预先膨胀，另一方面可以补充形成 SEI 膜消耗的锂源。

(1) 氧化亚硅(SiO_x)：2001 年，氧化亚硅负极材料首次被应用于高能量密度锂离子电池，引起行业和科研界的广泛关注。随后，各大电池公司均加大了对氧化亚硅负极的研发力度。非晶态 SiO_x 是由 5 nm 以下的硅团簇均匀分散于 SiO_2 基质中组成的，表现出优异的循环稳定性和高比容量($1200\sim1900$ $mA \cdot h \cdot g^{-1}$)。强的硅氧键和循环中形成的锂硅酸盐、Li_2O 等对体积膨胀的缓冲作用赋予了其优异的循环性能。但是，锂硅酸盐和 Li_2O 也使 SiO_x 的首周不可逆容量增加。为了克服这些缺陷，对氧化亚硅表面改性和预锂化是非常有效的方法。

(2) 无定形硅合金：最早由美国 3M 公司报道，随后日本 CDK 公司有相关产品问世。无定形硅合金中的 Si 是以原子或团簇的形式分散在活性或非活性的金属合金介质中，形成稳定的非晶态活性区域，有利于电极循环稳定性。其中，活性组分可选用 Si、Sn、Ge 和 Sb 等，非活性组分则主要为 Co、Fe、Mn、Ni 和 Mo 等。通过调整活性和非活性金属的比例，可以得到比容量、倍率性能、体积变化和成本兼顾的优化设计方案，但是与其他硅基材料相比，无定形硅合金离产业化还有很大的距离。

(3) 纳米硅/碳复合材料：虽然各种硅纳米结构能够有效抑制体积膨胀和促进 Li^+ 的传

输，但是较高的比表面积和不适宜的孔隙结构会造成首周库仑效率低和压实密度小等问题。将硅纳米颗粒均匀分散在碳基质中形成硅/碳纳米复合材料，借助碳材料形成的三维结构增大与导电剂和集流体的电接触，可以提高材料的导电性，缓解纳米 Si 体积变化产生的应力，形成稳定的 SEI 膜，提高硅基材料的稳定性和首周库仑效率。

(4) 预锂化技术：预锂化是指在材料中提前引入活性锂，这样可以避免全电池中有限的锂源被过度消耗，大幅度提高材料的循环性能。主要有金属锂预锂化、试剂预锂化和正极预锂化三种方式。

硅是目前已知比容量最高的锂离子电池负极材料，随着新能源汽车市场的不断扩大，硅负极的产业化趋势明显，无论是市场需求还是政策导向，都使得各大材料厂商纷纷开始布局研发。例如，日本 GS 汤浅公司推出硅基负极材料锂电池，并成功应用在三菱汽车上；日本日立集团旗下的麦克赛尔(Maxell)公司已经开发出以 SiO-C 为负极材料的新式锂电池，并成功应用于智能手机商业化产品中；美国特斯拉公司在人造石墨中加入 10% 的硅基材料作为动力电池负极，并成功应用于 Model 3。在硅碳负极领域，无论是材料的生产还是应用，国内发展与国外相比还有一定距离。

除硅基材料外，金属锡(Sn)也是一种很有应用前景的合金化负极材料，它可以与锂发生合金化反应，形成多种金属间化合物 Li_xSn(x = 0.4、1.0、2.33、2.5、2.6、3.5、4.4)。Sn 的理论比容量可达 990 $mA \cdot h \cdot g^{-1}$(理论放电产物为 $Li_{22}Sn_5$)，接近石墨的 3 倍。单质锡作为锂离子电池的负极，也存在很多难以解决的问题。例如，锡和锂的合金化过程中，体积膨胀率高达 300%，很容易导致锡破裂、粉化，容量快速衰减，所以纯锡负极的循环性能很差。1997 年，氧化锡被报道用作锂离子电池的负极材料，其可逆比容量达到 782 $mA \cdot h \cdot g^{-1}$，而纳米氧化锡材料的比容量有望达到 1494 $mA \cdot h \cdot g^{-1}$。锡氧化物作为锂离子电池负极的主要问题是，首次嵌锂会产生很大不可逆比容量，同时伴随着较大的体积效应。如何有效缓解金属锡的体积效应是改善其性能的关键。引入惰性或非惰性元素与锡形成合金或金属间化合物，可以提高材料的结构稳定性。常用于锡合金的惰性元素包括 Cu、Ni、Co 等，非惰性元素包括 Sb、Ge、Zn 等。为改善 Sn 的电化学性能，制备高比表面积电极材料也是一种有效的方法。其中，较受关注的结构为零维纳米颗粒和三维多孔材料。锡基材料还常与各类碳材料及其他材料结合形成复合材料。制备复合材料的目的在于取长补短，既可以利用碳材料缓解锡基材料的体积效应和纳米颗粒的团聚问题，又可以发挥锡基材料高容量的特点。锡基材料可以与多种碳材料通过掺杂、包覆、嵌入等方式进行复合，如无定形碳、石墨碳、碳纳米管、石墨烯等。

除了嵌入和合金化反应机理外，负极材料还有一种转化反应机理。这类材料主要有过渡金属氧化物(如 Fe_xO_y、CuO、NiO、Mn_xO_y 和 MoO_2 等)、金属硫化物、金属磷化物和金属氮化物等。与脱嵌和合金化反应机制不同，转化反应涉及一种或多种原子在晶格中的化学转变，形成一种或多种新的化合物。其反应机理如下：

$$AB_x + 2xLi^+ + 2xe^- \rightleftharpoons xLi_2B + A \tag{5.9}$$

$$A + yLi^+ + ye^- \rightleftharpoons Li_yA \tag{5.10}$$

式中，B 为 N、O、P 或 S。当 A 为 Cu、Co、Ni、Fe、Mn 等非活性元素时，只发生反应 (5.9)。当 A 为 Sn、Sb、Bi 等合金元素时，先发生反应(5.9)，后发生反应(5.10)。基于这种多电子的反应机理，转化类负极具有非常高的理论容量。然而，正是由于涉及多组分反应，Li^+ 的脱嵌会带来剧烈的体积波动，从而造成电极的严重破裂和粉化。纳米化和碳包覆是目前缓解这类问题最直接有效和常用的手段。

未来锂离子电池将朝着能量密度高、安全性能好、循环寿命长、绿色环保及低成本的方向发展。现有的大部分锂离子电池难以同时具有比容量高、充电效率高、循环寿命长等优点，实际电池容量也远低于理论容量。因此，电池技术的革新是十分迫切的，需要进一步开发新型且性能优异的锂离子电池电极材料。

5.6　电　解　质

电解质是锂离子电池主要原材料中的重要组成部分之一。在锂离子电池工作过程中，电解质充满正、负极和隔膜之间的空间，起传输锂离子沟通正、负极的作用，是连接正、负极的桥梁。同时，电解质的选择在很大程度上决定电池的工作机制，影响电池的比容量、工作电压、循环性能、倍率性能、安全性、储存和成本等。因此，电解质的选择需满足以下要求：

(1) 在较宽的温度范围内离子电导率高、锂离子迁移数大，以减少电池在充放电过程中的浓差极化。

(2) 热稳定性好，以保证电池能够在不同温度环境中正常工作。

(3) 电压窗口宽，为满足充放电过程中电极反应的单一性，宽的电化学窗口可以保证电解质在两极不发生显著副反应。

(4) 成本低。

(5) 安全性好，闪点高或不燃烧。

(6) 无毒，不会造成环境污染。

目前，常见的锂离子电池电解质主要有非水液体电解质、固体电解质和凝胶聚合物电解质三种。

5.6.1　非水液体电解质

非水液体电解质也称为有机液体电解质，一般由高纯度的有机溶剂、锂盐和必要的添加剂按一定的比例配制而成。常见的有机溶剂可分为三类：质子溶剂，如甲醇、乙醇和乙酸等；极性非质子溶剂，如碳酸酯类、醚类、砜类和乙腈等；惰性溶剂，如四氯化碳等。其中，质子溶剂含有活性较强的质子氢，一般不能用于锂离子电池。而惰性溶剂中锂盐的溶解度小，限制了该类溶剂的应用。因此，锂离子电池常用的有机溶剂是含有 $C=O$、$S=O$、$C\equiv N$、$C-O$ 等基团的极性非质子溶剂，能够有效溶解锂盐并有利于电解质的电化学稳定性。在实际应用中，溶剂的选择应遵循以下标准：

(1) 稳定性好，在电池充放电过程中不与正、负极活性物质发生电化学反应。

(2) 具有较高的介电常数和较小的黏度,以使锂盐有足够高的溶解度,保证电解质具有较高的电导率。

(3) 溶剂的沸点高(150 ℃以上)、熔点低(-40 ℃以下),即具有较宽的液程,以使锂离子电池具有较宽的工作温度范围及优良的高低温性能。

(4) 与电极材料相容性好,电极在其构成的电解质中能够表现出优良的电化学性能。

(5) 电池循环稳定性、成本及环境等因素也要考虑在内。

单一溶剂很少能同时满足上述要求,而多种溶剂按一定比例混合则会达到预期效果。例如,为了保证电解质具有较高的电导率,一般需要选择介电常数高、黏度小的有机溶剂,但实际上介电常数高的溶剂黏度大,黏度小的溶剂介电常数低。因此,在实际应用中,常将介电常数高的有机溶剂与黏度小的溶剂混合使用。此外,为获得较好的低温性能,可以选择含有线性或环状醚类溶剂的电解质(图 5.28)。

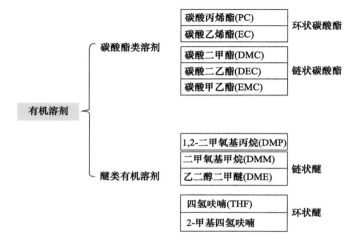

图 5.28　有机溶剂种类

碳酸酯类溶剂是最早应用于锂电池的有机溶剂,主要有环状碳酸酯和链状碳酸酯两类。其中,环状碳酸酯主要有碳酸乙烯酯(EC)和碳酸丙烯酯(PC)。EC 在常温下为无色晶体,熔点为 36.4 ℃,闪点为 160 ℃,沸点为 248 ℃。PC 与 EC 属于同系物,只是在结构上比 EC 多一个甲基,在常温常压下为无色透明、略带芳香味的液体,其熔点、闪点和沸点分别为-49.2 ℃、128 ℃和 241.7 ℃,具有较高的介电常数。因此,含有 PC 的电解质具有好的低温性能和安全性能。在开发碳负极材料时,PC 有助于在碳负极表面形成有效的 SEI 膜,从而阻止电解质与负极材料进一步反应。在早期的锂金属电池中,金属锂作负极,循环时会产生高比表面积和反应活性的锂单质,当 PC 应用于金属锂电池时,会与新产生的锂发生反应,导致锂金属电池容量快速衰减。另外,在锂离子电池充电过程中,PC 和锂离子会一起嵌入石墨层,导致石墨负极的剥落分解和首周不可逆容量大。在循环过程中,锂离子的不均匀沉积会导致锂枝晶的形成,随着枝晶的长大,隔膜被刺穿,导致电池短路,早期使用 PC 的可充放电锂电池存在非常严重的安全问题。因此,PC 不能作为单一电解质溶剂应用于锂电池和锂离子电池中。

与 PC 相比，EC 具有较高的分子对称性和高熔点。EC 最早的研究是由艾略特(Elliot)等在 1964 年开始的，他们将 EC 作为一种共溶剂加入电解质中，从而提高了电解质的离子电导率。进一步研究发现，EC 与石墨兼容好，在嵌锂过程中能在石墨表面形成一层有效、致密、稳定的 SEI 膜，主要分解产物包括 Li_2CO_3、$ROCO_2Li$、LiF、PEO-Li 等，极大地提高了锂离子电池的循环寿命。EC 的黏度略低于 PC，介电常数远高于 PC，能使锂盐充分溶解和电离。此外，EC 的热稳定性较好，加热到 200 ℃才发生少量分解，但是在碱性条件下容易分解，可与甲醇等发生酯交换反应生成碳酸二甲酯和乙二醇。EC 和 PC 还有一定的吸湿性，可能对电解质中水分的控制产生一定影响。由于 EC 的熔点高、介电常数大、黏度大，一般不单独用作锂离子电池电解质溶剂。与环状碳酸酯相比，链状碳酸酯溶剂具有较低的黏度、介电常数及沸点、闪点。链状碳酸酯包括碳酸二甲酯(DMC)、碳酸二乙酯(DEC)、碳酸甲乙酯(EMC)等。由于环状碳酸酯普遍具有较高的黏度和熔点，因此常与低黏度、低熔点的链状碳酸酯混合使用，以期获得更好的性能。

醚类有机溶剂的介电常数小，黏度也较低。由于醚类有机溶剂比较活泼，抗氧化性差，故不常用作锂离子电池电解质溶剂的主要成分，一般可作为碳酸酯的共溶剂或添加剂使用，以提高电解质的电导率。它也分为环状醚和链状醚两类。环状醚主要包括四氢呋喃(THF)、1,3-二氧环戊烷(DOL)等。DOL 与 PC 组成的混合溶剂曾用在一次锂电池中，但它易开环聚合，电化学稳定性较差。链状醚主要有乙二醇二甲醚(DME)、乙二醇二乙醚(DEE)、二乙二醇二甲醚(DEGDME)、三乙二醇二甲醚(TriEGDME)和四乙二醇二甲醚(TEGDME)等。在一次锂电池中，DME 常与介电常数高的溶剂(如 PC)组成混合溶剂使用，它具有较强的阳离子螯合作用和较低的黏度，能显著提高电解质的电导率。例如，$LiPF_6$(六氟磷酸锂)可以与 DME 生成稳定的 $LiPF_6 \cdot 2DME$ 复合物，增大锂盐的溶解度，从而提高了电解质的电导率。但 DME 易被氧化和还原分解，稳定性差。DEGDME 是醚类溶剂中抗氧化稳定性较好的溶剂，具有较高的分子量，黏度相对较小，对锂离子有较强的配位能力。EC+DEGDME(体积比 1∶1)的电解质体系在常温下具有较高的电导率。对于 DME 和 DEGDME 的同系物，随着碳链的增长，溶剂的抗氧化性增加，黏度也增大，这对有机电解质的电导率不利。

近年来，一系列研究发现，EC 是电解质中必不可少的部分。为了提升 EC 基电解液的低温性能，可以加入一些其他的共溶剂。这些共溶剂主要有 PC 和一系列醚类溶剂，但是加入 PC 或醚类溶剂的同时会出现一些新的问题，例如，PC 的加入会导致较大的首周不可逆容量，醚类溶剂的加入会降低电解质的电化学窗口，所以链状碳酸酯成为重要的电解质共溶剂。1994 年，塔拉斯孔(Tarascon)和古诺玛德(Guyomard)首先对碳酸二甲酯(DMC)进行了研究。DMC 具有低黏度、低沸点、低介电常数，可与 EC 以任意比例互溶，得到的混合溶剂以协同效应的方式融合了两种溶剂的优点，具有高的锂盐解离能力、高抗氧化性和低黏度。此外，还有很多其他链状碳酸酯(如 DEC、EMC 等)也逐渐应用于锂离子电池中，其性能与 DMC 相似。目前，EC 和一种或几种链状碳酸酯的混合溶剂是较常用的锂离子电池电解质溶剂。

砜类是含硫有机溶剂中最可能应用于锂离子电池中的一类溶剂。但是，大部分砜类在室温下为固体，只有与其他溶剂混合才能构成液体电解质。其中，最常用的是二甲基亚砜(DMSO)。砜类溶剂一般具有高的稳定性，有利于电池安全性和循环稳定性。

因此，锂离子电池非水液体电解质的基本组成确定为，在 EC 中加入一种或几种链状碳酸酯作为溶剂，$LiPF_6$ 作为电解质锂盐。但是，这种体系的电解质也存在一些难以解决的问题：①EC 的熔点偏高，导致这种体系的电解质无法在低温下应用；②$LiPF_6$ 的高温分解导致该电解质无法在高温下使用。该电解质体系的工作温度范围为 20～50 ℃，低于 20 ℃时性能会暂时下降，高温下可以恢复，但是高于 60 ℃的性能损伤则是永久性的、不可逆的。由于以上问题，新的有机溶剂和电解质锂盐体系的研究工作一直在继续，虽然有一些研究工作被报道，但是离商业化应用还有一定距离。

表 5.3 总结了上述有机溶剂的物理化学性质，图 5.29 给出了这些有机溶剂的分子结构。

表 5.3 部分有机溶剂的物理化学性质(除非指明，一般为 25 ℃)

溶剂	溶点/℃	沸点/℃	相对介电常数	黏度/cP	偶极矩/deb	D.N.[a]	A.N.[a]	密度(20 ℃)/(g·cm⁻³)	闪点/℃
EC	36.4	248	89.6[b]	1.86[b]	4.80	16.4	—	1.41	160
PC	−49.2	241.7	69.0	2.53	4.21	14.1	18.3	1.20	128
DEC	−43	127	2.8	0.75	—	—	—	0.97	33
DMC	3	90	3.1	0.59	—	—	—	1.07	15
EMC	−55	108	2.9	0.65	—	—	—	1.0	23
THF	−108.5	65	4.25[c]	0.46[c]	1.71	20	8	0.89	−21
DOL	−95	78	6.79[c]	0.58	—	18.0	—	1.07	−4
DMSO	18.4	189	46.5	1.991	3.96	29.8	19.3	1.1	—
DME	−58	84.7	4.2	0.455	1.07	24	10.2	0.87	−6
DEE	—	124	—	—	—	—	—	—	—
DEGDME	—	162	4.40	0.975	—	19.5	9.9	—	—
TriEGDME	—	216	4.53	1.89	—	14.2	10.5	—	—
TEGDME	—	—	4.71	3.25	—	16.7	11.7	—	—

a：D.N.为给体数，A.N.为受体数；b：40 ℃；c：30 ℃。

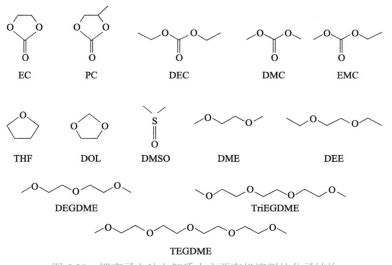

图 5.29 锂离子电池电解质中主要有机溶剂的分子结构

5.6.2　电解质锂盐

电解质是锂离子电池组成中不可或缺的一部分，并且是电池性能重要影响因素之一。电解质锂盐的种类多，根据它们在有机溶剂中的解离度和锂离子迁移能力，相对理想的电解质锂盐应具有较大的阴离子半径，因此适合用作锂离子电池电解质的锂盐非常有限。总的来说，锂离子电池电解质锂盐需满足以下条件：

(1) 在有机溶剂中的溶解度足够高、缔合度小，易于解离，以保证电解质有较高的电导率。

(2) 阴离子在电解质中稳定性好，还原产物有利于 SEI 膜的形成。

(3) 具有良好的环境亲和性，分解产物对环境影响小。

(4) 易于制备和纯化，生产成本低。

目前，实验室和工业生产中常用阴离子半径较大、氧化还原性质稳定的锂盐，主要分为无机锂盐和有机锂盐。无机锂盐主要有四氟硼酸锂($LiBF_4$)、六氟磷酸锂($LiPF_6$)和高氯酸锂($LiClO_4$)，有机锂盐则有三氟甲基磺酸锂(CF_3SO_3Li，LiTf)、双氟磺酰亚胺锂[$LiN(SO_2F)_2$，LiFSI]、双三氟甲基磺酰亚胺锂[$LiN(CF_3SO_2)_2$，LiTFSI]和双草酸硼酸锂[$LiBC_4O_8$，LiBOB]等。

在无机锂盐中，$LiClO_4$ 是研究历史最长、应用最早的锂盐，其构成的电解质电导率和热稳定性高。20 ℃时，1 $mol \cdot L^{-1}$ $LiClO_4$/EC+DMC(体积比 1∶1)电解质的电导率可达 9×10^{-3} $S \cdot cm^{-1}$，且加热到 200 ℃也不发生分解。与其他锂盐相比，它还具有价格低、易于制备和纯化等特点。但 $LiClO_4$ 中的 Cl 处于最高价态，具有较强的氧化性，在一些极端条件(如高温、高电流密度)下容易与有机溶剂发生强烈反应，带来安全隐患。因此，$LiClO_4$ 一般只用于实验室研究。$LiBF_4$ 电解质体系在锂离子电池中的研究和应用较少，这主要是因为 BF_4^- 半径小，容易缔合，从而导致电解质的电导率较低。$LiPF_6$ 是目前商业化锂离子电池中使用最多的锂盐，由于 PF_6^- 的缔合能力差，$LiPF_6$ 电解质的电导率较大，在 20 ℃的 EC+DMC(体积比 1∶1)溶液中电导率可达 10×10^{-3} $S \cdot cm^{-1}$。此外，$LiPF_6$ 的电化学稳定性强，稳定电压高达 5.1 V，且不腐蚀集流体铝箔。但是，它的热稳定性不如其他锂盐，加热至 175～185 ℃时将大量分解，同时对水分非常敏感，遇痕量水即发生反应释放出腐蚀性气体 HF，因此在生产、纯化、储备和使用时应格外小心。

有机锂盐一般含有较大半径的阴离子，使电荷分布比较分散，电子离域化作用增强，可以减少锂盐的晶格能，削弱正、负离子间的相互作用，从而提高溶解度。常见的有机锂盐可以看成在无机锂盐的基础上引入一个或多个吸电子基团，以调节和控制阴离子的结构。LiTf 是最早工业化的有机锂盐之一。作为 $LiPF_6$ 可能的替代者，它与 $LiPF_6$ 的电化学性质相近，具有较高的抗氧化能力和热稳定性。其不足之处在于所构成的电解质电导率小，在 25 ℃时，1 $mol \cdot L^{-1}$ CF_3SO_3Li/PC 的电导率只有 1.7×10^{-3} $S \cdot cm^{-1}$，远低于相同浓度下 $LiPF_6$/PC 的电导率。这主要是由于 LiTf 在有机溶剂中容易缔合形成离子对，减少了传输电荷的粒子数。此外，由于 $CF_3SO_3^-$ 与铝箔之间的相互作用，铝箔在 2.7 V 左右开始溶解，因此 LiTf 不能用于以铝箔作为集流体的锂离子电池。

双氟磺酰亚胺锂(LiFSI)是一种性能优良的锂离子电池电解质锂盐，具有优良的导电性和与电极材料良好的相容性。25 ℃时，1 mol·L^{-1} LiN(SO$_2$F)$_2$/EC+DMC(体积比 1∶1)电导率可达 1.0×10^{-2} S·cm^{-1}，-30 ℃下电导率仍在 10^{-3} S·cm^{-1} 以上。但 LiFSI 容易引发铝腐蚀，阻碍了其在锂离子电池中的应用。为了解决这个问题，二氟草酸硼酸锂(LiDFOB)作为添加剂被加入 LiFSI 的无水碳酸酯电解质中。电化学测试表明，在三电极和石墨/LiCoO$_2$ 全电池中，LiDFOB 可以有效抑制铝腐蚀。可能的解释是，LiDFOB 的氧化产物在铝表面形成了钝化膜，从而有效抑制了铝腐蚀，使其替代 LiPF$_6$ 成为可能。

LiTFSI 的应用始于 20 世纪 90 年代。从 N(CF$_3$SO$_2$)$_2^-$ 的结构来看，电负中心 N 原子和两个 S 原子与具有强吸电子能力的—CF$_3$ 官能团或 O 原子相连，使阴离子的电荷分布比较散，因此 LiTFSI 的性质与 LiTf 相似。由于阴离子半径更大，LiTFSI 具有更高的解离度，其电导率远大于 LiTf 电解质的电导率，甚至高于 LiClO$_4$，接近 LiPF$_6$。LiTFSI 还具有良好的热稳定性，加热到 236 ℃时熔化，360 ℃时才开始分解。从电化学稳定性上看，其稳定电压约为 5 V，略低于 LiBF$_4$ 和 LiPF$_6$，但仍满足实际需要。

双草酸硼酸锂(LiBOB)是一类最具代表性的新型锂离子电池电解质锂盐。LiBOB 具有良好的电化学稳定性和热稳定性，能与特定溶剂反应形成稳定的 SEI 膜。LiBOB 可通过有机溶剂法制备，以硼酸、碳酸锂、草酸为原料，用 P$_2$O$_4$ 萃淋树脂预处理锂源后将反应物置于乙腈中直接反应，所得产品经过乙二醇二甲醚提纯后可得最终产物。该有机溶剂法属一步反应模式，反应原理及实验操作简单，产品纯度高。

电解质对锂离子电池的电化学性能起着至关重要的作用。LiPF$_6$ 电解质的优越性质使其在锂电池电解质中占据主要位置。为了更好地提高电池热稳定性，降低生产成本，LiBOB、LiDFOB、LiFSI、LiBF$_4$、LiTFSI 等新型电解质锂盐显示出良好的发展潜力。然而，这些已有的新型锂盐由于各自的局限性，还难以与 LiPF$_6$ 电解质锂盐相媲美。研制性能更好、成本更低的新型电解质锂盐或混合锂盐体系依然是人们不断追求的目标。

5.6.3 电解质添加剂

电解质添加剂是为了改善电解质电化学性能而加入的少量添加物。它具有针对性强、用量小的特点，在不提高或基本不提高生产成本、不改变生产工艺的情况下，能够显著改善电池性能。从种类上看，锂离子电池电解质添加剂主要包括有机添加剂和无机添加剂。有机添加剂具有与锂离子电池电解质互溶性好、优化效果佳和使用方便等优点。相比之下，无机添加剂的选择有一定的局限性，但近年来的发展也不容忽视。从形式上看，电解质添加剂可分为气体、液体和固体添加剂。由于气体添加剂在有机液体电解质中的溶解度不大，使用时往往需要高压条件，使电池内压升高，不利于电池生产和使用过程的安全性。与电解质互溶性好的液体或固体添加剂则具有明显的优势。从功能上看，电解质添加剂分为成膜添加剂、导电添加剂、阻燃添加剂、限压添加剂(过充保护添加剂)和多功能添加剂等。好的电解质需要根据实际情况加入功能性添加剂。

成膜添加剂可以使电极在首次充放电过程中电极表面生成稳定的 SEI 膜，允许 Li$^+$ 自由迁移而溶剂分子无法穿越,从而阻止溶剂分子嵌入层间或诱发强烈的电极界面氧化还原反应对电极的破坏，提高电极的容量和循环稳定性。常用的成膜添加剂有氟代碳酸乙烯酯(FEC)、碳酸亚乙烯酯(VC)和亚硫酸乙烯酯(ES)。它们的主要作用是参与 SEI 膜的形成，改善 SEI 膜的稳定性。电解质的高电导率是减小 Li$^+$迁移阻力，提高电池倍率性能的重要保证。提高电解质的电导率，特别是低温条件下的电导率，对于拓宽锂离子电池的实际应用范围、实现极端条件下的应用具有特别重要的意义。选择合适的导电添加剂是实现这一目标的最有效方法。它主要是通过添加剂分子与电解质离子发生配位反应，促进锂盐的溶解和电离，减小 Li$^+$的溶剂化半径。根据其在电解质中与阴、阳离子的配位情况，常见的导电添加剂可分为阳离子配体(胺类、冠醚类和穴状配体)、阴离子配体(氟代烷基硼化物)和中性配体(氮杂醚类和烷基硼类)。阻燃添加剂可以使易燃有机电解质变得难燃或不可燃，降低锂离子电池的放热值和自热率，提高电解质自身的热稳定性，从而避免电池在过热条件下的燃烧或爆炸。它可分为磷系阻燃剂、卤系阻燃剂和复合阻燃剂三类。其中，磷系阻燃剂主要包括烷基磷酸酯[如磷酸三甲酯(TMP)、磷酸三乙酯(TEP)、磷酸三苯酯(TPP)和磷酸三丁酯(TBP)]、氟化磷酸酯[如三(2,2,2-三氟乙基)磷酸酯(TFP)、二(2,2,2-三氟乙基)甲基磷酸酯(BMP)、(2,2,2-三氟乙基)二乙基磷酸酯(TDP)]和磷腈类化合物[如六甲基磷腈(HMPN)]。卤系阻燃剂主要是有机氟化物，包括氟代环状碳酸酯(CH$_2$F-EC、CHF$_2$-EC 和 CF$_3$-EC)、氟代链状碳酸酯[二氟乙酸甲酯(MFA)、二氟乙酸乙酯(EFA)和甲基-2,2,2-三氟乙基碳酸酯(MTFEC)等]，以及烷基全氟代烷基醚[甲基-全氟代丁基醚(MFE)、乙基-全氟代丁基醚(EFE)等]。复合阻燃剂主要是磷-氮类化合物和卤化磷酸酯。锂离子电池限压添加剂又称过充保护添加剂，它可在电池内部建立一种防过充的电化学自我保护机制，简单有效地解决电池的过充和局部过充问题。按照限压添加剂在电解质中的作用机制不同，限压添加剂可分为氧化还原电对添加剂、气体发生添加剂和电聚合添加剂。锂离子电池多功能添加剂是指同时具有两种以上功能的添加剂，是锂离子电池的理想添加剂。这类添加剂可以从多方面改善电解质的性能，在提高锂离子电池整体电化学性能方面具有突出作用，正成为未来添加剂研究和开发的重点方向。

虽然有机电解质已经在商业化锂离子电池中得到广泛应用，但仍存在以下问题：

(1) 安全性问题。有机电解质易燃，在电池加热、过充电或过放电、短路、高温等条件下容易导致温度升高，加速电池内部的热量产生，过量的热聚集在电池内部，使电极活性物质发生热分解或使电解质氧化，产生大量气体，引起电池内压急剧升高，引发燃烧或爆炸等安全隐患。

(2) 电池成型困难。受电解质的制约，很难将锂离子电池制成实际所需要的形状，只能制备成常见的方形或圆柱形。

(3) 成本高。目前使用的有机电解质大多是高纯度的 LiPF$_6$ 和基于碳酸乙烯酯的有机混合溶剂。这些试剂价格昂贵，电解质的生产成本占电池总成本的 20%以上。

(4) 极端条件的限制。LiPF$_6$ 在高温下容易分解，碳酸丙烯酯的凝固点较高，使锂离子电池在低温(< –20 ℃)和高温(> 50 ℃)下的应用受到极大的限制。

针对以上问题，新型的固态和凝胶电解质由于其独特的优势开始受到关注，有的已经开始商业化。

5.7　全固态锂离子电池

电池在人们的日常生活中发挥了重要作用，包括消费类电子产品、电动汽车的动力源、间歇性可再生能源发电的固定负载等。然而，目前的商业化电池已经难以满足社会快速发展的需求，如便携式电子设备、电动汽车、网络储能系统等。电池需要向着更安全、廉价、更高能量密度和更长循环寿命的方向发展。过去 200 年间，绝大部分电池研究关注的都是液态电解质系统，其具有高导电性和良好的电极润湿性，但也存在电化学性能和热稳定性欠佳、离子选择性低、安全性差等问题。采用固态电解质不仅可以克服液态电解质存在的问题，也为开发新的化学电源提供了可能性。当前，基于固态电解质电池的研究已经吸引了全世界科学家的关注并呈现迅速增长的趋势。

根据固态电解质的类型，全固态锂离子电池可以分为无机固态电解质电池和聚合物电池。全固态锂离子电池由正极、锂负极和固态电解质组成，如图 5.30 所示。全固态锂离子电池可以提供高于传统电池的能量密度，被视为下一代最重要的储能技术之一。全固态锂离子电池的工作原理和传统锂离子电池相似：充电时，Li^+ 从正极材料中脱出，通过固态电解质向负极迁移，然后嵌入负极材料中，同时电子经外电路从正极传输到负极，放电时则相反。全固态锂离子电池采用的负极材料大多数是锂金属、锂合金或石墨烯复合物，正极材料使用的是 $LiCoO_2$、$LiMn_2O_4$ 和 $LiFePO_4$ 等传统正极材料。

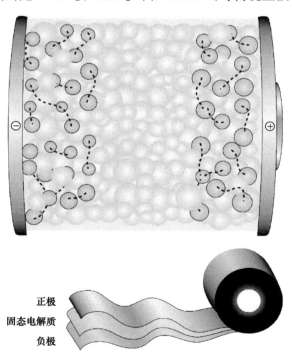

图 5.30　全固态锂离子电池结构

当前，关于固态锂离子电池的研究屡见报道，且展现了较好的电化学性能。研究重心逐步从固态电解质的开发与性能提升转向全固态锂离子电池的结构设计、优化和生产工艺的开发，而且全固态锂离子电池样品和试制生产线已被展示和评估，预示了全固态锂离子电池规模化生产的可能性。然而，全固态锂离子电池仍面临一些技术难题和关键挑战，主要包括充放电时电极材料体积变化大、界面(电极-电解质)电阻高、电极活性材料的负载低和循环稳定性差等。其中，迫切需要解决的一个难题是如何提高电极与固态电解质界面之间的离子导电性。全固态锂离子电池发展的下一个主要目标是在低成本情况下实现比传统锂离子电池具有更好的循环性能和安全性能，同时保持相同或更高的功率和能量密度。然而，这是一项艰巨的挑战，解决这些问题的关键是在固体电极和固态电解质之间形成有利的固体-固体界面，同时需要考虑三个方面问题：固体材料的可湿性、固-固界面的稳定性和界面之间离子的传输速率。

5.7.1　固态电解质

固态电解质又称为快离子导体或超离子导体，其离子电导率与熔融盐或液态电解质相当，且在 Li^+ 传输过程中能够抑制锂枝晶生长，防止正、负极短路。固态电解质具有不可燃、无腐蚀、不挥发及不漏液等优势，利用其开发固态锂离子电池有望突破有机液体电解质锂离子电池安全性差、电压受限和循环性能差等限制。固态离子导体的发展最早可以追溯到 18 世纪 30 年代，当时法拉第加热固态 Ag_2S 和 PbF_2 时发现了明显的导电性。19 世纪 60 年代是高导电性固态电解质的转折点和固态离子学的起点，也是固态电解质用于电池研究的开端。1973 年，首次在聚氧化乙烯基固态聚合物材料中发现了离子传输现象，这也将固态离子导电材料从无机材料拓展到聚合物固态电解质。19 世纪 80 年代，钠氯化镍(ZEBRA)电池使用 β-氧化铝为固态电解质，开发了一类高温电池系统，并已在日本实现了商业化。从 2000 年开始，固态电解质主要应用在以气态或液态材料为电极的锂电池中，如锂硫电池和锂空气电池等。近几年又提出一种独特的介质离子电池概念，固态电解质可应用于高能低价的水系电化学储能系统中(图 5.31)。

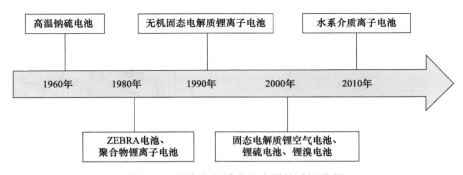

图 5.31　固态电解质电池发展的时间进程

目前被广泛研究的固态电解质主要分为无机固态电解质和有机固态电解质两大类，下面分别对这两类电解质进行介绍。

5.7.2　无机固态电解质

无机固态电解质按其晶体结构可以分为晶态电解质和非晶态(也称玻璃态)电解质两类。晶态电解质包括石榴石型、NASICON 型、钙钛矿型和 LISICON 型等；玻璃态电解质则包括氧化物和硫化物等。除晶态电解质外，现在研究前景较好的主要是硫化物玻璃态电解质。

1. 晶态电解质

石榴石通常是化学式为 $A_3^{II}B_2^{III}(SiO_4)_3$ 的硅酸盐矿物的总称，具有由[BO_6]八面体和[SiO_4]四面体构成的网络结构。通过掺杂其他元素取代 Si，可以得到很多具有石榴石结构的氧化物，其通式一般写为 $A_3B_5O_{12}$，其中 A 为碱金属或碱土金属离子，B 为过渡金属离子。2004 年 Thangadrai 等首次利用高温固相法制备出具有石榴石结构的新型锂超离子导体 $Li_5La_3M_2O_{12}$(M = Ta、Nb)。这类氧化物固态电解质在室温下具有离子电导率高、电子电导率低、化学稳定性较高、与电极材料具有较好的相容性、电压窗口宽及工作温度范围宽等优点。但其在室温下的锂离子电导率仅约为 $10^{-6}\,S\cdot cm^{-1}$，为了提高 $Li_5La_3M_2O_{12}$ 的锂离子电导率，对其中的 La 位和 M 位进行了元素掺杂和取代。其中，发现 Zr 取代 M 位得到的 $Li_7La_3Zr_2O_{12}$ 是目前最佳的石榴石结构锂离子导体材料，锂离子的电导率达到 $10^{-4}\sim10^{-3}\,S\cdot cm^{-1}$。图 5.32(a)是 $Li_7La_3Zr_2O_{12}$ 的结构示意图，从图中可以看到[ZrO_6]八面体与[LaO_8]十二面体相连形成框架结构。在框架结构中由 Li 和 Li 空位形成的四面体和扭曲八面体网络是互通的。根据 Li 在晶体结构中占据的位置不同，Li 可分为两类，其中 Li_1 和 Li_2 分别位于四面体 24d 位置和畸变八面体 96h 位置。如图 5.32(b)所示，在石榴石骨架结构中，锂离子之间的距离和迁移路径所形成的网络是无序的。研究者用实验和理论计算的方法研究了 $Li_7La_3Zr_2O_{12}$ 结构中锂离子的传输机制。Li^+ 的传输路径在立方体

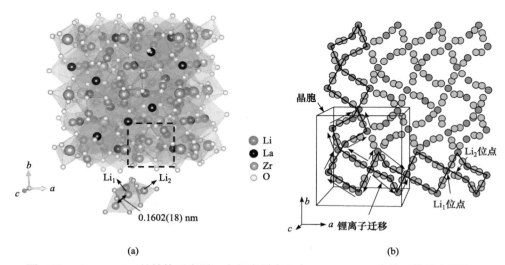

(a)　　　　　　　　　　　　(b)

图 5.32　$Li_7La_3Zr_2O_{12}$ 的结构示意图(a)和锂离子在立方 $Li_7La_3Zr_2O_{12}$ 中的三维导电网络(b)

结构中为 $24d \rightarrow 96h \rightarrow 24d \rightarrow 96h \rightarrow 24d$，其中 $24d$ 是 Li^+ 迁移路径的节点位置。这个在 $24d$ 位置的 Li^+ 迁移速率被证明是速率决定步骤。同时，锂离子传输机制与锂离子浓度也息息相关。

钙钛矿是近年来研究最广泛的材料之一。全无机钙钛矿、有机无机杂化钙钛矿、二维和一维等各种钙钛矿材料在光伏、光电、热电等诸多领域引发了新一轮的研究热潮。钙钛矿是一类陶瓷氧化物，分子通式为 ABO_3，A = La、Sr 或 Ca，B = Al 或 Ti。其中，A 离子和氧离子形成立方密堆积，B 离子则占据氧离子八面体间隙位置。如图 5.33 所示，每个晶胞中含有 1 个 A 离子、1 个 B 离子和 3 个氧离子。A 离子处于 8 个氧离子八面体通过彼此共顶点的方式连接而成的空隙位置上，每个 A 离子和 B 离子分别具有 12 个和 6 个氧离子配位数。这种晶体结构的形成条件为：①A 离子半径比较大，以便和氧离子一起形成密堆积；②B 离子半径适合八面体配位；③A 离子和 B 离子的总电荷数为氧离子的 3 倍。钙钛矿型锂离子固态电解质的电导率高，但此类导体中含有易变价的 Ti^{4+}，当与金属锂直接接触时容易发生氧化还原反应，因此不宜在电池中应用。此外，它还易与空气中的 CO_2 和 H_2O 发生化学反应。

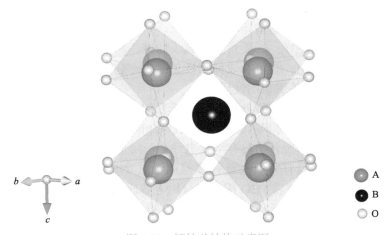

图 5.33　钙钛矿结构示意图

LISICON 即锂超离子导体，具有与 γ-Li_3PO_4 相似的晶体结构，所有阳离子都是四面体配位。目前，研究较多的固态锂离子导体材料有层状 Li_3N、骨架结构 $Li_{14}ZnGeO_4$ 和以 $LiTi_2(PO_4)_3$ 为基的固溶体等。但是，LISICON 与金属锂接触不稳定，而且在空气中容易吸收 CO_2 而生成 Li_2CO_3 和 Li_2GeO_3，降低了固态电解质材料的电导率，因此应用受限。采用不同的金属离子掺杂可以改善这方面的性能。

2. 硫化物玻璃态电解质

导电率最高的固态电解质材料是硫化物玻璃态电解质，其在室温下电导率可达 $10^{-4} \sim 10^{-3}$ S·cm^{-1}，且电化学窗口可以到 5 V 以上，在锂离子电池中应用前景较好。硫化物玻璃态电解质主要有 Li_2S-SiS_2 体系和 Li_2S-P_2S_5 体系。其中，Li_2S-SiS_2 体系的离子电导率较低，并且与 Li_2S-P_2S_5 体系材料的物理和化学性能相比有较大差距，所以目前研究较多的硫化物玻璃态电解质是 $Li_2S-P_2S_5$ 体系材料。制备硫化物玻璃态电解质的方法一般有三种：熔融法、高能球磨法和液相法。不同方法制备出来的硫化物玻璃态电解质往往显示出各自不同的优缺点，本身的物理化学性质存在差异。硫化物材料的离子电导率虽然高，但是在空气中的稳定性较差。通过掺杂、复合一定量的氧化物或硫化物(如 P_2O_5、Sb_2S_3、GeS_2、FeS、CuO、Li_2O 等)可提高固态电解质的稳定性，并取得了较为显著的效果。

在实际应用中，对无机固态电解质的选择应满足以下条件：

(1) 在室温下，锂离子电导率高，电子电导率必须很低，否则电压不稳定，容易出现漏电、自放电或产生枝晶。

(2) 结构稳定，在充放电过程中不会发生相变和反应。对于玻璃态电解质，应防止重新发生晶化。

(3) 化学稳定性好，与金属接触时不会发生氧化还原反应。

(4) 电化学稳定性好，电压窗口宽。

(5) 原材料廉价易得，制备工艺简单，无污染。

5.7.3 聚合物电解质

聚合物电解质主要由聚合物基体和锂盐组成，具有以下优势：①可与金属锂直接接触；②化学稳定性、安全性好；③质量轻、成膜性好、易加工和成本效益高；④柔软性好，可以缓解界面阻抗问题；⑤可有效抑制枝晶生长。它的性能取决于聚合物基体、锂盐(有的还有溶剂和填充剂)等组成的性质。

聚合物科学在 20 世纪 20～70 年代得到快速发展，无论是在理论还是应用上都不断取得新的突破。1973 年，英国谢菲尔德大学莱特(Wright)等首次发现，在聚环氧乙烷(PEO)中加入碱金属盐配合物后，聚合物具有了导电性能。随后，法国著名学者阿曼德等提出PEO 的碱金属配合物不但具有离子电导率(室温离子电导率为 $10^{-8}\sim10^{-7}$ $S\cdot cm^{-1}$)，而且具有良好的成膜性能，并建议将 PEO 用于聚合物电解质。这一重要发现使聚合物电解质成为一类新型的固态电解质。近年来，聚合物电解质在全固态锂离子电池中的应用受到特别关注。

聚合物锂离子电池的工作原理与液态电解质电池基本一致，主要区别是聚合物锂离子电池以具有离子导电性的聚合物电解质代替液态电解质和隔膜。聚合物电解质的高离子传输能力主要来源于一些极性基团与 Li^+ 发生的配位作用，如—O—、=O、—S—、—N—、—P—、C=O、C≡N 等，促进锂盐溶解，产生自由移动的离子。通常认为聚合物电解质中的离子传输只发生在玻璃化转变温度(T_g)以上的无定形区域，因此聚合物链段的运动能力是离子传输的关键，具体来说就是锂离子在特定位置与聚合物链上的极性基团配位，通过聚合物链局部的链段运动，产生自由体积，从而使锂离子在链内与链间实现传导。与一般液态电解质电池相比，聚合物锂离子电池在几何形状、容量、充放电性能、安全性、循环寿命和环保性能等方面展现出明显优势。采用聚合物电解质的锂离子电池可以根据不同应用场景的需求，设计各种形状和容量的电池，大大改善了电池设计的局限性，如手机和笔记本电脑需要的方形电池、微型电容器所需的小型轻量电池、超薄电池等。此外，聚合物锂离子电池在震动、撞击、机械变形等外部环境影响下，不会出现漏液污染和燃烧爆炸等事故。由于聚合物电解质中不含液体成分,因此它的反应活性远小于液态电解质,有利于聚合物电解质和电极之间的稳定性。

聚合物基体的结构、分子量、玻璃化转变温度(T_g)和结晶度等都会影响聚合物电解质的离子电导率、电化学稳定性和机械性能。通常 T_g 较低、结晶度不高的聚合物电解质有较高的离子电导率,而提高聚合物基体的 T_g 或分子量、聚合物共混可改善聚合物电解质的机械性能。对聚合物基体的选择应满足以下几点:①为了能与阳离子发生配位作用,聚合物应具有较强给电子能力的原子或原子团;②具有较高的介电常数,有利于锂盐的解离;③具有较低的键旋转能垒和高的柔顺性,以适应配位作用发生时聚合物链段构象的变化及其链段的运动;④参与配位的杂原子具有适度的间距,以促进聚合物与阳离子的相互作用,有利于锂盐在聚合物中的溶解;⑤聚合物与阳离子发生复合作用时具有较小的空间位阻。能够满足以上条件的常见聚合物基体有:聚环氧乙烷(PEO)、聚苯醚(PPO)、聚丙烯腈(PAN)、聚氯乙烯(PVC)和聚偏二氯乙烯(PVDC),这些聚合物基体广泛应用于聚合物电解质和固态电池中。

聚合物电解质的另一个重要组分是锂盐。与液态电解质中的无机和有机锂盐类似,锂盐在聚合物电解质与负极材料的界面也会发生钝化反应,而且这种现象似乎比液态电解质更严重。这主要是因为在电池充放电过程中,聚合物电解质与锂盐中不稳定的阴离子在负极表面分解,且阴离子的反应产物还可能引发聚合物链的降解。而稳定的阴离子锂盐(如 LiTFSI)会使界面间的钝化层结构和组成得到改进,提高电解质、钝化膜和电极的稳定性。

目前,人们对锂离子电池在安全性、能量密度等方面的要求越来越高。在这些方面,全固态锂离子电池与传统液态锂离子电池相比具有巨大优势。全固态聚合物电解质是全固态锂离子电池的核心材料之一,也是全固态锂离子电池研究的重要发展方向之一。全固态聚合物电解质真正成功地应用于商业锂离子电池中,应该满足以下几点要求:室温离子电导率接近 $10^{-4} \, S \cdot cm^{-1}$,锂离子迁移数接近 1,优异的机械性能,接近 5 V 的电化学窗口,良好的化学热稳定性,具有环保、简便的制备方法。

根据全固态聚合物电解质的锂离子传输机理,已开展大量改性工作,包括共混、共聚、开发单离子导体聚合物电解质、高盐型聚合物电解质、加入增塑剂、交联、发展有机/无机复合体系等。全固态聚合物电解质的综合电化学性能得到了提升,但要实现商业化,全固态聚合物电解质仍不能只通过某一种改性方法获得,需要结合多种改性手段。加深对改性机理的理解,针对不同应用场合选择适当的改性方法,开发能够真正满足市场需求的全固态聚合物电解质是今后的主要研究方向。

5.7.4　凝胶聚合物电解质

凝胶是介于固体和液体之间的一种特殊状态,既有固体的某些性质,如一定的几何外形、强度、弹性和屈服值等,又有液体的某些特性,如高的离子扩散速率等。凝胶聚合物电解质主要由聚合物基体、增塑剂与锂盐几部分组成,实际是在全固态聚合物电解质中加入一种或几种增塑剂而形成具有微孔结构的凝胶聚合物网络,兼具液态电解质和聚合物电解质的特性,如高离子电导率和高安全性等。

聚合物基体在凝胶电解质中主要起骨架支撑作用和提供一定的力学性能，其与锂离子之间存在较弱的相互作用，对离子导电的贡献小。按聚合物基体种类来分，主要有 PEO 类、聚甲基丙烯酸甲酯(PMMA)类、聚偏氟乙烯(PVDF)类、聚偏氟乙烯-六氟丙烯共聚物(PVDF-HFP)类、PAN 类及 PVC 类等。按聚合物基体结构来分，有交联和非交联两种。通常，非交联聚合物电解质的机械稳定性差，基本上难以应用于锂离子电池。交联型聚合物电解质主要有两种：化学交联和物理交联(图 5.34)。化学交联是指聚合物主链之间通过热或光聚合反应，形成共价键使彼此连接起来的空间网状结构。利用化学交联形成的凝胶是不可逆的，并具有固定的交联点数，其值不随环境条件的变化而改变。物理交联是指聚合物主链之间通过相互缠结或局部结晶形成网状结构，本质上是聚合物的微观相分离，相分离的部分不会对离子传输产生贡献。由于化学交联不产生结晶，其交联点的体积很小，几乎不改变起导电作用的体积分数，因此就提高凝胶聚合物电解质的导电性能和机械强度性质而言，化学交联的聚合物网络具有更明显的优势。当然，无论是化学交联还是物理交联，都对凝胶聚合物电解质机械强度的提高有重要作用。

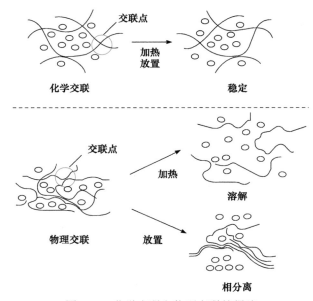

图 5.34   化学交联和物理交联的凝胶

增塑剂是指高分子材料助剂，用以增强高分子的柔韧性，制造孔道，它的加入可以增加高分子材料的非晶相，促进链段运动。另外，增塑剂可以促进离子对解离，增加载流子数量，有利于锂离子的传输。一般先将增塑剂溶于聚合物溶液中，成膜后再将其除去，留下微孔用以吸附电解质。这类增塑剂要求与聚合物混溶性好、增塑效率高、物理化学性能稳定、挥发性小且无毒、不与聚合物电池材料发生反应等。一般应选择沸点高、黏度低的低分子溶剂或能与聚合物混溶的低聚体，主要包括小分子有机物、有机溶剂和离子液体三大类。目前研究较多的是小分子有机物，包括聚乙二醇(PEG)、聚乙二醇二甲醚(PEGDME)、邻苯二甲酸二丁酯(DBP)、邻苯二甲酸二甲酯(DMP)及邻苯二甲酸二辛酯(DOP)等。

　　凝胶聚合物虽然能够提高锂离子电池的安全性且具有相对较高的离子电导率，但其性能仍有待进一步提升，具体表现为：①相对于液态电解质，离子电导率需进一步提高，以满足锂离子电池高功率密度的需求；②凝胶聚合物电解质各组分与电极的相容性及稳定性有待提高，从而改善电池的循环性能；③增塑剂的引入在很大程度上降低了电解质膜的机械强度，因此在保证电化学性能的同时，提高电解质膜的机械强度是迫切需要解决的问题；④阳离子迁移数需进一步提高，以降低高倍率条件下的极化影响。

　　针对上述问题，可以通过聚合物结构的改性、添加纳米复合材料及锂盐等手段来提高聚合物电解质的物理化学性能。

　　目前，全固态锂离子电池已推行多年，并且相比于液态有机电解质的商业锂离子电池已展现出部分重要优势，包括安全性的提高、更高能量密度和更广泛的操作温度。提高全固态锂离子电池的可靠性有望实现其大规模的实际应用，然而对于无机固态电解质全固态锂离子电池，关键的挑战依然存在，如电极的体积变化、高界面电荷转移电阻、较差的循环稳定性等。虽然聚合物电解质克服了无机固态电解质的这些局限性，它们有良好的灵活性并且能与电极紧密接触，但是电化学稳定窗口小、离子电导率(室温)差，阻碍了全固态聚合物锂离子电池的发展。总的来说，目前发展固态锂离子电池的关键主要包括制备高室温电导率和电化学稳定性的固态电解质，以及适用于全固态锂离子电池的高能量密度电极材料、改善电极-固态电解质界面相容性。

5.7.5　全固态锂离子电池的电极材料

　　正极材料：全固态锂离子电池的正极材料与传统锂离子电池所用的电极材料类似，包括常见的 $LiCoO_2$、$LiNiO_2$、$LiNi_{0.5}Mn_{1.5}O_2$、$LiNi_{0.8}Co_{0.15}Al_{0.05}O_2$、$LiNi_{0.5}Co_{0.2}Mn_{0.3}O_2$、$LiNi_{1/3}Co_{1/3}Mn_{1/3}O_2$ 等。除了这些之外，一些硫化物也可以作为全固态锂离子的正极材料，如 Li_2S、Li_2S-C、FeS、FeS_2、Li_2S 等。

　　负极材料：几乎所有传统锂离子电池的负极材料(碳基材料、过渡金属氧化物、氮化物和金属合金)同样适用于全固态锂离子电池中，全固态电池目前研究较多的负极材料是一些金属材料和金属合金。

5.8　隔 膜 材 料

　　随着锂离子电池应用场景的拓展，隔膜材料的需求量将进一步增加。目前，世界上掌握锂离子电池聚合物隔膜生产技术并能规模化生产的只有日本、美国等少数几个国家。我国在锂离子电池用隔膜的研究与开发方面尚未成熟，国内 80%以上的隔膜市场被美、日等国家垄断，隔膜的平均售价为 8～15 元·m^{-2}，约占整个电池成本的 1/4，从而导致锂离子电池价格居高不下。国产隔膜主要应用在中、低端锂离子电池中。实现隔膜的国产化，生产优质的国产隔膜，有望降低隔膜乃至整个锂离子电池的市场价格。目前大多数电池用隔膜是作为现有薄膜生产技术的拓展产品而开发的，而不是专门为电池体系开发研究的，因此隔膜并不是完全适用于多场景需求的锂离子电池。在此背景下，能够以相对低的成本生产适用于锂离子电池的专属隔膜,对锂离子电池的发展具有重要意义。

　　电池隔膜是指锂离子电池正极与负极之间的聚合物隔膜(图 5.35),是锂离子电池的关键部分之一。它的主要作用是隔离正、负极并能让电解质中的离子自由通过,隔断电池内部的电子传输。隔膜的性能决定了锂离子电池的界面结构和内阻,直接影响电池的容量、循环及安全性能等。优化隔膜的性能对于提高锂离子电池的综合性能具有重要作用。针对不同的应用场景,锂离子电池采用的隔膜也不同。对于有机体系的锂离子电池,其隔膜要求具备以下性能:

　　(1) 化学稳定性好,不易被有机溶剂腐蚀。

　　(2) 机械强度大,使用寿命长。

　　(3) 易被电解质浸润,溶胀率小。

　　(4) 电子绝缘性好。

图 5.35　电池用隔膜材料

5.8.1　锂离子电池隔膜的制备方法

　　目前,市场上的隔膜材料主要是以聚乙烯(PE)和聚丙烯(PP)为主的聚烯烃类隔膜,分为单层 PP、单层 PE、PP+陶瓷涂覆、PE+陶瓷涂覆、双层 PP/PE、双层 PP/PP 和三层 PP/PE/PP等。其中,单层 PP 和单层 PE 主要应用于电子产品小电池领域,其他几类产品主要用于动力电池领域。根据隔膜微孔的成孔机理不同,锂离子电池隔膜的制备工艺可分为干法和湿法。

　　1. 干法工艺

　　干法是将聚烯烃树脂熔融、挤压、吹膜制成结晶性聚合物薄膜,然后经过结晶化处理、退火,得到高度取向的多层结构。在高温下进一步拉伸,将结晶界面进行剥离,形成多孔结构,增加薄膜的孔径。干法拉伸按照方向的不同又可分为单向拉伸和双向拉伸。

干法单向拉伸工艺是利用硬弹性纤维的制造原理，先制备出低结晶度的高取向 PE 或 PP 隔膜，再高温退火获得高结晶度的取向薄膜。这种薄膜需先在低温下进行拉伸形成银纹等缺陷，然后在高温下拉开缺陷，进而获得孔径均一、单轴取向的微孔薄膜。目前，美国 Celgard 公司、日本宇部公司均采用此种工艺生产单层 PE、PP 及 3 层 PP/PE/PP 复合膜。受限于国外专利保护，国内采用单向拉伸工艺制备隔膜的工业化进展缓慢。

干法双向拉伸工艺是中国科学院化学研究所在 20 世纪 90 年代初开发的具有自主知识产权的工艺。由于 PP 的 β 晶形为六方晶系，单晶成核的方式导致晶片排列疏松，不具有完整的球晶结构，拥有沿径向生长成发散式束状的片晶结构，在热和应力作用下会转变为更加致密和稳定的 α 晶，吸收大量冲击能后在材料内部产生孔洞。该工艺主要是将 β 晶形改性剂加入 PP 中进行成核，利用不同相态间密度的差异，在拉伸过程中发生晶形转变而形成微孔。与单向拉伸相比，双向拉伸在横向的强度有所提高，而且可以通过改变横向和纵向的拉伸比调节隔膜的强度，从而适应不同的强度需求。同时，双向拉伸所得微孔的孔径也更加均匀，透气性更好。

干法工艺较简单，无污染，是制备锂离子电池隔膜的常用方法。但该工艺存在孔径及孔隙率较难控制，拉伸比较小，只有 1～3，低温拉伸时容易导致隔膜穿孔，产品不能做得很薄等缺点。

2. 湿法工艺

湿法又称相分离法或热致相分离法，通过加热熔融液态烃或一些小分子物质与聚烯烃树脂，形成均匀的混合物，然后降温进行相分离，压制得膜片，再将膜片加热至接近熔点温度，进行双向拉伸使分子链取向一致，保温一定时间，最后用易挥发溶剂(如二氯甲烷和三氯乙烯)将增塑剂从薄膜中萃取出来，进而制备出相互贯通的微孔膜材料。采用该法的公司有日本旭化成、东燃、日东及美国的 Entek 等。用湿法双向拉伸生产的隔膜孔径范围处于相微观界面的尺寸数量级，小而均匀，双向的拉伸比均可达到 5～7，因而隔膜性能呈现各向同性。湿法工艺的横向拉伸强度高，穿刺强度大，可以做出更薄的隔膜，使电池能量密度更高。

湿法工艺的主要缺点有：需要大量溶剂，易造成环境污染；与干法工艺相比，设备复杂、投资较大、周期长、成本高、能耗大、生产难度大、生产效率较低等。表 5.4 对比了典型的湿法和干法微孔薄膜的制造工艺。

表 5.4 典型微孔薄膜的制造工艺比较

过程	机理	原料	特点	薄膜类型	生产商
干法拉伸	牵引	聚合物	单一	PP、PE	Celgard、宇部
		聚合物	各向异性	PP/PE/PP	
湿法拉伸	相分离	聚合物+溶剂	各向同性	PE	旭化成、东燃
		聚合物+溶剂+填充剂	大孔径、高孔隙率	PE	旭化成

5.8.2 锂离子电池隔膜的研究现状

1. 多层隔膜

出于电池安全考虑,锂离子电池隔膜通常要求具有较低的闭孔温度和较高的熔断温度。以 PP 为主要原料的干法工艺制备的隔膜通常闭孔温度较高,熔断温度也很高,而以 PE 为主要原料的湿法工艺制备的 PE 隔膜闭孔温度较低,熔断温度也较低。因此,结合 PE 和 PP 两者的特点,多层隔膜的研究受到广泛关注。美国 Celgard 公司生产的 PP/PE 双层和 PP/PE/PP 三层隔膜具有更好的力学性能,PE 夹在两层 PP 之间可以起到熔断保险丝的作用,为电池提供了更好的安全保护。日本日东公司采用干法拉伸,从 PP/PE 双层隔膜中提取了单层隔膜,使其具有 PP 和 PE 的微孔结构,在 PE 熔点附近阻抗增加,在 PP 熔点以下仍具有很高的阻抗。美国埃克森美孚公司采用独特的双向拉伸生产工艺,以高耐热性聚合物为基础制成了多层隔膜,在 105 ℃下的热收缩率为 1%~3.5%,孔隙率在 50%左右,破膜温度达到 180~190 ℃,同时还保持了较好的闭孔温度和力学性能。荷兰 DSM Solutech 公司采用双轴拉伸法,以超高分子量 PE 为原料生产的商品名为 Solupur 的隔膜具有良好的电化学稳定性,面密度为 7~16 $g \cdot m^{-2}$,孔径为 1~2 μm,孔隙率为 80%~90%。它还具有低曲率、高强度和较好的润湿性。

2. 隔膜表面改性

由于 PE 和 PP 隔膜对液态电解质的亲和性较差,需要对其进行改性,如在 PE、PP 微孔膜的表面接枝亲水性单体或改变电解质中的有机溶剂等。在 Celgard 2400 单层 PP 膜表面涂覆掺有纳米二氧化硅的聚氧乙烯,可以改善隔膜的润湿性,提高隔膜的循环稳定性。也可以在 Celgard 2505 单层 PP 膜的表面接枝二甲基丙烯酸、二乙二醇酯和极性丙烯酸单体,并研究了不同接枝单体和接枝率对锂离子电池性能的影响。当以单层 PE 接枝甲基丙烯酸缩水甘油酯(GMA)的隔膜用于锂离子电池时,电池的循环性能得到较大幅度的提高,这是因为隔膜接枝后,吸液率和保液能力得到提高。对强度较高的三层复合微孔膜进行表面处理,在表面形成一层改性膜,改性膜材料与聚合物正极材料兼容并复合成一体,使该膜不仅具有较高的强度,而且降低了隔膜的厚度,减小了锂离子电池的体积,有利于提高电池的能量密度。

3. 新型锂离子电池隔膜

聚合物锂离子电池是近年来研究的热点,由于采用固态(胶体)电解质代替液态电解质,聚合物锂离子电池不会发生漏液与燃烧爆炸等安全问题。其使用的聚合物电解质具有电解质和隔膜的双重作用,一般以聚偏氟乙烯-六氟丙烯(PVDF-HFP)为原料或对其进行改性,美国 Bellcore 公司用 PVDF-HFP 制成的隔膜有较高的孔隙率,室温下吸收碳酸丙二醇酯量可达自重的 118%,具有很好的润湿性。在倒相法制备多孔膜的基础上,采用溶液涂覆直接制备了 PVDF-HFP 多孔隔膜,孔径约为 2 μm,厚度为 50 μm,孔隙率为 60%,具有较好的力学性能。采用溶液浇注和电解质吸收的方法制备的(PVDF-HFP)/纳米 Al_2O_3 聚合物凝胶电解质隔膜具有较高的电解质吸收率和良好的力学性能。电化学阻抗谱的分析结果表明，和纳米 Al_2O_3 共混得到的隔膜与镍电极之间界面电阻较低，将此电解质隔膜用于半电池，表现出优良的充放电性能。

近年来，纳米纤维膜的制备技术受到广泛关注，其中静电纺丝是最重要的方法之一，但在单喷头静电纺丝的局限性、纳米丝之间黏结和薄膜力学性能低等关键技术方面仍有待突破。经过多年的努力，静电纺丝制备的纳米纤维在锂离子电池隔膜上应用取得了重要进展。采用多点多喷头静电纺丝设备开发出具有生产价值的制备技术，实现了纳米纤维膜孔隙率的控制技术。同时，将纳米纤维隔膜装配的锂离子电池与用进口 PE、PP 隔膜装配的电池相比，其循环性能得到提高，热稳定性得到了明显改善，在 14C 放电条件下，纳米纤维隔膜电池的能量保持率为 75%～80%，而进口 PE/PP 隔膜电池的能量保持率仅为 15%～20%。

在新型锂离子电池隔膜的研究中，德国德固赛公司结合有机物的柔性和无机物良好的热稳定性的特点，生产的商品名为 Separion 的隔膜占据了一定的先机。Separion 隔膜的制备方法是在纤维素无纺布上复合 Al_2O_3 或其他无机物，其熔融温度可达到 230 ℃，在 200 ℃下不会发生热收缩，具有较高的热稳定性，且在锂离子电池充放电过程中，即使有机物底膜发生熔化，无机涂层仍然能够保持隔膜的完整性，防止正、负极出现大面积短路现象，提高了电池的安全性。但由于采用纤维素无纺布，隔膜表面具有压实的 Al_2O_3，其孔隙率较低，因而在电池性能方面仍有待改进。

5.8.3　锂离子电池隔膜的发展趋势

隔膜是锂离子电池中关键组件之一，能够影响锂离子电池的容量、循环性能和充放电电流密度等关键性能。性能优异的隔膜需要在高效隔离正、负极防止短路的同时保证锂离子的快速传导，在过充电或温度过高时具有高温自闭性能以阻断电流、防止爆炸，还要具有强度高、防火、耐性好、无毒等特点。

一般来说，隔膜的主要功能包括：安全性和稳定性较高，给电池提供安全保障；具有良好的绝缘性，以防止正、负极接触短路或被毛刺、颗粒、枝晶穿刺而出现的短路。因此，隔膜需要具有一定的拉伸、穿刺强度，不易撕裂，并且在突发高温条件下基本保持尺寸的稳定，不会熔缩导致电池的大面积短路和热失控；给锂离子电池提供实现充放电功能、倍率性能的微孔通道。因此，隔膜必须具有较高的孔隙率，并且其孔隙特征制约电池中锂离子的迁移，与锂离子的导电性密切相关。

对于新能源汽车的动力电池，由于整车对电池的安全性和能量密度要求较高，因此动力电池隔膜一般需要满足以下几点要求：①更高的安全性，包括受热稳定性、电化学稳定性、抗穿刺抗短路性能；②更好的一致性，包括厚度、孔径和孔径分布；③理想的孔隙率和孔隙结构；④更强的吸液能力和较小的电阻；⑤更高的能量密度，要求更大的电化学稳定窗口，即耐高压(0～5 V)特性。

5.9　锂离子电池的结构及生产

圆柱形、方形和聚合物锂离子电池现在已经投入大规模生产。卷绕式结构(圆柱形或方形)一般用在小型电池(< 4 A · h)中。而在大型电池设计中，具有平板或叠层式结构的方形电池结构适用于商业化。对于聚合物锂离子电池，两种单体电池结构形式都适用，包括平面卷芯卷绕式方形设计和平板叠层式方形设计。

5.9.1　卷绕式结构

卷绕式圆柱形锂离子电池的结构如图 5.36(a)所示。卷绕式方形电池与圆柱形电池类似，区别就是利用平面卷芯替代圆柱形卷芯。图 5.36(b)是卷绕式方形电池的结构示意图，该电池由 16~25 μm 厚的微孔隔膜将正、负极分开，正极是 10~20 μm 厚的铝箔并涂有活性物质，总厚度为 100~250 μm。负极一般采用 8~15 μm 厚的铜箔，涂覆碳类活性物质至总厚度 100~250 μm。在功率型电池中，电极涂覆层是多孔的，在其金属箔的两面，每面涂层厚度一般为 50 μm。对于能量型电池(体积比能量与质量比能量是最高的)，其电极涂覆层一般是高致密的，同时需要注意涂覆层的厚度，因为涂覆层过厚，所以在卷绕时容易开裂，并容易从集流体上剥落，一般能量型电池金属箔上的每面涂层厚度约为 125 μm。对于既要求功率又要求能量的中间型应用，则要求电极厚度处于前两者之间。在能量型电池中，每个卷芯只有一个极耳将集流体与相应端子相连，但是在功率型电池中则有多个极耳设置在集流体上，这是一个基本特征。壳体一般由镀镍钢材料制成，它通常作为负极端子。在有些设计中，将壳体作为正极端子，此时一般采用铝制壳体。大多数商品电池都采用一个装有可断开电连结构的盖子，其上包含一种或多种断开装置，它们是靠压力或温度来操作的，如装有热敏电阻(PTC)器件或安全阀。

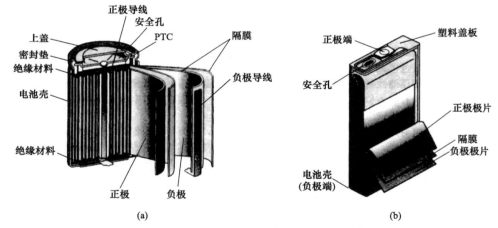

图 5.36　卷绕式圆柱形电池(a)和方形电池(b)的结构示意图

5.9.2　叠层式结构

图 5.37 是叠层式方形电池的结构示意图。与卷绕式电池一样，微孔隔膜将正、负极分开，每个极片上都有一个极耳，这些极耳被捆绑在一起，再焊接到相应的极柱或电池壳体上。电池壳体采用铝、镀镍钢或 340L 不锈钢制成。电池盖子上含有一个或两个极柱、一个注液孔和一个安全膜。壳、盖之间的密封采用氩弧焊或激光焊形成。叠层式结构旨

在通过降低电池内阻来提高电池大电流放电能力，但由于制造工艺和应用条件限制，本身难以制成很大且薄的电池。在锂离子动力电池中，由于单层容量小，叠层层数往往达到 50 层以上，过多的叠层数量会影响单体电池内单层电芯并联的一致性，也使得成品电池的充放电效率不一致，降低了成品电池配对的综合性能。

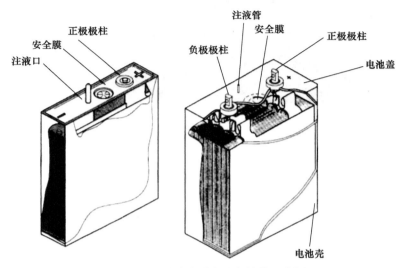

图 5.37　叠层式方形电池的结构示意图

5.9.3　电池模组

　　锂离子电池模组是由几颗到数百颗电芯经由并联和/或串联所组成的多个模组，除了结构设计部分外，再加上电池管理系统和热管理系统就可组成一个较完整的锂离子电池包系统(图 5.38)。电池模组是由锂离子电芯经串/并联方式组合，加装单体电池监控与管理装置后形成的电芯与电芯组装成组(PACK)的中间产品。一般来说，无论是软包、方形、圆柱形还是 18650 型电池，模组的自动化组装工艺流程都是从电芯上料开始。来料可以是原供应商提供的包装，也可以是厂家经过检测后统一整理好的专用托盘。上料过程可以是人工操作，也可以通过传送带自动上料，然后通过机器人经由抓手抓取。上料的同时还会进行电芯的读码(采集单个电芯的身份数据信息)、电芯极性检测(有无放反方向)、电芯分选及配组，剔除不良产品。来料经过初检和分选之后，根据模组和工艺要求的不同，分别进行激光清洁→涂胶→电芯堆叠→电池盒组装→极耳裁切整形→模组壳激光焊接→模组激光打码→打螺丝→模组检测→连接片激光焊接→电池管理系统(BMS)连接→模组终检测→模组下料等。

　　目前，由于市场上各汽车厂商的要求不同，几乎没有一家的模组和生产工艺是相同的，这也对自动化生产线提出了更多要求。好的自动化生产线除了满足以上硬件配置和工艺要求外，还需要重点关注兼容性和"整线节拍"。由于模组的不固定，因此来料的电芯、壳体、PCB 板、连接片等都可能发生变化，产线的兼容性也就显得尤其重要。对于当前的动力电池行业来说，模组的自动化程度要求都比较高，又因其工艺的复杂程度、工作环境的要求等，应用机器人和专用设备的优势明显。

图 5.38　电池模组示意图

5.9.4　锂离子电池电芯组装成组

锂离子电池电芯组装成组的过程称为 PACK，可以是单只电池，也可以是串/并联的电池模组等。PACK 是包装、封装、装配的意思，其工序分为加工、组装、包装三大部分。PACK 生产线一般只需要承担两个功能：传送和检测。目前，各厂家普遍应用半自动的 PACK 组装生产线，主要用于 PACK 的上线、下线、检测、厂内传输和包装。

PACK 成组工艺是动力电池包生产的关键步骤，其重要性也随着电动汽车市场的不断扩大而显得越来越明显。动力电池 PACK 组成如图 5.39 所示。

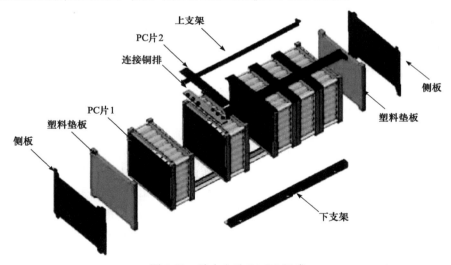

图 5.39　动力电池 PACK 组成

PACK 具有以下特点：

(1) 电池组 PACK 要求电池具有高度的一致性(容量、内阻、电压、放电曲线、寿命)。

(2) 电池组 PACK 的循环寿命低于单只电池的循环寿命。

(3) 在限定条件下使用(包括充电、放电电流，充电方式，温度等)。

(4) 锂离子电池组 PACK 成型后电池电压及容量有很大提高，必须加以保护，对其进行充电均衡、温度、电压及过流监测。

(5) 电池组 PACK 必须达到设计需要的电压、容量要求。

PACK 的组装方法如下。

(1) 串并组成：电池由单体电池通过并/串联而成。并联增加容量，电压不变，串联后电压倍增，容量不变，如 3.6 V/10 A·h 电池由单只 N18650/2 A·h 通过 5 并组成。串并组成的方式主要有两种：①先并后串，并联工艺较严格，并联过程中内阻的差异、散热不均等都会影响并联后电池循环寿命，并联中某个单体电池短路时，并联电路电流急速增大，通过加热熔断技术进行保护，不影响并联后使用；②先串后并，根据整组电池容量先进行串联，如整组容量 1/3，最后进行并联，以降低大容量电池组故障概率。

(2) 电芯要求：根据设计要求选取对应电芯，并联及串联的电池要求种类一致、型号一致，容量、内阻、电压值差异不大于 2%。一般情况下，电池通过并/串联组合后，容量损失 2%～5%，电池数量越多，容量损失越多。

除此之外，电池管理系统(BMS)的主要功能是通过检测电池组中各单体电池的状态来确定整个电池系统的状态，并根据它们的状态对动力电池系统进行相应的控制调整和策略实施，实现对动力电池系统及各单体的充放电管理，以保证动力电池系统安全稳定地运行。

BMS 在多电芯锂离子电池组内发挥重要作用(图 5.40)。它随时监控各电芯及整体电池组的荷电状态，一旦有异常情况，如过充电、过放电发生，就会做出一些保护措施，避免电池或使用者发生意外，以确保安全。通常 BMS 提供了四种主要的功能：①保护电池避免损坏，进而延长电池使用寿命；②避免在异常条件下继续使用电池，确保使用安全；③可调整电池的特性以适用于不同应用场合；④可以与主控端沟通反馈电池状态。

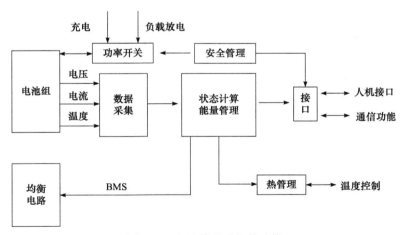

图 5.40　电池管理系统的功能

5.10　锂离子电池的研究现状及展望

锂离子电池由于其独特的嵌入/脱出反应机理，与传统二次电池相比具有能量密度高、无记忆效应、工作电压高及安全、长寿命等特点。自商业化以来，锂离子电池已经走过 30 多个年头，并快速遍布于工业、农业、军事和航空航天等重要领域，成为一种不可替代的能源产品，将来有望在新能源车和储能市场等领域发挥重要作用。得益于全球智能手机、平板电脑和移动电源等产品用户的提升，便携式小型电源占据主导地位，如圆柱形、方形和软包等小型电池。随着 5G 时代的到来，轻型化、小型化和高能量密度能源产品需求量将越来越大，而且随着全球对环境污染问题的日益重视，新能源电动车得到越来越多人的认可，动力电池在新能源汽车领域的应用将越来越多，还有锂离子电池在储能市场的进一步开发，因此未来几年锂离子电池的增长率将有大幅提高。

本章主要介绍了常用的锂离子电池正极材料、负极材料和电解质的结构与性质。但是，在实际应用中，锂离子电池还存在能量密度低、倍率性能不够及一致性较差的问题。未来锂离子电池将朝着进一步提升能量密度和安全性的方向发展，包括对金属锂或硅等高容量负极材料、高容量富锂锰基正极、聚合物固态电解质和锂硫电池、锂空气电池等进一步开发。

思　考　题

1. 简述锂离子电池的工作原理。
2. 总结几类常见的锂离子电池正极材料的基本性质、反应机理和各自的优缺点。
3. 阐明 Mn^{3+} 的姜-泰勒效应。
4. 解释富锂材料首周电压衰减的原因。
5. 解释聚阴离子型材料的诱导效应。
6. 概括锂离子电池负极材料的反应类型和各自的特点。
7. 解释石墨负极的储锂机制。
8. 阐明 SEI 膜的定义及形成的原因。
9. 概述 $Li_4Ti_5O_{12}$ 的零应变性。
10. 概括锂离子电池电解质的种类及各自的特点。

第6章 锂硫电池和锂空气电池

6.1 概 述

锂离子电池已经成功实现了商业化,广泛应用于手机、数码相机和笔记本电脑等电子产品,以及电动汽车等领域。然而,传统锂离子电池的工作过程主要基于锂离子嵌入/脱出机理,这一机理限制了电池理论容量的发展,并且在经过多年的发展后,逐渐接近理论容量极限,但仍难以满足人们日益增长的能源需求。在电池发展的过程中,科研人员倾向于探索设计新型大容量的储能器件,并开发出多种具有发展潜力的电池体系。如图6.1所示,在众多储能体系中,锂硫电池和锂空气电池均被预测具有可观的工作容量,有望代替锂离子电池成为大型电子设备(如电动汽车等)的驱动能源,因而受到广泛关注。不同于锂离子电池的嵌入/脱出机理,这两类电池在工作时,负极为金属锂的溶出/沉积过程,正极为轻质的硫单质或氧气参与的放电产物形成/分解过程,具有相当高的理论能量密度。不过,在组成结构和反应机理方面,锂硫电池和锂空气电池体系仍然存在一些尚未解决的问题,使其目前还无法取代已商业化的锂离子电池,仍需不断探索与优化。本章主要介绍锂硫电池和锂空气电池的反应原理,以及面临的主要问题和挑战。

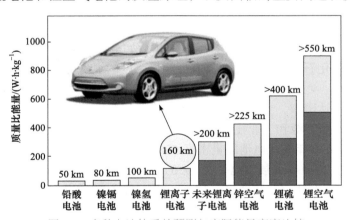

图6.1 多种电池体系的预测与实际能量密度比较

6.2 锂 硫 电 池

锂硫电池的正、负极分别是轻质的单质硫、金属锂,并通过S—S键的断裂与生成实现电能与化学能之间的转化,其理论容量远高于传统锂离子电池(图 6.2),受到了研究人员的广泛关注。同时,单质硫具有自然资源丰富、价格低的优势,有利于降低电池成本和可持续发展。锂硫电池整体为密闭体系，在一定程度上可以保证装置的安全性和稳定性。总之，锂硫电池因其高的工作容量和低的制造成本成为近年来的研究热点，值得科研人员进行深入的探索与优化。

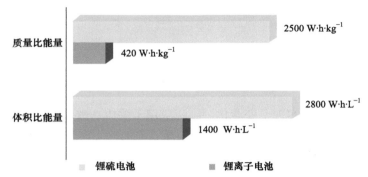

图 6.2　锂硫电池与锂离子电池(负极：石墨；正极：$LiNi_{1/3}Mn_{1/3}Co_{1/3}O_2$)的理论能量密度比较

锂硫电池的发明可追溯到 20 世纪 60 年代。1962 年，Herbert 和 Ulam 等采用金属锂或含锂的合金为负极材料、硫单质为正极材料、饱和脂肪胺为电解质，为最初的锂硫电池注册了发明专利。此后，人们采用有机溶剂如碳酸丙烯酯(PC)、二甲基亚砜(DMSO)和二甲基甲酰胺(DMF)等作为电解质，得到了输出电压为 2.35～2.5 V 的电池。直到 20 世纪 80 年代末，人们采用醚类溶剂特别是 1,3-二氧环戊烷(DOL)作为电解质，得到了可充电的二次锂硫电池。但当时锂硫电池存在的诸多问题限制了其商业化发展，如硫和硫化物(如硫化锂等)的导电性差，放电中间产物多硫化物存在穿梭效应，锂负极的沉积和溶出存在很大程度的不可逆性。因此，20 世纪 90 年代电池领域的研究重心集中在更加稳定的钠硫电池和锂离子电池。近年来，能源和环境危机使人们对于高能量密度储能设备的需求达到了前所未有的高度。人们希望在某些领域(如电动汽车等)能够利用先进的储能设备完全取代传统的化石能源。因此，具有高能量密度的锂硫电池重新走进了研究人员的视野。

目前大多数发达国家，包括美国、日本、俄罗斯和欧盟国家都在大力支持锂硫电池技术的发展。日本新能源和工业技术发展组织(NEDO)计划每年投资 300 亿日元(约合 20 亿元人民币)，到 2030 年实现电池能量密度 500 $W \cdot h \cdot kg^{-1}$ 的突破，以锂硫电池作为重点研究对象。欧盟于 2014 年开展"地平线 2020"科研计划，计划在锂硫电池的研究上投资 760 万欧元，应用于电动汽车领域。此外，美国能源部(DOE)也在近些年投入了大量的人力物力，用于锂硫电池的商业化研究。欧洲空中客车防御与太空(Airbus Defense and Space)公司和美国 Sion Power 公司合作推出了 Zephyr 无人飞行器(图 6.3)，其在白天采用太阳能电池供电，在夜间使用锂硫电池(350 $W \cdot h \cdot kg^{-1}$)提供电力，创造了持续飞行 14 天的纪录。中国人民解放军军事科学院防化研究院研发出能量密度为 330 $W \cdot h \cdot kg^{-1}$ 的锂硫电池，在 0.2C 倍率下循环 100 圈后容量保持率为 60%。中国科学院大连化学物理研究所研究的一次锂硫电池能量密度达到 900 $W \cdot h \cdot kg^{-1}$(1000 $W \cdot h \cdot L^{-1}$)，超出了目前绝大多数一次电池的能量密度。与镍镉电池相比，锂硫电池展现出相当大的功率密度，同时不会产生记忆效应，因此在高能量密度和高功率密度设备中应用前景巨大。

图 6.3　采用锂硫电池作为夜间动力来源的 Zephyr 无人飞行器概念图

目前，锂硫电池的技术优势主要有：①赋予便携式电子设备轻便性、充电后使用时间长的优点；②满足低电压消费电子产品的要求；③易设计成柔性和可穿戴设备；④适用于电动汽车和无人机；⑤可使用与锂离子电池类似的生产线。尽管如此，锂硫电池仍需要在关键材料和技术上进一步突破才能实现产业化。

6.2.1　工作原理

1. 充放电过程

锂硫电池采用单质硫或硫化物作为正极材料，金属锂或含锂的化合物作为负极材料，通过 S—S 键的断裂和生成实现化学能和电能的相互转化。锂离子通过含锂盐的电解质在正、负极之间迁移，实现电池内部的离子传导。电化学过程的本质是金属锂与单质硫之间的氧化还原反应(图 6.4)，总反应式为

$$2Li + S \underset{充电}{\overset{放电}{\rightleftharpoons}} Li_2S \qquad \Delta G_m = -425\,kJ \cdot mol^{-1} \qquad (6.1)$$

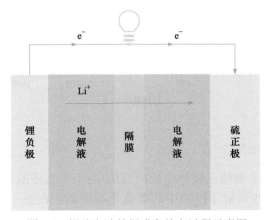

图 6.4　锂硫电池的组成和放电过程示意图

放电时，锂负极上锂失去电子被氧化，生成锂离子扩散到电解质中，而电子通过电池的外电路传导至硫正极；单质硫在正极侧得电子被还原，与电解质中的锂离子结合，

经过一系列反应过程，最终生成放电产物硫化锂(Li_2S)。充电时，电池的正、负极则进行相反的过程，分别为 Li_2S 的电化学分解和金属锂的沉积。电池反应如下。

放电反应：

负极：
$$Li \longrightarrow Li^+ + e^- \tag{6.2}$$

正极：
$$S_8 + 16Li^+ + 16e^- \longrightarrow 8Li_2S \tag{6.3}$$

充电反应：

负极：
$$Li^+ + e^- \longrightarrow Li \tag{6.4}$$

正极：
$$8Li_2S \longrightarrow S_8 + 16Li^+ + 16e^- \tag{6.5}$$

锂硫电池在充放电过程中经历的电化学反应较为复杂。在实际的充放电过程中，放电产物经历一系列中间体，最终转化为 Li_2S。基于醚类电解质的锂硫电池通常表现出两个放电平台，充放电曲线如图 6.5 所示。在放电过程中，硫单质首先转变成可溶于电解质的长链多硫化物($S_8 \rightarrow Li_2S_8 \rightarrow Li_2S_6 \rightarrow Li_2S_4$)，对应放电的第一个平台(2.4~2.1 V)，增加了正极活性物质的利用效率，此过程可贡献 418 mA·h·g^{-1} 的理论放电比容量。随着进一步放电，长链的产物(Li_2S_4)转变成难溶于电解质的短链硫化物($Li_2S_4 \rightarrow Li_2S_2 \rightarrow Li_2S$)，沉积回电池正极，作为固体的放电产物(1255 mA·h·g^{-1})，对应放电曲线的第二个平台(2.1~1.8 V)。充电过程则与之相反，不过中间产物的种类有所不同。锂硫电池的反应机理不同于常见的电池体系，且正极的充放电中间产物易溶于电解质，带来了许多极具挑战的难题。

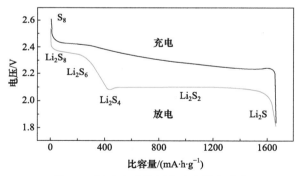

图 6.5　锂硫电池的恒电流充放电曲线

2. 穿梭效应与自放电机理

充放电过程中，锂硫电池正极侧生成的反应中间产物(多硫化物，Li_2S_n，$4 \leqslant n \leqslant 8$)易溶于醚类电解质，这些溶解于溶剂中的多硫化物阴离子在正、负极之间自由移动，即穿梭效应，如图 6.6 所示。高价态的多硫化物在正极生成后溶解于液态电解质中，进而扩散至锂负极，被还原成低价态的多硫化物。然后，电解质中低价态的反应产物迁移回正极，再次形成高价态的多硫化物。这种往复行为会大幅度消耗正极的活性物质，同时使电池保持无限充电的状态，降低充电效率，成为锂硫电池发展的阻碍。

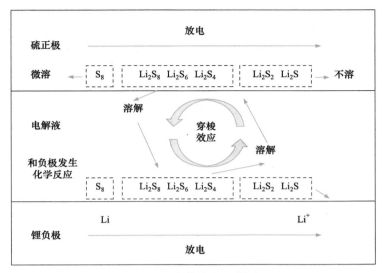

图 6.6　穿梭效应示意图

　　另外，锂硫电池的自放电过程同样是限制电池发展的因素之一。锂硫电池的自放电过程和穿梭效应息息相关。在电池静置过程中，正极的活性物质缓慢溶解于电解质中，迁移至负极，与锂金属发生化学反应，在负极表面产生多硫化物中间体。这一过程导致正极的活性物质硫单质和负极的金属锂减少，使放电容量降低。

　　总之，随着科研人员多年来的深入研究，锂硫电池复杂的内部反应过程逐渐明确，然而其进一步的发展仍面临诸多问题。具体可以总结为以下几点：①在正极方面，单质硫和放电产物 Li_2S 的导电性很差，导致大的充放电极化；②放电时，反应的中间产物长链多硫化物易溶于电解质中，持续消耗正极和负极的活性物质；③正极硫单质转变为 Li_2S 后，产生较大的体积变化，造成电极结构的破坏；④在负极方面，锂枝晶的生长和不均匀的 SEI 膜会不断消耗金属锂和电解质，降低电池的库仑效率和循环稳定性；⑤放电过程中，正极生成的多硫化物溶于电解质中，通过穿梭效应与负极接触，引起电池的自放电，降低能量效率。为解决锂硫电池中存在的问题，研究人员主要从正极、隔膜、电解质和负极等方面入手，并取得了重要进展。

6.2.2　正极

1. 硫单质

　　硫在地壳中储量丰富，元素丰度约为 0.048%，在自然界中有游离态和化合态两种形态，其中游离态的单质硫主要分布在火山周围，以化合态形式存在的硫化物多为矿物。单质硫通常由 $S_2 \sim S_{20}$ 等或硫链不同的环状分子结构的硫组成，常温下主要以环状 S_8 分子形式存在。环状分子在空间以不同的方式进行排列，可以形成无定形的硫单质或硫晶体，其中晶体通常为斜方硫和单斜硫。斜方硫又称为菱形硫或 α-硫，是在室温条件下唯一稳定的硫的存在形式(图 6.7)，当加热到 95.5 ℃时转变为单斜硫。

图 6.7 常温下的硫单质粉末(a)和晶体(b)

采用轻质、廉价的单质硫作为锂硫电池正极材料，可以带来更高的能量密度和更低的成本。然而，单质硫是绝缘体，作为正极时，极差的导电性、充放电过程中的体积变化和可溶于电解质的中间产物等因素均会降低锂硫电池的电化学性能。1962 年，锂硫电池首次被报道，但之后的几十年一直表现为较低的充放电容量和过快的衰减速度。直到 2009 年，Nazar 等利用高度有序的介孔碳(CMK-3)约束容纳单质硫(图 6.8)，获得了具备高容量和长循环性能的锂硫电池，引发了新的研究热潮。此后，研究人员采用具有良好的导电性和具备特殊结构的导电基底与单质硫进行复合，从而得到具有良好导电性和循环稳定性的单质硫正极材料。其中，用于进行复合的材料一般具备以下特征：①良好的导电性，从而提升正极的电化学性能；②活性物质单质硫可以在基底材料上面均匀分散，从而保证单质硫较高的利用率；③对硫及多硫化物的溶解具有抑制作用，从而抑制穿梭效应和自放电现象。

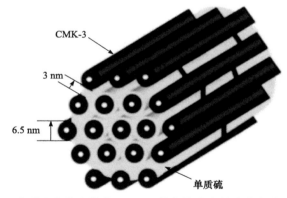

图 6.8 高度有序的介孔碳(CMK-3)约束单质硫(浅灰色部分)示意图

近年来，研究人员采用具有多种结构的碳材料(如活性炭、介孔碳、碳纤维、石墨烯等)、导电聚合物(如聚吡咯、聚噻吩、聚苯胺等)，以及金属氧化物、硫化物、碳化物(如 TiO_2、MnO_2、CoS_2、Ti_2C 等)等一系列材料与单质硫进行复合，在提高单质硫的利用率方面取得一定进展。

碳基材料是在锂硫电池与单质硫复合材料中研究较为广泛的基底材料。碳材料普遍具备优秀的导电性能，含有丰富的电子传导路径，能够在一定程度上适应硫正极充放电过程中的体积变化并限制多硫化物的穿梭效应。在过去的研究中，碳材料多作为一种导电添加剂，与单质硫混合作为正极材料，在一定程度上提高了正极导电性。在 2009 年 CMK-3 碳骨架作为单质硫载体的启发下，各种基于碳微纳米结构材料的硫正极被大量报道。零维碳材料如中空碳球通过结构设计，可以将硫包裹在其中，控制孔隙尺寸、孔隙率能够在一定程度上抑制多硫化物的溶解，并且可以适应充放电过程中硫的体积变化，提高正极材料的有效利用率并减少穿梭效应。一维碳材料如活性炭纤维织物、碳纳米管(CNT)可以组成阵列形式的中空碳纳米纤维阵列结构，在其中填充单质硫活性材料后，能够起到提高导电性和缓解体积变化的作用，提高硫碳复合正极的倍率性能。二维碳纳米材料，如石墨烯具有比表面积大、电子传输速率高等特性。但是，由于锂硫电池体系存在多硫化物穿梭效应，采用具有某些微观形貌的石墨烯基材料对硫单质进行负载也是目前研究的重点方向之一。例如，研究人员以普鲁士蓝为前驱体，采用热分解的方法进行了三维多孔石墨烯-CNT 杂化物的制备。该材料具有较大的比表面积，极高的电子导电性及大量由氮掺杂引起的结构缺陷等。将这种材料作为锂硫电池硫载体材料，其特殊的三维空间结构可以有效结合多硫化物中间体，显著提升锂硫电池的电化学性能。除此之外，科研人员还制备出三维多孔结构的 CNT/石墨烯-硫(3DCGS)海绵(图 6.9)。3DCGS 是由二维碳纳米片和一维 CNT 组成，它的特殊结构实现了对硫高达 80.1%(质量分数)的负载量。该载体材料中，具有高导电性的一维 CNT 不仅提高了硫正极的导电性，同时可适当调节介孔结构，从而实现了“双峰式”介孔形貌。同时，介孔结构提供了大量的活性位点，实现负载大量的硫并促进电解质中锂离子的扩散和电荷转移过程。此外，研究人员还以氧化钙为模板，采用化学气相沉积(CVD)方法制备了三维分级多孔石墨烯。所获得的分级结构石墨烯含有大量的宏观孔道、介观尺寸孔道及面内缺陷。这一特殊结构应用在锂硫电池中，具有界面阻抗低、锂离子扩散路径短、对多硫化物中间体产生较强的表面限域作用和提供结构稳定性等优点。三维多孔结构的石墨烯/硫材料，由于具有高比表面积、轻质和开放的框架等特点，成为锂硫电池的研究热点。

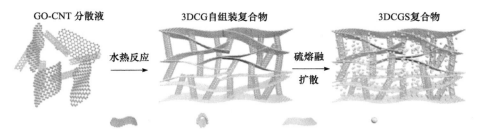

图 6.9　三维多孔结构 CNT/石墨烯-硫海绵的制备过程示意图

　　除对碳基材料进行结构设计之外，基于第一性原理的理论模拟及相关实验研究表明，使用异原子掺杂的策略对碳基材料进行改性，也可以大幅度提高电极材料的导电性。此外，掺杂原子(如氮、硫和磷等)的官能团甚至各种合成肽类似结构可以有效捕捉多硫化锂中间体，提高锂硫电池恒电流充放电的循环稳定性。研究人员对 CNT 进行氮掺杂改性后作为锂硫电池的正极载体材料，该材料中掺杂的氮组分通过化学吸附作用将多硫化锂中间体吸附在正极材料中，并提高电极的导电性能。基于氮掺杂 CNT 的锂硫电池在 5.0C 的较大倍率下比容量可以高达 849 mA·h·g^{-1}，在 500 圈循环中可以保持每圈 0.06% 的容量衰减率。采用模板法制备的含氮掺杂的蜂窝状碳材料也被用作锂硫电池的正极载体材料，该材料具有较高的比表面积和三维蜂窝状结构，可以通过堆叠的方式担载大量的硫单质。此外，氮掺杂组分可以显著提高对多硫化锂中间体的吸附能力，阻止其溶解在电解质中产生穿梭效应，改善锂硫电池的电化学性能。此外，研究人员还报道了三维硫、氮共掺杂石墨烯海绵、利用聚氨酯泡沫废料制备氮掺杂多孔碳、高度氮掺杂 CNT-石墨烯三维纳米结构等硫正极载体材料。研究结果均表明，使用含氮、硫等掺杂碳的硫正极表现出显著提高的循环性能和倍率性能，这得益于含氮官能团可有效捕捉硫正极内活性位点上的多硫化锂中间体。

除碳材料外，含有非离域π电子共轭体系的导电聚合物材料也可与硫单质复合，提高锂硫电池的电化学性能，主要原因是：①导电聚合物的加入可以有效提高电极的整体导电性；②聚合物树突状或多孔状等的特殊结构可以缓和硫化物的聚合，稳定电极结构；③导电聚合物含有特殊官能团，可以有效抑制多硫化锂中间体溶解，提高正极活性物质的利用率。此外，导电聚合物本身含有具有电化学活性的官能团，可以为活性材料提供一定容量。目前在研究中主要采用的导电聚合物材料包括聚吡咯(PPy)、聚苯胺(PANI)、聚噻吩(PTh)、聚 2，2-二硫代苯胺(PDTDA)等。美国斯坦福大学的崔等率先在导电聚合物-硫复合电极方面开展了研究工作，首先使用 PPy、PANI 和聚 3，4-乙烯二氧噻吩(PEDOT)等不同的导电聚合物作为涂层材料包覆在硫纳米球表面，比较了各种包覆的硫正极的电化学性能。结果表明，涂有 PEDOT 的硫正极在比容量和循环稳定性等方面均优于涂有 PANI 和 PPy 的硫正极。此外，研究人员通过将分子基的导电聚合物印刷到 CNT 表面，达到了限制多硫化锂穿梭效应的目的。首先将硫涂覆在 CNT 表面，再通过印刷的方法将导电聚合物包覆在 CNT-S 的外层。另外，导电聚合物中有大量的含氧或含氮基团，这些基团可以有效吸附多硫化物中间体，从而提升锂硫电池的电池容量和循环性能。

具有微纳米结构的金属氧化物通常拥有比表面积大和化学吸附作用强等优点，因而被科研人员用作锂硫电池硫正极的载体材料或添加剂。金属氧化物可以增加电极材料和电解质的接触面积，抑制多硫化物中间体溶解进入电解质产生穿梭效应。到目前为止，已被报道用于锂硫电池的金属氧化物有 V$_2$O$_5$、SnO$_2$、SiO$_2$、TiO$_2$、Fe$_3$O$_4$ 等。2013 年，TiO$_2$ 首先被报道用于包裹在硫纳米颗粒表面(图 6.10)，利用 TiO$_2$ 壳层的物理限域作用和化学吸附作用限制多硫化锂的释放与溶解。在该研究中，研究人员使用甲苯将 TiO$_2$ 周围的硫组分部分溶解，在 TiO$_2$ 壳层与纳米硫单质之间产生一定空间，这种结构设计缓解了电极由于硫锂化而引起的体积膨胀，同时防止 TiO$_2$ 壳层在充放电过程中由于应力应变而发生结构坍塌现象。但是，由于金属氧化物材料通常具有较高的带隙，其导电性较差。因此，研究人员将碳基材料与具有纳米结构的金属氧化物结合，在保证电极材料电导率的前提下，充分利用金属氧化物的极性与催化特性。例如，利用原子层沉积(ALD)的方法将 TiO$_2$ 纳米层包覆在石墨烯-硫电极的外层制备复合电极材料。该方法不仅使 TiO$_2$ 纳米层有效地包覆在硫电极的表面，而且通过控制原子层沉积的时间，能有效控制 TiO$_2$ 纳米层的厚度，进而展现出最佳的电化学性能。除金属氧化物外，金属硫化物也具有很高的电子导电性，并且具有很强的化学极性，可以与同样具有极性的多硫化锂之间产生较强的化学亲和作用，因此也可以作为锂硫电池硫正极的载体材料。

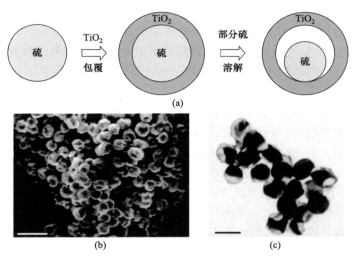

图 6.10　S-TiO$_2$ 核壳结构合成示意图(a)及其扫描电子显微镜照片(b)和透射电子显微镜照片(c)

2. 硫化锂

近年来，Li$_2$S 正极因其预锂化的性质和高的理论容量，吸引了相关研究者的目光，具备较大发展潜力。Li$_2$S 本身处于完全锂化的状态，可以与大容量的非锂金属(硅或锡)搭配组成电池，从而避免锂枝晶的生成以及由锂金属引起的安全问题。此类锂硫电池(如以硅和 Li$_2$S 组成的电池)在工作时，首先需要进行充电，将正极的 Li$_2$S 脱出锂离子，形成硫单质。在负极方面，锂离子嵌入硅单质，形成 Li$_{4.4}$Si。电池反应如下。

充电反应：

正极：
$$8Li_2S \longrightarrow S_8 + 16Li^+ + 16e^- \tag{6.6}$$

负极：
$$Si + 4.4Li^+ + 4.4e^- \longrightarrow Li_{4.4}Si \tag{6.7}$$

放电反应：

正极：
$$S_8 + 16Li^+ + 16e^- \longrightarrow 8Li_2S \tag{6.8}$$

负极：
$$Li_{4.4}Si \longrightarrow Si + 4.4Li^+ + 4.4e^- \tag{6.9}$$

除与非锂负极搭配外，Li$_2$S 正极还具有其他方面的优势：

(1) 与硫单质正极不同，硫化锂正极本身完全锂化，已经是体积完全膨胀的状态，在充放电时不用担心体积变化对结构的破坏。在充电时，Li$_2$S 的体积由于脱锂而收缩，为之后放电时的嵌锂过程预留出体积膨胀的空间。此过程不仅可以避免正极结构的损坏，还可以简化正极活性物质的合成过程(无需考虑预留适应体积变化的空间)。

(2) Li$_2$S 的熔点为 938 ℃，远高于硫单质(115 ℃)。高的熔点可以使硫化锂/碳复合材料的合成更易进行，这是因为碳化过程一般需要较高的温度。Li$_2$S 的导电性很差，在进行充放电工作前需要进行活化(与导电剂球磨或在醚类电解质中施加高电压)。此外，Li_2S正极与硫正极相似，同样需要利用碳或无机材料包覆活性物质，抑制充放电过程中正极多硫化物的扩散。

球磨后的Li_2S微米颗粒也被用作锂硫电池正极材料。电池工作时，首周充电曲线先越过3.5 V左右的位置，之后恢复正常。在随后的电池循环中并未出现此现象，说明Li_2S颗粒已经被活化，同时表现出与硫正极相近的高比容量。对此现象的详细解释为：在开始充电时(充电曲线到达3.5 V之前)，$Li_{2-x}S$以单相形式存在，外壳为缺锂层，内部为符合化学计量比的Li_2S颗粒，之后多硫化物克服势垒，形成于Li_2S颗粒的外层，充电曲线恢复正常。在电池放电时，内部的反应过程正好与之相反。研究人员还通过静电纺丝的方法制备出自支撑、柔性的Li_2S/碳纳米纤维纸状电极直接作为锂硫电池的硫正极。该方法利用静电纺丝技术将硫酸锂注入碳纳米纤维的内部，再采用热解法制得Li_2S，获得的Li_2S纳米颗粒均匀分布在碳纳米纤维内部，通过这种方式制备的硫正极展现出优异的倍率性能和循环稳定性。此外，该方法有利于提高Li_2S的负载量，使其更接近实际应用。

此外，将多硫化锂加入溶剂中制备硫正极也是一种比较常用的方法。例如，将可溶的多硫化物Li_2S_6作为共盐添加剂加入醚类溶剂中，再将其注入海绵状碳材料中制备正极材料。由于海绵状碳材料具有较高的比表面积和优异的导电性，这种方法制备的载体材料上的面积硫担载量很高，具有较高的应用价值。电化学测试表明，基于以上方法制备的锂硫电池具有较高的比容量。研究人员直接使用溶解在电解质中的多硫化锂作为活性材料，也获得了比较优异的电化学性能。

总之，锂硫电池的正极是决定其电化学性能的关键部分，受到重点关注。虽然经过了多年的优化研究，但电池正极侧充放电中间产物的溶解与扩散问题仍未得到彻底解决，需要不断优化与探索。

6.2.3 隔膜

隔膜是二次电池的重要组成部分，其基本功能是防止正、负极之间的电子传输并提供离子传输通道。目前应用最广泛的隔膜是聚烯烃材质的微孔薄膜，如聚乙烯(PE)和聚丙烯(PP)等。然而在锂硫电池中，为了抑制多硫化物穿梭效应，研究人员对隔膜进行功能化或再设计。在锂硫电池中，传统的聚烯烃隔膜不能发挥抑制多硫化物穿梭效应的作用，对此研究的重点可分为聚烯烃隔膜的功能化和其他材质隔膜的开发两个方面。对商业化的聚烯烃隔膜进行表面改性，赋予其新的特定功能，以满足锂硫电池的使用需求，是锂硫电池隔膜研究的热点方向。聚烯烃隔膜常用的表面改性物质主要有碳基材料(炭黑、碳纳米管、石墨烯等)和聚合物材料两大类。碳基材料对多硫化物扩散的抑制作用可以通过两个方面实现：①碳材料的孔结构特性对隔膜在物理空间上起到限域作用；②碳材料掺杂特定元素可以增强其与多硫化物的相互作用，从而在化学尺度上产生分子间的排斥作用。与碳基无机材料类似，一些非碳基的无机材料，如黑磷、Al_2O_3、MnO、二维金属碳化物(MXene)等，也被报道用于聚烯烃隔膜的表面改性，以提升锂硫电池的性能。此外，在聚烯烃隔膜表面引入含有特定功能基团的聚合物以增强隔膜与多硫化物的相互作用是锂硫电池隔膜研究的另一个方向。研究人员将全氟磺酸聚合物(Nafion)涂覆到 PP 隔膜的表面，或者将聚烯丙基胺盐酸盐(PAH)和聚丙烯酸(PAA)用层层组装的方式涂覆到 PE 隔膜的表面等，也提升了锂硫电池的循环稳定性。

非聚烯烃基隔膜的研究也具有很好的前景。研究人员采用锂离子化的全氟磺酸聚合物(Nafion-Li)用于制备锂硫电池聚合物电解质隔膜，有效抑制了多硫化物阴离子的迁移，但是由于价格昂贵和离子迁移率较低等问题，Nafion-Li 在应用中存在巨大障碍。但是，利用多硫化物与锂离子尺寸大小的差异，通过合理设计隔膜的孔径大小可以选择性通过锂离子。研究人员还将金属有机骨架(MOF)材料与氧化石墨烯复合(图 6.11)，设计了一种孔径小于多硫化物离子直径的隔膜(MOF@GO)，实现了锂离子的选择性通过，抑制了多硫化物的扩散。另外，设计对多硫化物具有吸附作用的隔膜，同样可以缓解电池的穿梭效应。

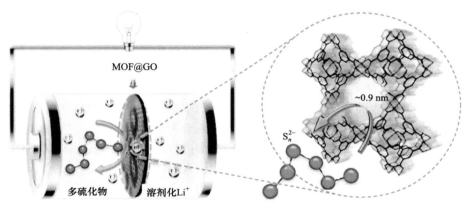

图 6.11　锂硫电池中 MOF@GO 隔膜示意图
MOF@GO 隔膜作为离子筛阻隔电解质中的多硫化物

6.2.4　电解质

电解质作为锂硫电池的关键组成部分，不仅起传输 Li^+ 的作用，也决定电池容量并影响电池的循环稳定性等。理想的锂硫电池电解质通常需要满足较高的化学及电化学稳定性、较宽的电压窗口、较高的 Li^+ 电导率及良好的电子绝缘性等必要条件。同时，在锂硫电池体系中，充放电中间产物多硫化锂 $Li_2S_n(2 \leqslant n \leqslant 8)$ 在正极产生，其中部分多硫化锂中间产物易溶于电解质，给锂硫电池带来稳定性差等问题。目前，成熟的锂离子电池电解质，如商品化的碳酸酯类电解质不能直接用于锂硫电池。因此，探索和设计可靠的电解质已成为锂硫电池研究的重点之一。

碳酸酯类溶剂是锂离子电池电解质中常用的溶剂，主要包括碳酸乙烯酯(EC)、碳酸丙烯酯(PC)、碳酸二甲酯(DMC)和碳酸甲乙酯(EMC)等。碳酸酯类溶剂虽然具有较高的介电常数、Li^+ 电导率和宽的电压窗口，但是其在锂硫电池充放电过程中稳定性差。相对于常用的锂盐，如六氟磷酸锂($LiPF_6$)、三氟甲基磺酸锂(LiOTf)、高氯酸锂($LiClO_4$)，溶剂对电池的充放电平台和放电比容量影响更大。使用碳酸酯类溶剂，如 PC/EC/DEC、

EMC/DEC 等组分时,在恒电流充放电测试中,锂硫电池首周放电曲线只有一个电压平台,并且电池反应不可逆。这表明 EC、EMC 等碳酸酯类溶剂在锂硫电池中能够与多硫化锂发生不可逆副反应,造成电池性能衰减。当采用某些技术抑制硫正极中多硫化物的溶解,电解质中没有 S_n^{2-} 存在时,碳酸酯类电解质依然可以用于锂硫电池。例如,正极采用小分子硫正极(EC/DMC 溶剂)、多孔碳覆载硫(PC/EC/DEC 溶剂)等,通过正极设计成功抑制中间产物在电解质中的溶解,因此在碳酸酯类电解质中也能够展现出较高的电池放电容量及循环稳定性。

醚类溶剂比碳酸酯类溶剂更适合锂硫电池体系。硫电极的充放电产物普遍存在电子电导率低的问题,导致电池性能差。另外,多硫化锂的溶出有利于活性物质与电子导体的接触,从而提高电池的容量性能。醚类溶剂具有一定的多硫化锂溶解度,因而被用作锂硫电池电解质常用溶剂。它们对多硫化锂的溶解能力根据其链的长短而不同。醚类溶剂分子结构中氧原子数量的增加能够提高溶剂对 Li$^+$ 的溶剂化能力,如四乙二醇二甲醚(TEGDME)、二乙二醇二甲醚(DEGDME)对多硫化锂的溶解能力高于短链醚乙二醇二甲醚(DME)等,具有更长链的醚类溶剂能够提高电池的首周放电比容量。相反,长链醚因为溶解多硫化锂导致电解质黏度大,离子迁移受限,虽然可以减缓穿梭效应,但是电导率低;短链醚离子电导率高,但是穿梭效应严重。除此之外,环状醚如 1,3-二氧环戊烷(DOL)等易在金属锂表面形成稳定的 SEI 膜,有利于提高电极的稳定性。对电解质的稳定性、Li$^+$电导率、中间产物溶解性等关键因素进行综合考虑,单一组分溶剂的电解质难以满足电池多方面的需求,因此采用两种或多种溶剂进行混合是优化有机电解质的有效策略。在四氢呋喃(THF)/甲苯(TOL)的有机电解质中引入 DOL(THF∶TOL∶DOL=1∶1∶8,体积比),能够降低对金属锂的腐蚀且使电解质的电导率提高一个数量级,但是过量的DOL 会影响活性物质的利用率,致使放电终产物由 Li$_2$S 变成 Li$_2$S$_2$。对短链醚 DME 和环状醚 DOL 的混合体系开展研究发现,当电解液中 DME 的含量过多时,电池界面阻抗增加,这是因为过量多硫化锂的溶解导致电解质黏度增加,活性物质反应被局限在电极附近,从而形成钝化层;而 DOL 在电解质中虽然有利于改善电池中电极界面的性质,但其含量过高时会减少多硫化锂的溶解。随着对锂硫电池研究的深入,对合适电解质的认识基本清晰,链状醚(包括 TEGDME、DME、DEGDME 等)与环状醚(DOL、THF 等)的混合溶剂开始普遍用于锂硫电池电解质,其中 DOL∶DME=1∶1(体积比)的组合应用最为广泛。

在满足有机电解质中锂离子正常传输的条件下,降低中间产物多硫化锂在电解质中的溶解度,即削弱有机溶剂的溶解能力,同样是锂硫电池电解质溶剂优化所采取的主要策略之一,主要包括引入高浓度锂盐、氟化共溶剂、溶剂化离子液体等。此外,也可以通过在电解质中引入具有特殊功能的添加剂提升锂硫电池的电化学性能,其中最成功的就是 LiNO$_3$ 添加剂。它的主要作用是在金属锂表面形成含 Li$_x$NO$_y$ 的 SEI 钝化膜,提高金属锂负极的稳定性。此外,在电解质中添加 P$_2$S$_5$,可以在金属锂表面与 Li$_2$S 反应,生成离子导体 Li$_3$PS$_4$,一方面起到抑制多硫化锂穿梭效应的作用;另一方面阻止 Li$_2$S 的沉积,提高反应活性物质的利用率。

此外，为了促进锂硫电池的实用化，电解质的安全性需要重点关注。目前常用的方法有：在醚类电解质中引入无闪点氟代溶剂；在碳酸酯类电解质中加入阻燃添加剂；采用固态电解质和离子液体等其他类型电解质，在保证电化学性能的前提下提高电解质的安全性，促进锂硫电池的商业化应用。不过，对于锂硫电池，目前更重要的研究方向是电化学性能的提高，即需要进一步优化、增强电解质离子传导和抑制多硫化物扩散的能力，提升电池的综合电化学性能。

6.2.5　负极

金属锂作为锂硫电池的负极，具有大的理论比容量($3860\ mA \cdot h \cdot g^{-1}$)和低的标准电极电势($-3.04\ V\ vs\ SHE$)。然而，锂负极本身存在一些亟待解决的问题：①溶解/沉积过程中的体积变化；②锂与电解质及多硫化物之间的副反应；③不稳定的 SEI 膜；④循环过程中锂枝晶的生长，降低了锂硫电池的稳定性。目前，锂硫电池负极方面的研究还不充分，需要进一步努力与探索。

在锂硫电池中，金属锂负极容易受到电解质中多硫化物的影响，降低电池的库仑效率和循环性能。研究人员尝试了多种方式(原位和非原位)来保护锂负极，取得了不错的进展。其中一种方法是利用电解质添加剂，在负极表面原位形成保护层，阻止锂硫电池的穿梭效应。2009 年，Aurbach 等首次将硝酸锂($LiNO_3$)应用于锂硫电池醚类电解质中(图 6.12)，在与多硫化物相互作用的过程中，促使金属锂表面形成致密的保护层，缓解了多硫化物的穿梭效应。另一种优化手段是在锂负极表面覆盖人工保护层(石墨、三氧化二铝和氮化锂等)，使其免受多硫化物的困扰。

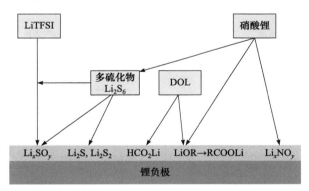

图 6.12　电解质中 DOL/LiTFSI/Li_2S_6/$LiNO_3$ 对形成锂表面保护层的贡献示意图

此外，在电池循环过程中，锂枝晶容易在负极表面形成与生长，会大幅度降低锂硫电池的稳定性。通常从以下两方面解决此问题：①将锂金属置于 3D 多孔导电基底中，促进锂的均匀溶解与沉积；②在锂负极表面构筑均匀稳定的保护层，抑制枝晶的形成，提高金属锂的循环寿命。此外，由于金属锂较活泼，部分研究者将负极替换为非金属(如石墨和硅等)负极，避免了金属锂引发的副反应，而代价则是牺牲一部分能量密度。这种牺牲电池容量的方式需要在循环稳定性和安全性方面具备很大优势，否则此类非金属负极无法与锂负极相媲美。

　　总之,在负极保护和抑制枝晶方面已经开展了大量优化工作,取得了较大的进展,促进了锂硫电池的发展。不过,关于负极方面的研究工作还处于起步阶段,仍需要不断努力与探索。

6.3　锂空气电池

　　为了满足日益增长的能源需求,大量研究集中于探索设计高能量密度的储能体系(表 6.1),试图在某些特定领域替代传统的锂离子电池。近年来,锂空气电池(图 6.13)因其相当高的理论比容量(约 3500 W·h·kg^{-1}),在电池研究领域中崭露头角,具有发展潜力。研究人员对该电池体系的反应机理和性能优化方案进行了深入的探索,并取得了较大的进展。

表 6.1　几种储能器件的反应过程和电化学数据

电池体系	反应过程	理论电压/V	理论能量密度/(W·h·kg^{-1})
锂离子电池	$0.5C_6Li + Li_{0.5}CoO_2 \rightleftharpoons 3C + LiCoO_2$	3.8	387
锌空气电池	$Zn + 0.5O_2 \rightleftharpoons ZnO$	1.65	1086
锂硫电池	$2Li + S \rightleftharpoons Li_2S$	2.15	2567
有机锂空气电池	$2Li + O_2 \rightleftharpoons Li_2O_2$	2.96	3505
水系锂空气电池	$2Li + 0.5O_2 + H_2O \rightleftharpoons 2LiOH$	3.4	3582

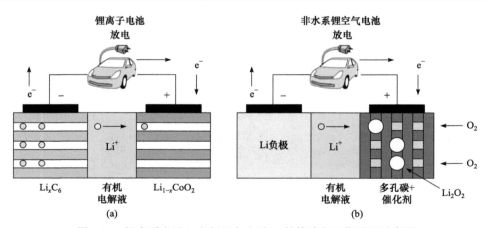

图 6.13　锂离子电池(a)与锂空气电池(b)的构造和工作原理示意图

　　由于早期的二次电池多使用含电解质盐的水溶液作为电解质,锂空气电池最初也采用了水系电解质。1976 年,Littauer 等提出一种采用金属锂作负极、空气中的氧气作正极反应的活性物质和水系电解质的新型电池体系。此时的锂空气电池称为锂水电池(lithium-water battery)。由于金属锂和水会发生反应,该电池中的金属锂负极会被扩散出的水系电解质腐蚀,导致电池无法维持稳定工作。较差的电化学性能未能引起研究者太大的兴趣，此后一段时间，有关锂空气电池的研究鲜有报道。1996 年，Abraham 等采用添加了有机溶剂和锂盐的凝胶聚合物作为电解质、酞菁钴作为催化剂材料的空气电极，报道了一种有机电解质锂空气电池，测试了氧气气氛下的电池性能。该电池开路电压接近 3 V，工作电压为 2.0～2.8 V，比容量可达 1400 mA·h·g⁻¹，远高于常规的锂离子电池体系。这种电池的放电机理是锂离子和氧气分子在空气电极上反应生成过氧化锂(Li₂O₂)，产物 Li₂O₂ 不溶于电解质，直接存储在空气电极的孔道中，当孔道被填满最终导致放电结束。2002 年，Read 等报道了关于锂空气电池的放电机理、电解质组成等方面的工作，对各种影响电池放电容量、倍率性能及循环性能的因素进行了详细研究，发现电解质的组成对锂空气电池性能和放电产物有重要影响。以醚类溶剂作为锂空气电池的电解质，组装的锂空气电池比容量达到 2800 mA·h·g⁻¹。2006 年，Bruce 等采用 α-MnO₂ 纳米线作为空气电极催化剂，获得了 3000 mA·h·g⁻¹ 的比容量；此外，在限制循环比容量为 600 mA·h·g⁻¹ 的情况下，他们实现了超过 50 次的循环。此时，可循环锂空气电池的研究引起了众多研究者的关注，全球各地的研究者纷纷加入锂空气电池的研究热潮中。此外，产业界也纷纷表示了对锂空气电池的研究兴趣。2009 年，美国 IBM 公司联合多家实验室和能源公司组建了锂空气电池的研究机构，并且提出"电池 500 计划"(Battery 500 Project)，其能量密度目标为适用于电动汽车的 500 W·h·kg⁻¹。美国特斯拉汽车公司也在 2016 年宣布加入这一计划。

6.3.1　工作原理

1. 充放电过程

如图 6.13 所示，常见锂空气电池由金属锂、溶有锂盐的有机电解质和多孔碳正极(成本远低于锂离子电池的层状正极材料)组成，结构简单，成本低廉，具有重要的实用价值。锂空气电池的工作原理是金属锂与氧气之间的氧化还原反应($2Li + O_2 \longrightarrow Li_2O_2$，$\varphi^{\ominus} =$ 2.96 V)，其能量密度远高于基于嵌入/脱出机理的锂离子电池，具备极大的发展潜力。在充放电工作过程中，锂空气电池正极侧进行氧气的还原/析出(ORR/OER)反应，即 Li₂O₂ 的形成与分解，负极侧为锂的溶解/沉积过程，具体的反应方程式如下。

放电反应：

正极：
$$2Li^+ + 2e^- + O_2 \longrightarrow Li_2O_2 \tag{6.10}$$

负极：
$$Li \longrightarrow Li^+ + e^- \tag{6.11}$$

充电反应：

正极：
$$Li_2O_2 \longrightarrow 2Li^+ + 2e^- + O_2 \tag{6.12}$$

负极：
$$Li^+ + e^- \longrightarrow Li \tag{6.13}$$

2. 正极产物 Li₂O₂ 的性质

锂空气电池的正极放电产物一般是 Li₂O₂，在充放电过程中通常能够进行可逆的形成与分解。然而,Li_2O_2 的电子导电性极差,形成/分解过程困难,容易引起正极钝化和充放电极化大(>1.0 V)等问题,是限制电池发展的主要因素之一。理论上,Li_2O_2 被认为是一类具有高能带隙(体相 Li_2O_2 晶体的电子能隙约为 4.9 eV)的绝缘体,传导电子的能力非常差,因此容易导致过大的充放电极化。通过缺陷、掺杂、极化子或表面电导等方式,理论上可以降低 Li_2O_2 的能带隙,改善其电子电导率,进而促进正极的电荷转移过程,提升锂空气电池的电化学性能。

3. 正极 ORR 过程

在锂空气电池中,正极放电产物 Li_2O_2 的形成过程较为复杂,取决于与超氧化锂(LiO_2)中间体相关的竞争反应(LiO_2 溶于电解质或吸附于电极表面)。Li_2O_2 的形成过程容易受到电池环境(电解质)和操作条件(电流密度)的影响,大体可总结为两种反应机理,即溶液机理和表面机理。

电池放电时,氧气在正极被还原,首先生成 LiO_2 中间体,但 LiO_2 不稳定,很快转变为 Li_2O_2。通常在高给体值(D.N.)溶剂、低电流放电条件下,Li_2O_2 通过溶液机理生成,电解质中溶剂化的 LiO_2 中间体在电极表面得电子被还原或直接通过歧化过程转变为 Li_2O_2,之后在正极表面形核生长成结晶性高的圆片状 Li_2O_2 颗粒;一般在低 D.N. 值溶剂、高电流放电条件下,Li_2O_2 通过表面机理生成,反应过程均在正极表面进行($Li^+ + O_2 \longrightarrow LiO_2 \longrightarrow Li_2O_2$),容易在正极包覆一层结晶性差的 Li_2O_2 薄膜。通过表面机理形成的 Li_2O_2 薄膜容易堵塞正极的孔道,因此通常对应小的放电容量,而通过溶液机理形成的圆片状 Li_2O_2 颗粒则更容易实现高的工作容量。目前,锂空气电池正极 LiO_2 转变为 Li_2O_2 的具体形成过程尚未明确,研究人员认为其有两种可能的反应路径:一种是通过两个分子反应 $LiO_2 + LiO_2 \longrightarrow Li_2O_2 + O_2$,另一种通过进一步得电子氧化 $LiO_2 + Li^+ + e^- \longrightarrow Li_2O_2$,并且这两种反应路径可能同时存在。

4. 正极 OER 过程

在锂空气电池充电时,正极侧主要进行 Li_2O_2 的电化学氧化分解过程,即 OER 过程。随着多年的研究与发展,研究人员提出了多种 Li_2O_2 分解机理,主要分为直接氧化和分步氧化两类。

Bruce 等利用原位表面增强拉曼散射(SERS)分析 Li_2O_2 的氧化分解过程,由于未检测到 O_2^- 和 LiO_2 的存在,因此认为正极 OER 过程为一步两电子氧化反应机理。然而,Lu 等推测 Li_2O_2 的分解过程可能包含多个步骤(图 6.14)。在过电势较小的充电阶段(<400 mV),放电产物 Li_2O_2 发生表面脱锂反应,同时伴随着化学歧化过程(转变为 LiO_2);在过电势较高的充电阶段(400~1200 mV),则主要为体相 Li_2O_2 的分解过程。之后,多个科研团队验证了此反应机制。不过关于充电时正极是否出现 LiO_2 的问题还存在争议,仍需要进一步研究。锂空气电池的内在反应过程较为复杂,往往会导致大的充放电极化(Li_2O_2 导电性差,分解困难)和不断生长的负极枝晶(锂的不均匀沉积过程)。因此,研究者从电池反应机理和组成单元等方面入手,不断探索优化方案,提升锂空气电池的电化学性能。近年

来，研究人员深入分析了锂空气电池的反应过程，并对电池的组成单元(正极、电解质、负极)进行了优化，获得了较大的进展。同时，为了进一步拓展电池的应用范围，科学家研究设计了固态和水系的锂空气电池，推动了此类电池的实用化进程。

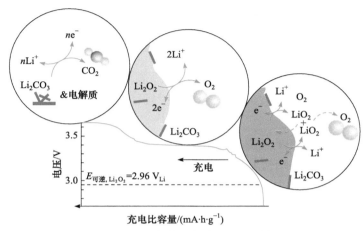

图 6.14 锂空气电池的充电机理示意图

6.3.2 正极

正极是锂空气电池的核心组件，其多孔的三维结构可以容纳氧气的扩散与放电产物 Li_2O_2 的沉积，提供了固-液-气三相反应的场所，并在很大程度上决定了电池的充放电性能。为了获得高性能的锂空气电池，正极不仅需要丰富的多孔结构，还需要优良的导电性与合适的 ORR/OER 催化活性。因此，选择设计合理的电池正极是必不可少的。锂空气电池的正极一般是气体扩散电极和催化剂的组合，目的是支持大的充放电容量和尽量低的电池极化，提升电池综合性能。多年来，研究人员致力于探索性能优异的正极结构，并取得了一定的进展。

碳材料具备多孔的结构和极佳的导电性，可以促进氧气的扩散，同时提供良好的电池反应场所，是应用较为普遍的锂空气电池正极材料。此外，碳材料本身具有一定的 ORR 催化活性，可以在一定程度上促进 Li_2O_2 的形成。不过，在一般情况下，碳材料的 OER 催化效果较差，因此在充电过程(Li_2O_2 的分解)中，电池电压处于相当高的范围，容易引起电解质和碳材料分解等问题。Bruce 的研究团队针对此问题进行了详细的研究(图 6.15)，证明碳材料在电压低于 3.5 V 时可以保持相对稳定，但是当充电电压过高时，容易发生分解，形成碳酸锂等副产物。同时，碳材料会在一定程度上促进电解质的分解。

在许多研究领域中，具有特殊微观结构的功能碳材料颇受青睐，如具有一维结构的碳纳米管(CNT)、碳纳米纤维(CNF)、具有二维结构的石墨烯(graphene)、还原氧化石墨烯(rGO)及具有三维结构的多孔纳米碳材料等。此外，具有高比表面积和大规模介孔的碳材料在锂空气电池中表现出显著优势。因此，这些具有特殊复杂结构的碳材料也被广泛用于锂空气电池目前的研究中。此外，碳材料本身具备的某些功能基团和缺陷结构等也被认为对催化性能的提升有一定的促进作用。一维碳纳米管和碳纳米纤维具有良好的电子

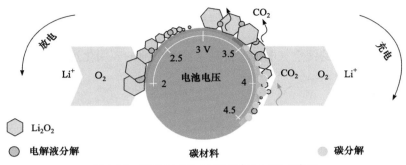

图 6.15 锂空气电池正极充放电过程示意图
正极为碳材料

导电性，其较高的比表面积能够提供充足的反应场所。Robert 等在多孔陶瓷基底上生长出中空纳米碳纤维，得到的结构避免了碳的堆积，能够有效利用全部空间。在 $100\ W \cdot g^{-1}$ 的功率密度下实现了 $2500\ W \cdot h \cdot g^{-1}$ 的高能量密度，同时特殊的结构对放电产物沉积及过程分析非常有利，方便进行正极反应机理研究。采用化学气相沉积法制备的具有阵列结构的碳纳米管可为氧气在正极中的快速传输提供通道，并且为反应提供大量的活性区域。在 $2000\ mA \cdot g^{-1}$ 的电流密度下，能够达到约 $2500\ mA \cdot h \cdot g^{-1}$ 的比容量，并保持 20 次稳定循环。

二维石墨烯和还原氧化石墨烯材料具有超大的比表面积，同时它们的结构中存在缺陷和官能团，因而在作为正极材料使用时能够有效改善电池性能。Xiao 等将石墨烯纳米片组装成多孔结构，形成了同时具备传输氧气的大通道和用于三相反应的小孔洞的特殊结构，并实现了高达 $15\ 000\ mA \cdot h \cdot g^{-1}$ 的放电比容量。第一性原理计算表明，石墨烯上的缺陷位点对 Li_2O_2 的沉积有重要促进作用。

具有三维结构的碳材料在锂空气电池方面有着广泛研究。研究人员通过水热法合成了掺氮的三维石墨烯气凝胶，其内部存在的大量大孔和介孔结构有利于氧气的传输、电解质的浸润和放电产物的沉积，因而实现了约 $7300\ mA \cdot h \cdot g^{-1}$ 的高比容量，并且在电流密度提升至 $200\ mA \cdot g^{-1}$ 后比容量仍能达到约 $4000\ mA \cdot h \cdot g^{-1}$。此外，采用不同制备方法合成的具有三维有序框架结构的介孔碳也表现出了优异的性能,这种结构的比表面积和孔体积易于调控，从而实现对不同的侧重目标进行结构调整。在限制比容量为 $500\ mA \cdot h \cdot g^{-1}$ 的情况下，电极能够保持 60 次以上的稳定循环。

虽然碳材料自身也存在一些对正极反应有积极作用的缺陷和官能团，但这些特殊成分在纯碳中所占的比例终究过少。因此，研究人员通过向碳材料中引入各种非金属元素(包括氮、硼、硫等)进行掺杂，对碳材料本征电子状态进行改变，在锂空气电池中发挥了提高容量、增加循环稳定性等作用。

目前，锂空气电池过大的充放电过电势仍然是亟待解决的难题。研究者通常在碳正极的基础上搭配一些其他类型的催化剂(贵金属和过渡金属氧化物等)，以实现降低电池充放电过电势的目的。其中，贵金属催化剂用于水系条件下 ORR 和 OER 过程中早已被深入研究，单一组分的贵金属催化剂 Pt、Pd、Ru、Au 等，合金贵金属催化剂如 PtPd、Pt_3Co 等，以及贵金属氧化物如 RuO_2 都在锂空气电池中进行过相关的研究，并且获得了优异的催化性能。但是受限于贵金属催化剂本身的资源稀少、价格昂贵等因素，其在锂空气电池中的应用存在很大限制。过渡金属氧化物是另一类常用的正极催化剂材料，包括单一金属氧化物和混合金属氧化物等。过渡金属氧化物作为贵金属的替代品，具有储量丰富、成本低廉、制备容易、环境友好等诸多优点。其中，MnO_2、Co_3O_4、$NiCo_2O_4$ 及双钙钛矿型氧化物如 $Sr_2CrMnO_{6-\sigma}$ 等由于具有优异的 ORR 和 OER 催化活性，作为锂空气电池正极材料可以显著提高可逆放电容量，并且起到提高循环稳定性的作用。

另外，探索非碳正极在锂空气电池中的应用同样具有重要的科研意义，可以避免碳材料对电池性能的影响。锂空气电池通常采用固相催化剂促进正极的 ORR/OER 过程。然而，固相催化剂与 Li_2O_2 之间的固-固接触差，电荷转移较为困难，因此部分研究人员开展了关于液相催化剂的研究。液相催化剂(碘化锂和水等)能够直接溶解于电解质中，可以实现与 Li_2O_2 最大程度的接触，有效促进 Li_2O_2 的形成与分解，降低电池的极化现象，提高电池充放电的能量效率，如图 6.16 所示。这种可溶解的催化剂也称为氧化还原媒介(redox mediator，RM)。

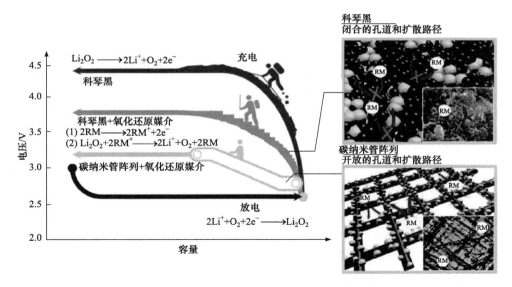

图 6.16　锂空气电池中放电产物在固相催化剂和氧化还原媒介存在下的分解示意图

RM 在锂空气电池中通过参与正极的氧化还原反应实现降低充电过电势或提高放电容量的作用。通常 RM 在电解质中存在可逆的氧化还原反应，其氧化还原电势略高于锂空气电池的理论电压 2.96 V(vs Li^+/ Li)。在锂空气电池充电过程中，RM 首先在正极失去电子被氧化，氧化态的 RM^+ 和放电产物 Li_2O_2 发生化学反应，使其分解变成 Li^+ 和 O_2，同时 RM^+ 被还原成 RM。其反应过程可以表示为

$$2RM \longrightarrow 2RM^+ + 2e^- \tag{6.14}$$

$$Li_2O_2 + 2RM^+ \longrightarrow 2Li^+ + O_2 + 2RM \tag{6.15}$$

适用于锂空气电池的 RM 必须具有以下特性：①RM 在电解质中完全可溶并且其氧

化还原反应完全可逆;②RM 的氧化还原电势低于任何危及电池中阳极稳定性的充电电压,但仍高于锂空气电池的理论氧化还原电势;③在受到 ORR/OER 过程中形成的氧自由基或阴离子(如超氧化物或过氧化物等)攻击时,RM 不会分解。满足这些要求的材料可用作锂空气电池中的 RM,使其成为用于能量储存和转换的有效电化学装置。目前,已经有许多 RM 被文献报道,其可显著降低锂空气电池的充电电压,包括 LiI、邻苯二甲酸铁锂(FePc)、2,2,6,6-四甲基哌啶氧化物(TEMPO)、5,10-二甲基吩嗪(DMPZ),四氟钴苯基卟啉(Co-TPP)。不过,此类催化剂会与负极锂接触,导致金属锂负极被氧化,进而降低库仑效率,需要进一步进行针对性的优化。

锂空气电池正极侧的反应复杂,除放电产物的氧化还原过程外,还涉及超氧根离子(O_2^-)与电池组件之间的副反应。因此,在多孔性、导电性和催化活性合适的基础上,理想的正极还需要具备不与活性物质(O_2^-、LiO_2 和 Li_2O_2 等)反应的稳定性。科研人员需要根据正极所处的环境条件,合理有效地设计正极材料与结构,进一步提升锂空气电池的电化学性能。

6.3.3 电解质

电解质同时与正、负极相接触,是影响锂空气电池性能的关键部分。理想的电解质需要满足以下条件:①电解质需要具备高的化学与电化学稳定性,不与电池的活泼成分(锂负极以及正极端 Li_2O_2、LiO_2 和 O_2^- 等)发生反应;②锂空气电池的正极实质上是氧气,因此电解质需要具备良好的氧气溶解与扩散能力,促进正极电化学反应的进行;③由于金属空气电池为开放性结构,电解质需要具备低挥发性和高沸点等特性,尽量减少正极侧的溶剂挥发;④电解质需要具备足够高的离子电导率,以保证锂空气电池的倍率性能。经过多年的发展,多种有机电解质体系应用于锂空气电池,但其在电池环境中的不稳定性仍未得到彻底解决,需要研究者继续努力探索。

液态电解质一般由溶剂和电解质盐组成,其性质受到这两方面的影响。早期的锂空气电池参照了锂离子电池,采用碳酸酯类溶液作为电解质的溶剂部分。碳酸酯类电解质作为锂离子电池常用电解质具有很多优点,如碳酸丙烯酯(PC)具有低挥发性和优异的电化学窗口(稳定电压可以达到 4.5 V),并且能够保证较高的离子电导率以确保满足较高的倍率性能要求。但随着研究的深入,如碳酸丙烯酯(PC)、碳酸二甲酯(DMC)和碳酸乙烯酯(EC)等碳酸酯类溶剂在锂空气电池中并不稳定,放电时易受到 O_2^- 的攻击而分解,最终在正极生成碳酸锂(Li_2CO_3)等难分解的放电产物(图 6.17)。这种电解质的不稳定性会改变锂空气电池的电化学过程:在碳酸酯类电解质中,锂空气电池的放电产物几乎不含 Li_2O_2,而是以 Li_2CO_3 为主,如图 6.18 所示。通过红外光谱、核磁共振氢谱等检测手段检测到正极除 Li_2CO_3 外,还存在丙烯碳酸锂、甲酸锂、乙酸锂等化合物。并且,在充电过程中采用质谱对充电产生的气体进行分析时,发现有 H_2、H_2O 和 CO_2 存在。因此,科研人员将注意力转向其他更加稳定的电解质体系。相对于碳酸酯类溶剂,已经证明在一些醚类、酰胺、砜类和离子液体等有机溶液中可以实现 Li_2O_2 在正极上的可逆生成和分解,在 O_2^- 等高氧化性物质存在的条件下,这些溶剂表现出一定的稳定性,但是这些电解质在循环过程中也存在不同程度的分解，其中醚类电解质体系由于其稳定性较好被广泛应用于锂空气电池体系。但是，真正在锂空气电池中稳定的电解质体系目前还没有被发现，寻找稳定的电解质体系是锂空气电池最关键的问题之一。

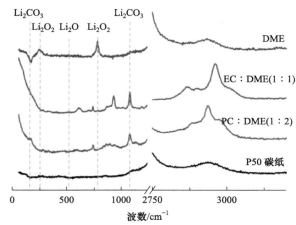

图 6.17　锂空气电池放电正极片的拉曼光谱图
电解质：DME；EC/DME；PC/2DME

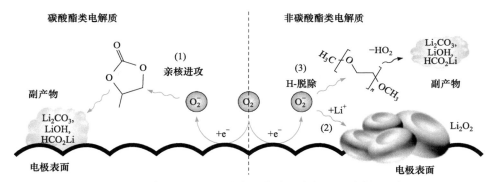

图 6.18　锂空气电池中碳酸酯类和非碳酸酯类电解质分解示意图

　　在意识到碳酸酯类电解质不适用于锂空气电池之后，研究人员将更多的注意力放在醚类电解质体系上。醚类电解质作为锂空气电池的电解质存在诸多优势，如大多数醚类对金属锂具有很好的稳定性，其电化学窗口可以达到 4 V 以上，并且醚类溶剂大多安全、成本低，分子量较大的醚类溶剂挥发性较小。此外，最关键的优势在于醚类在超氧根离子(O_2^-)及 LiO_2、Li_2O_2 存在条件下表现出较高的化学稳定性，能够实现 Li_2O_2 的可逆形成与分解，提高电池的可充性和循环稳定性。如图 6.17 所示，当锂空气电池电解质为碳酸酯类体系时，放电产物主要为 Li_2CO_3，而乙二醇二甲醚(DME)体系电解质所对应的放电产物则主要为 Li_2O_2。目前，醚类溶剂主要可以分为链状醚[如乙二醇二甲醚(DME)、二乙二醇二甲醚(DEGDME)、四乙二醇二甲醚(TEGDME)等]和环状醚[如四氢呋喃(THF)、1,3-二氧环戊烷(DOL)等]。醚类溶剂本身较容易挥发，如 DME、THF 等，不利于锂空气电池的长循环工作。但随着醚类链长的增加，其挥发性逐渐减弱，如 TEGDME，因此到目前为止，TEGDME 溶剂的应用最为广泛。不过，研究人员发现，醚类溶剂在锂空气电池的工作环境中会发生一定程度的副反应，可能发生副反应的机理为超氧根离子对醚类分子的攻击，不利于电池的长时间循环。即便如此，醚类电解质仍然在有机系锂空气电池中得到了广泛应用。除此之外，一些其他类型的稳定溶剂，如二甲基甲酰胺(DMF)、二甲基亚砜(DMSO)、乙基甲基砜(EMS)、乙腈和离子液体等，同样受到研究人员的关注，并在锂空气电池中得到一定程度的应用。

锂盐是电解质的重要组成部分，在很大程度上影响电池的容量和可逆性。合适的锂盐对锂空气电池来说必不可少，需满足以下条件：①在溶剂中有大的溶解度，以支持电池工作过程中锂离子的传导；②阴离子在电池工作环境中保持稳定，不能与 Li_2O_2、LiO_2、O_2^- 和溶剂等发生反应。目前，常用的电解质盐包括六氟磷酸锂(LiPF$_6$)、双三氟甲基磺酰亚胺锂(LiTFSI)、双草酸硼酸锂(LiBOB)、高氯酸锂(LiClO$_4$)、硝酸锂(LiNO$_3$)和三氟甲基磺酸锂(LiTf)等，在有机系锂空气电池中得到了广泛应用。合适的锂盐/溶剂搭配对锂空气电池的性能有非常重要的影响，需要研究者进一步探索。此外，为了优化锂空气电池的充放电性能，科研人员常在电解质中加入微量的添加剂(无机盐、有机复合物和水等)，可以明显地提升电池的循环性能和能量效率。通常电解质添加剂可从两方面提升电化学性能：①促进锂负极表面 SEI 膜的均匀形成；②提高氧气与 Li_2O_2 的溶解度，增大电池的放电容量。目前，已有多种添加剂在锂空气电池研究中得到应用，并取得了不错的进展，但添加剂的使用往往会对锂负极造成负面的影响，仍需进行针对性的优化。

总之，合理的溶剂、电解质盐和添加剂搭配是理想有机电解质的必备条件，可以促进锂空气电池的实用化进程。关于锂空气电池电解质方面的研究尚未成熟，需要科研人员的不懈努力和探索。

6.3.4 负极

金属锂作为负极，具有质量小、电势低(–3.04 V vs SHE)等优势，可以为锂空气电池带来高的工作电压和能量密度。与传统锂离子电池的充放电过程(锂离子的嵌入/脱出)不同，锂空气电池工作时，负极侧为金属锂的溶解/沉积，容易导致锂枝晶的不断形成与生长，降低电池的循环稳定性，增加安全风险。此外，由于金属锂的还原性较强，锂空气电池中电解质和其中溶解的锂盐、氧气、超氧根离子等都会与金属锂发生副反应，产生氢氧化锂、烃类、醚类、羧酸盐类、碳酸酯类等副产物，增大电池内阻，副反应会消耗金属锂，导致锂负极效率变低。为了减少锂负极表面发生的副反应，减少枝晶的生成，研究人员通常采用在负极表面原位/非原位形成 SEI 膜、电荷屏蔽效应和与多孔导电材料复合等手段。

锂本身是活泼金属，会与电解质和溶于其中的氧气等物质发生复杂的反应，影响锂空气电池的循环性能。为解决金属锂自身的问题，研究人员常在负极表面构筑均匀稳定的保护层，稳定锂负极，减少或避免副反应的发生。此外，还可以将金属锂替换为其他容量大的负极材料，避免了金属锂与电解质的接触，或利用人工保护膜对负极进行保护。总之，抑制锂枝晶的形成和金属锂的反应活性仍然是锂空气电池发展面临的巨大挑战，需要科研人员不断探索与努力。

6.3.5　固态锂空气电池

近年来，大容量的锂空气电池逐渐受到研究者的关注，但其进一步的发展受限于电解质自身的特性。在锂空气电池中，常用的有机电解质的性质并不稳定，容易与 Li_2O_2、O_2^- 和锂负极发生副反应，限制了电化学性能的进一步提升。同时，液态电解质容易浸润堵塞多孔正极的孔道，阻碍了氧气的扩散。而固态锂空气电池的电解质，如无机固态电解质和聚合物电解质等，则大多不存在此类问题，可以在电池环境中保持稳定，大幅度提高电池的安全性和实用性，很有希望替代常见的有机液态电解质。因此，部分研究人员将目光转向固态锂空气电池方面的研究，并取得了一定的进展。

目前，关于固态锂空气电池的反应机理的研究还处于起步阶段，其氧化还原机理仍需要进行深入的探索和验证。虽然固态电解质可以阻挡外界的水或二氧化碳，使固态锂空气电池能够在空气条件下工作，但是水或二氧化碳仍然可以与正极产物发生反应。固态锂空气电池的放电产物主要为 Li_2O_2，但在与测试气氛中的水接触后部分转变为 $LiOH(Li_2O_2 + H_2O \longrightarrow 2LiOH + 1/2O_2)$。之后，$Li_2O_2$ 与 $LiOH$ 均与二氧化碳反应，转变为 Li_2CO_3。正极 $LiOH$ 和 Li_2CO_3 的含量在正极暴露于空气的过程中逐渐增加。电池充电时则为正极产物的分解过程，通常表现出两个平台(分别为 Li_2CO_3 和 $LiOH/Li_2CO_3$ 的分解)。

1996 年，Abraham 和 Jiang 首次报道了在室温下可正常工作的聚合物锂空气电池。经过多年的发展，研究人员已经尝试探索了多种电解质体系，试图优化提升锂空气电池的充放电性能和实用价值。在众多电解质体系中，固态电解质具有卓越的稳定性、安全性和宽的电化学窗口，具有重要的实用意义。2009 年，Kumar 等成功建立了较为成熟的固态锂空气电池体系，其结构如图 6.19 所示。该电池由金属锂、导锂离子的陶瓷薄膜(LISICON)、多孔正极和位于隔膜两侧的聚合物电解质组成，其中位于 LISICON 膜与正、负极之间的聚合物电解质可以作为界面缓冲层，降低电池的阻抗。LISICON 膜则可以阻

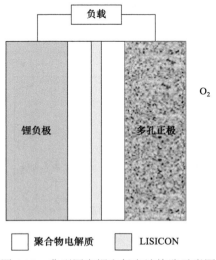

图 6.19　典型固态锂空气电池构造示意图

挡外界的水和二氧化碳，保护锂负极。固态锂空气电池的关键问题是电解质与正、负极之间的界面接触。因此，如何构建良好的电极-电解质界面接触是研究人员关注的重点。另外，研究人员同样对电池的组成单元(正极、电解质、负极)的结构性质进行了优化，促进了此类电池的发展。总之，关于固态锂空气电池的研究还有很大的发展潜力，需要研究人员的共同努力与探索。

6.3.6　水系锂空气电池

与有机体系相比，水系锂空气电池具有独特的优势，值得深入研究。此类电池的放电产物可溶于电解质中，可以在一定程度上避免正极产物堵塞空气电极的问题，实现高的能量密度。同时，水系溶液不可燃，大幅度提高了电池的安全性。不过，负极金属锂极易与水发生反应，降低电池的稳定性，需要科研人员在负极保护方面进行大量的探索与优化。

典型水系锂空气电池的构造如图 6.20 所示，由金属锂、负极保护层、水系电解质和多孔空气电极组成。电池工作时，放电电压为 3.0～3.3V，高于有机体系的锂空气电池。电池的工作原理为金属锂、氧气和水三者之间的氧化还原反应，因此可以实现高的工作容量。在放电过程中，氧气在空气电极内被还原，结合电解质中的锂离子和水，生成可溶性的放电产物。充电时，正极进行 OER，产生锂离子和析出氧气。在电池工作过程中，正极催化剂可以催化 ORR 和 OER 过程，提高电池的效率；多孔的空气扩散层可以促进氧气的均匀扩散，提供电池反应的场所；负极侧传导锂离子的薄膜可以起到保护负极的作用，防止金属锂与水发生反应。常见水系锂空气电池的电解质采用氢氧化锂(LiOH)/氯化锂(LiCl)的混合碱性水溶液体系，放电产物为 LiOH，而在弱酸性介质中，电池则具有不同的放电产物(LiCl)，二者的电池反应方程式分别为

$$\text{碱性：} \qquad 2Li + \frac{1}{2}O_2 + H_2O \Longleftrightarrow 2LiOH \qquad (6.16)$$

$$\text{酸性：} \qquad 2Li + \frac{1}{2}O_2 + 2NH_4Cl \Longleftrightarrow 2LiCl + 2NH_3 + H_2O \qquad (6.17)$$

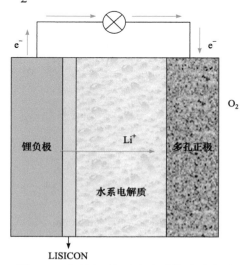

图 6.20　典型水系锂空气电池构造示意图

　　目前，负极安全问题仍然是水系锂空气电池面临的主要挑战。金属锂的性质较为活泼，容易与水发生反应，从而降低电池的性能。为了阻止金属锂与水之间的接触，需要在负极和水系电解质之间加入仅允许锂离子通过的保护层。经过多年的探索，研究者利用 LISICON 膜成功阻止了水与锂负极之间的反应。然而，金属锂与保护层之间的接触问题或 LISICON 膜在碱性溶液中的稳定性问题仍然存在，限制了电池的进一步应用和发展。2009 年，Zhou 等设计了有机-水系混合锂空气电池(图 6.21)。负极侧为有机电解质，正极侧为 1.0 mol · L^{-1} KOH 水溶液，二者用 LISICON 膜隔开。该电池体系可以缓解负极锂与 LISICON 膜的固-固接触和正极产物的堵塞等问题，获得了优异的电池性能。不过，LiOH 在水中的溶解度较小，容易以固体形式析出，堵塞正极孔道，同时增加了储能装置的复杂程度。对于水系锂空气电池来说，负极保护方面的研究具有重要意义，值得不断研究与探索。此外，正极的 ORR/OER 催化剂对电池性能的提升同样具有关键性的作用。古迪纳夫的研究团队将 CoMn$_2$O$_4$ 纳米颗粒负载于石墨烯上，作为可充水系锂空气电池的正极催化剂，表现出良好的 ORR/OER 催化效果，促进了此类电池体系的发展。

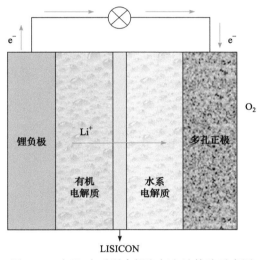

图 6.21　有机-水系混合锂空气电池构造示意图

　　总之，水系锂空气电池的实用价值很高(理论容量远超过传统锂离子电池，安全性高于有机体系锂空气电池，正极堵塞问题不明显)，是具有重要意义的科研方向，值得进行深入的研究。

6.4　总结与展望

　　本章主要对近年来新兴的大容量电池体系(锂硫电池和锂空气电池)进行了介绍，重点讲述了不同电池的内在反应过程。传统锂离子电池的能量密度受限于正极材料脱嵌锂的能力，逐渐难以满足社会需求。而锂硫电池和锂空气电池充放电时，负极为金属锂的溶解与沉积，正极为放电产物的形成与分解，可以实现超高的放电容量，在能量储存利用方面具备很大的优势。但锂硫电池和锂空气电池目前还处于研究阶段，主要存在以下问题，如锂硫电池正极材料导电性差、放电中间体溶解产生穿梭效应、锂空气电池正极放电产物不稳定、锂负极存在枝晶和副反应等，这些问题限制了电池进一步发展。目前，关于电池反应机理方面的研究尚未成熟，仍需要研究者的不断努力和反复验证。另外，锂硫电池和锂空气电池性能的提升需要对反应机理有深入的认识，针对性地优化设计电池的组成(正、负极和电解质)和构造。

总之，锂硫电池和锂空气电池都是极具发展潜力的储能体系，值得研究人员深入分析反应过程，并依此优化电池部件、结构组成，不断提升电池的电化学性能。

思 考 题

1. 概述锂硫电池的充放电机理。
2. 详细解释锂硫电池的穿梭效应。
3. 列举锂硫电池目前存在的问题和可能的解决方案。
4. 简要说明锂空气电池的充放电机理。
5. 分析锂空气电池充放电极化过大的内在原因。
6. 列举目前锂空气电池存在的主要问题及优化方案。

第 7 章　二次电池的回收利用

7.1　铅酸电池的回收利用

铅酸电池具有性价比高、安全可靠、低温性能好等优点，已被广泛应用于储能领域及交通运输、通信、电力等国民经济的重要领域。近年来，随着电动汽车的高速发展，车用铅酸电池的使用量也急剧上升，导致铅酸电池的报废数量大大增加。由于废铅酸电池中存在大量重金属铅和高浓度硫酸溶液，若不进行有效回收与科学处理，将对生物与环境造成极大威胁。研究表明，废酸溶液进入土壤之后会引发水体污染，对土壤有机质造成破坏，导致土壤肥力下降，重金属铅则会引起人体贫血、腹痛、脉搏减弱等症状，严重时能导致死亡。因此，对废铅酸电池进行回收与科学处理势在必行。铅酸电池中存在较多可回收利用的资源，如铅本身是一种具有重要经济价值的有色金属。铅矿的不断开采造成原生铅的量越来越少，逐渐无法满足工业对铅的需求。鉴于我国铅矿资源有限，如不对占比消费铅总量 80%的铅酸电池进行有效回收利用，必将导致铅资源短缺。因此，回收处理废铅酸电池，无论是从保护环境还是节约资源的角度来讲都具有重要意义。

7.1.1　铅酸电池报废原理

铅酸电池的充放电总反应式为

$$Pb + PbO_2 + 2H_2SO_4 \rightleftharpoons 2PbSO_4 + 2H_2O \tag{7.1}$$

该反应为可逆反应，放电时，反应向右进行，生成 $PbSO_4$；充电时，反应向左进行。在理想情况下，铅酸电池的充放电可以一直可逆进行，但随着循环次数的增加，电极板被放电产物 $PbSO_4$ 逐渐覆盖，进而导致电极板导电性能下降，直至不能充电而报废。

7.1.2　回收技术

1. 破碎分选技术

废铅酸电池按材料种类可分为塑料外壳、铅合金栅极、硫酸电解质和铅膏四种组分(图 7.1)。基于此特点，目前的回收方法是将废铅酸电池破碎，从而将四种组分分离，因此破碎分选技术是废铅酸电池回收最先采用的技术。该技术也是较早在生产实践过程中将全自动化机械化破碎技术成功应用于废铅酸电池的回收过程。目前主要有两种破碎分选系统：美国 M.A.公司开发的 M.A.技术和意大利 Engitec 公司开发的 CX 技术。两种技术的原理都是先将废铅酸电池机械破碎成小尺寸组件，然后经过分选技术达到四组分分离的目的。我国近些年才开始该方面的研究，在生产实践中主要有传统的人工破碎分选、引进国外先进破碎分选技术和自主研发破碎分选系统三种做法。其中，人工破碎的效率非常低，而且对环境安全和人体健康也是不利的，处于淘汰期；引进国外的先进技术效果好，但随之也带来了成本高的问题，给企业造成了资金上的压力。国内目前只有江苏春兴合金(集团)有限公司自主研发破碎分选系统,虽然与主流工艺相比仍有较大差距，但却是我国废铅酸电池破碎分选技术发展的长远之计。

$$\boxed{\text{废铅酸电池}} \rightarrow \boxed{\text{破碎}} \rightarrow \boxed{\text{分选}} \rightarrow \boxed{\text{预脱硫}} \rightarrow \boxed{\text{铅膏处理}}$$

图 7.1 废铅酸电池回收的步骤

2. 铅膏回收技术

废铅酸电池的前三种组分相对单一，通过现有技术就能够实现回收利用。清洗之后的塑料外壳可再生为塑料颗粒，经过金属熔融和分离工序可实现铅合金栅极中各类金属的分离及回收。通过除杂、浓缩等工序，可实现硫酸的再生。而第四种组分由于组分复杂，性质各异，导致铅膏回收难度较高，因此成为废铅酸电池回收的研究重点。最常见的方法有火法回收和湿法回收。

1) 火法回收技术

铅膏成分包括大部分 $PbSO_4$、小部分 PbO、PbO_2 和少量杂质。在高温条件下，金属铅能够通过高价铅被还原剂直接还原获得，因此添加碳还原剂和一些熔剂熔炼铅膏的火法回收技术得到广泛的研究与应用。目前废铅膏的火法回收技术主要涉及预脱硫-还原熔炼-精炼技术、原生铅和再生铅混合熔炼技术两类。

(1) 预脱硫-还原熔炼-精炼技术：涉及脱硫、还原和精炼三个主要步骤。脱硫是由于铅膏中的主要成分 $PbSO_4$ 在高温条件下生成硫氧化物，导致设备腐蚀及环境污染。常见的脱硫剂有碳酸钠、碳酸氢钠和碳酸铵。粗制金属铅能够通过脱硫后的高价铅经还原剂还原得到，然后用氢氧化钠、硝酸钠精炼剂在精炼锅中进行精炼。主要反应如下：

$$PbSO_4 + Na_2CO_3 == PbCO_3 + Na_2SO_4 \tag{7.2}$$

$$PbSO_4 + (NH_4)_2CO_3 == PbCO_3 + (NH_4)_2SO_4 \tag{7.3}$$

$$PbSO_4 + NaHCO_3 == PbCO_3 + NaHSO_4 \tag{7.4}$$

$$PbCO_3 + C == Pb + CO_2\uparrow + CO\uparrow \tag{7.5}$$

(2) 原生铅和再生铅混合熔炼技术：在原生铅的反应冶炼中，必须先将铅精矿中一部分 PbS 氧化成 PbO、PbO_2 或 $PbSO_4$，然后与未氧化的 PbS 反应得到粗铅。而 PbO、PbO_2 和 $PbSO_4$ 可由铅膏直接提供，这使得预氧化工序可以省去，其自身含有的铅也可参与冶炼。铅膏与铅精矿反应原理如下：

$$PbS + 2PbO == 3Pb + SO_2\uparrow \tag{7.6}$$

$$PbS + PbO_2 == 2Pb + SO_2\uparrow \tag{7.7}$$

$$PbS + PbSO_4 == 2Pb + 2SO_2\uparrow \tag{7.8}$$

　　两种火法回收技术中,预脱硫-还原熔炼-精炼技术是铅膏的单独回收技术,随着原生铅资源的逐渐消耗,未来铅冶炼工业的主要原料成为占 80%再生铅比例的废铅膏,因此铅膏单独回收技术的开发具有发展前景。原生铅和再生铅混合熔炼技术是铅膏的混合回收技术,该法可以利用原生铅的冶炼设施,加快解决铅酸电池污染问题,有较高的现实意义。

　　2) 湿法回收技术

　　由于火法回收具有高能耗、高污染、高排放的缺点,因此在常温条件下,直接在溶液中回收铅膏的湿法技术得以广泛研究。该技术主要包括电解沉积、固相电解还原、柠檬酸铅法。

　　(1) 电解沉积:如图 7.2 所示,该技术主要包括四个步骤:脱硫 → 还原 → 浸出 → 电解。铅膏经碱金属碳酸盐脱硫,还原剂将 PbO_2 转化为 PbO 后,通过浸出剂的作用,铅被转移到富铅电解质中,随后用电解沉积法制备精铅。RSR 法和 CX-EW 法是两种代表性工艺,其中 RSR 法反应原理为

$$脱硫: \quad PbSO_4 + (NH_4)_2CO_3 === PbCO_3\downarrow + (NH_4)_2SO_4 \tag{7.9}$$

$$还原: \quad PbO_2 + Na_2SO_3 === PbO + Na_2SO_4 \tag{7.10}$$

$$浸出: \quad PbO + H_2SiF_4 === PbSiF_4 + H_2O \tag{7.11}$$

$$浸出: \quad PbCO_3 + H_2SiF_4 === PbSiF_4 + H_2O + CO_2\uparrow \tag{7.12}$$

$$电解: \quad Pb^{2+} + 2e^- === Pb \tag{7.13}$$

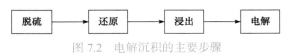

图 7.2　电解沉积的主要步骤

　　与 RSR 法相似,CX-EW 法只是采用 Na_2CO_3 和 H_2O_2 分别作为脱硫剂和还原剂。电解沉积技术能够避免火法回收技术的高温条件,从而避免了烟尘和 SO_2 的形成,但其能耗相比于火法依然较高,1 kg 铅的耗电量约为 12 kW·h,因此该法仍有待进一步研究。

　　(2) 固相电解还原:固相电解还原的电解质为 NaOH 溶液,阴、阳极为表面带折槽的不锈钢板,折槽中填充经过 8 mol·L^{-1} NaOH 溶液浆化后的铅膏,通电电解时,含铅化合物从阴极得到电子而直接被还原为金属铅,阴极反应为

$$PbSO_4 + 2e^- === Pb + SO_4^{2-} \tag{7.14}$$

$$PbO_2 + 2H_2O + 4e^- === Pb + 4OH^- \tag{7.15}$$

$$PbO + H_2O + 2e^- === Pb + 2OH^- \tag{7.16}$$

　　该法的特点主要是占地少、投资少、回收率高、过程清洁,但碱耗较高,因此该法仍有待研究。

　　(3) 柠檬酸铅法:铅膏中经柠檬酸三钠处理的 $PbSO_4$ 和柠檬酸处理的 PbO 与 PbO_2 均转化为柠檬酸铅,然后通过低温煅烧,柠檬酸铅转化为超细 PbO 粉,反应原理为

$$3PbSO_4 + 2Na_3C_6H_5O_7 \cdot 2H_2O \Longrightarrow [3Pb \cdot 2(C_6H_5O_7)] \cdot 3H_2O + 3Na_2SO_4 + H_2O$$

$$(7.17)$$

$$PbO_2 + C_6H_8O_7 \cdot H_2O + H_2O_2 \Longrightarrow Pb(C_6H_6O_7) \cdot H_2O + O_2 + 2H_2O \tag{7.18}$$

$$PbO + C_6H_8O_7 \cdot H_2O \Longrightarrow Pb(C_6H_6O_7) \cdot H_2O + H_2O \tag{7.19}$$

铅膏通过该法能直接转化为可用于生产铅酸电池的原料——超细铅粉。由于铅酸电池的铅用量占铅总量的 80%,自身的生产原料可直接通过铅酸电池的废弃物转化制得,不仅缩短了工艺流程,还节约了资源,因此柠檬酸铅法具有重要意义。

7.1.3　工艺现状

废铅酸电池经破碎分选后可进行铅膏处理,由于在火法回收技术中铅膏的硫元素具有潜在的硫污染问题,因此在处理前必须进行铅膏预脱硫。铅酸电池中铅膏回收处理的一般流程如下。

1. 铅膏脱硫工艺

铅膏中的硫酸铅通过铅膏预脱硫转化为碳酸铅,降低火法熔炼的温度,节省能耗,同时避免烟尘、二氧化硫的大量排放。目前,碳酸盐转化脱硫是铅膏预脱硫的主要工艺。由铅化合物的电势-pH 图可知,在 pH = 6~10 时,碳酸铅的溶度积比硫酸铅小 6 个数量级,在此条件下,硫酸铅能向碳酸铅转化,反应原理为

$$PbSO_4 + Na_2CO_3 \Longrightarrow PbCO_3\downarrow + Na_2SO_4 \tag{7.20}$$

2. 铅回收工艺

铅的冶炼有两种工艺:火法和湿法。火法是主要的铅冶炼方法,而湿法则处于研究阶段。火法回收铅工艺主要有以下几种。

(1) 反射炉熔炼技术:该技术的燃料为煤气或天然气,辅助原料为碳酸钠、无烟煤及生石灰等,熔炼设备采用反射炉,含铅废料被高温还原。该技术的特点是操作简单、适用性强、投资少等,但是它的能耗高、环境污染严重,并且生产和热效率都较低,间断作业,不易采用自动化控制。

(2) 竖炉熔炼技术:该技术的燃料为焦炭或高炉煤气,以竖炉为熔炼设备,在焦点区燃烧形成高温,然后还原含铅废料。该技术适用性强、生产能力大、能实现连续生产,但粉尘率高,细粒物料需要烧结或制团。

(3) 短窑熔炼技术:该技术的燃料为天然气或柴油,辅助原料为碳酸钠等,熔炼设备采用短炉身、高耐火材料内衬的回转窑。该技术具有可连续熔炼、密闭性好、原料适用性强、利于传热传质等特点,但具有产渣量大、炉衬寿命短的缺点。

(4) 富氧底吹熔炼技术:该技术利用熔池熔炼原理,通过浸没底吹氧气的强烈搅动,使反应器(熔炼炉)熔池中的硫化物精矿、未脱硫铅膏与熔剂等原料充分搅动,迅速熔化、氧化、交互反应和还原,生成粗铅。该技术能实现铅精矿与废铅膏的混合熔炼,产生的烟气可制酸,省去了铅膏脱硫工序,具有工艺流程短、建设和运行成本低、氧利用率高、

脱硫率高等优点，可实现生产过程自动化控制。该技术适用于铅精矿与铅膏等二次物料的混合熔炼，不适用于单独处理废铅膏。

7.1.4　总结

在废铅酸电池中，塑料外壳、硫酸溶液、铅栅极和铅膏四种组分都有可回收利用的价值，其中铅膏价值最高，但也最难处理。

当前，铅酸电池四种组分的分选和铅膏的回收利用成为铅酸电池回收处理最主要的研究方向。目前，废铅酸电池良好的破碎与组分的分离可通过国际上先进的分选技术——M.A.技术和 CX 技术实现，而我国关于破碎分选的研究还处于起步阶段。

铅膏的回收处理主要包含两部分：铅膏的预脱硫和铅的回收。降低二氧化硫污染和熔炼温度可通过铅膏预脱硫实现，主要依靠碱金属碳酸盐置换硫酸根。火法和湿法是铅回收的两类技术，火法冶炼具有反应快、工艺成熟的特点，成为当前主流技术。根据炉型的不同可分为反射炉法、竖炉法、短窑法和富氧底吹法。但高温条件对设备的要求高，且容易产生粉尘，需要后续除尘处理，因此仍需要进一步研究。湿法技术效率低，但常温即可回收处理，是一种比较有前景的工艺，目前仍处于起步研究阶段。如果湿法反应速度方面的问题能够有所突破，湿法回收将大有作为。

我国废铅酸电池的回收处理仍面临很大的问题，主要原因是缺乏完备的管理体制。在未来几年，应加快建立废铅酸电池回收处理法律体系，鼓励民间组织建立回收联盟，加强对违法经营的惩治力度，提高再生铅行业的准入条件，逐步规范我国废铅电池回收处理市场。

7.2　镍氢电池的回收利用

随着矿产资源的消耗问题日益严峻，废旧镍氢电池的回收与利用势在必行。这不仅有非常大的环境效益，而且具有一定的经济和社会效益。废旧镍氢电池的回收再利用技术主要有机械回收法、火法冶金技术、湿法冶金技术、生物冶金技术、正负极分开处理技术、废旧镍氢电池再生技术。

7.2.1　机械回收法

机械回收法也称为选矿技术，通常是作为火法冶金与湿法冶金的预处理步骤或补充。这种回收废旧电池的方式主要是根据物质的密度、磁性、韧性和导电性等差异进行的，主要步骤一般包括分类、磁选、拆解、破碎等。机械回收法处理废弃镍氢电池的工艺流程见图 7.3。

机械回收法的处理过程是单纯的物理过程，并不涉及高温煅烧和化学反应，是一种高效、无污染的处理技术。但是，废旧镍氢电池的组分一般较为复杂，通过单一的机械回收法难以全面回收废旧镍氢电池中的有价金属。因此，将机械回收法与其他方法联合使用是一种有效回收有价金属的途径。

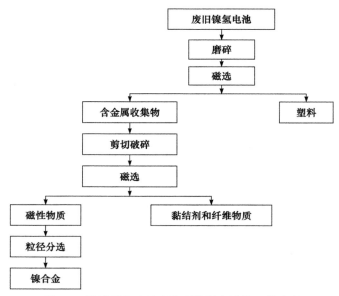

图 7.3   机械回收法处理废旧镍氢电池的工艺流程

7.2.2   火法冶金技术

火法又称为干法或烟法，这种方法一般是先对废旧镍氢电池进行分类筛选、破碎，然后将其放入焙烧炉中进行高温条件下的焙烧。其原理主要是利用废旧镍氢电池中各种金属之间的熔、沸点不同，采用控温蒸发的方式达到各组分冷凝回收的目的。这种技术一般用来对镍铁合金进行回收处理。目前，火法冶金技术中的所有作业都是在空气中进行的，真空火法冶金技术则是在一个密闭的负压环境条件下进行。火法冶金技术处理废旧镍氢电池的工艺流程见图 7.4。

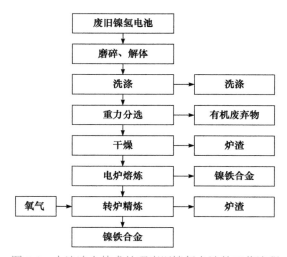

图 7.4   火法冶金技术处理废旧镍氢电池的工艺流程

火法冶金技术的特点是物料处理量大，处理过程简单，可直接利用现有的处理废旧镍镉电池设备等。但是，由于这种技术回收得到的产品价值通常较低，一些贵金属(如钴等)并没有被回收利用；此外，稀土成分也被转入炉渣，造成资源的极大浪费。

　　火法冶金技术的处理过程对设备要求也非常高，能耗很大。在常压冶金技术中，由于空气参与反应，还容易造成二次污染。虽然真空处理技术能够在一定程度上缓解常压冶金技术二次污染的问题，但其对有价值的金属镍、钴的回收效率并不高，能耗也较高。因此，为了能够尽可能取得最佳的回收效果、减少环境污染，目前人们倾向于将真空处理技术与其他工艺相结合进行废旧镍氢电池的回收处理。

7.2.3　湿法冶金技术

　　湿法冶金技术是将废旧镍氢电池经过机械粉碎、去碱液、磁选和重力分离处理等工序后，把含铁物质分离出来；然后进行酸浸洗，将电极敷料溶解掉，过滤去除不溶杂质，从而获得含有镍、钴、锰、铝、稀土元素等的金属盐溶液；最后采取各种回收手段，如化学沉淀、萃取、置换等将有价金属进行有效的回收利用。

　　与火法冶金技术相比，湿法冶金技术可将各种金属进行单独回收，所回收的金属纯度高，能耗低，并且产生的废气少，废液也易于进行控制，在一定程度上极大地降低了环境污染的风险。湿法冶金技术的工艺流程往往较为复杂，处理的成本相对较高，使其较难实现工业化生产。但与火法冶金技术相比，湿法冶金技术在废旧镍氢电池的处理上还是具有很大的优势的。当前，湿法冶金技术的研究重点和难点大多集中在浸出条件的优选以及镍、钴元素的分离。湿法冶金技术处理废旧镍氢电池的工艺流程见图 7.5。

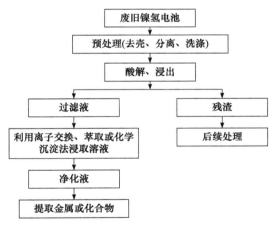

图 7.5　湿法冶金技术处理废旧镍氢电池的工艺流程

7.2.4　生物冶金技术

　　生物冶金技术也称为生物沥滤，其原理主要基于矿业的生物湿法处理技术，利用环境中的特定微生物所产生的直接作用或其代谢物的间接作用进行吸附、配位、溶解、氧化或还原，把重金属从废旧电池中分离浸提出来。生物冶金技术的特点是工艺简单，处理成本低，无需高温高压操作，环境友好，重金属溶出率高。与传统的火法和湿法冶金技术相比，生物冶金技术极具发展前景。生物冶金技术处理废旧镍氢电池的工艺流程见图7.6。

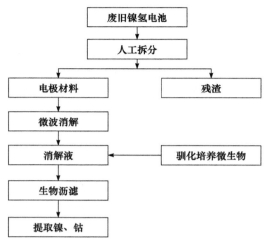

图7.6   生物冶金技术处理废旧镍氢电池的工艺流程

目前，生物冶金技术主要用于镍镉电池的回收处理。例如，研究者利用在地下水道污水驯化培养后产生的嗜酸性微生物菌种浸提镍镉电池中的镍、镉元素。在pH为1.8～2.1、污水停留时间5 d、浸出时间50 d、生化反应液加入铁粉的条件下，镍、镉浸出率分别为87.6%、86.4%。此外，也有采用城市污水厂污泥进行酸化微生物的培养，利用二阶段连续流批处理工艺进行废旧镍镉电池的处理，污泥连续进入酸化池，酸性产物经过沉淀处理后，上清液流入沥滤池，废旧电池中的重金属在沥滤池中沥滤溶出。考虑到镍镉电池与镍氢电池正极材料具有相似性，用于处理镍镉电池的生物冶金技术对镍氢电池的处理同样具有借鉴意义。例如，孙等用氧化硫硫杆菌和氧化亚铁硫杆菌对电极材料中的重金属进行生物淋滤处理可行性及工艺技术的研究，发现在初始pH=1.0时，电极材料质量分数为1.0%、温度为30 ℃、单质硫浓度为4.0 g·L^{-1}、沥滤时间20 d条件下，镍、钴浸出率分别为95.7%、72.4%。

7.2.5   正、负极分开处理技术

基于废旧镍氢电池中正、负极板和隔膜等构件易分离的特点，正、负极分开处理技术引起了人们的关注。其处理过程是先把镍氢电池各组件进行分离，然后采用不同的方法对不同类型的材料进行处理。对于正极活性物质，先将其浸在酸溶液中，经沉淀分离与电沉积有效回收其中的镍、钴等金属。对负极材料的处理则是类似于湿法冶金技术的处理方式。研究发现，采用正负极分开处理技术对镍氢电池进行回收利用，投资最少，效率最高。

1. 正极常用处理技术

正极材料主要涉及镍和钴两种有价金属，它们在正极中的总含量接近70%。由于

二者性质十分相近，它们的分离一直是研究者探讨的重要问题。目前，常用的镍、钴分离技术有溶剂萃取法、离子交换法、化学沉淀法。溶剂萃取法分离镍、钴一般是将+2价钴氧化成+3价，并与某些配体(如 NH_3 等)形成稳定配合物，使钴不被萃取而与镍分离。这种方法的缺点是需要加入大量的氧化剂，需要长时间通气，并且钴不易被完全氧化。离子交换法主要是利用镍、钴对离子交换树脂交换剂的亲和力的差异进行分离。由于镍、钴离子半径相近，对交换剂亲和力差别较小，因此该法分离镍、钴也不彻底。化学沉淀法主要是依据镍、钴电极电势的差异，即+2价钴易被氧化成+3价，并迅速水解生成 $Co(OH)_3$ 沉淀，而镍不发生类似反应，从而实现二者的分离。该法的缺点是需要对溶液 pH 进行严格控制，其值稍有变化，就会引起镍的共沉淀，从而不能实现有效分离。张等利用化学沉淀法分离镍、钴，回收得到的碳酸镍和硫酸钴产品纯度都在99.0%以上，二者回收率也都超过98%。廖等利用正交实验得出镍氢电池正极材料的最佳浸出条件：氧化剂加入量为 $0.38 \ mL \cdot g^{-1}$ 正极物料，浸出时间 60 min，浸出温度 80 ℃，硫酸初始浓度为 $3.0 \ mol \cdot L^{-1}$。在此条件下，Co 的浸出率达到99.7%，Ni 的浸出率达到99.1%。夏等研究用废旧镍氢电池正极材料制备电子级硫酸镍，得出最佳浸出条件为：浸出时间为 30 min，硫酸用量为理论量的150%，搅拌速度为 $600 \ r \cdot min^{-1}$，液固质量比 5∶1，在此条件下，镍的浸出率大于98%，镍的总回收率大于93.1%，所得产品 $NiSO_4 \cdot 7H_2O$ 达到电子级硫酸镍的质量标准。夏等采用氧化-硫酸浸出法回收废旧镍氢电池正极残料中的镍和钴，确定了较为优化的浸出条件，钴的浸出率为99.2%，镍的浸出率为99.3%。

2. 负极常用处理技术

负极材料除含有大量的镍、钴有价金属外，还含有大量的镧、铈和铷等轻稀土元素。这些稀土元素价格昂贵，有巨大的回收价值。目前，负极回收方法是将其进行酸浸，常用的酸有硫酸、盐酸和硝酸，也有利用浓硫酸和浓硝酸混合浸提。利用硫酸浸提时，浸出液通常加入硫酸钠与稀土硫酸盐形成复盐沉淀，从而分离稀土和镍、钴。然后利用正极镍、钴分离方法对镍、钴分别进行回收。采用盐酸介质浸提时，主要利用萃取法进行稀土和镍、钴的分离。林等用工业浓硫酸、浓硝酸和去离子水按 1.67∶0.13∶7.5(体积比)在 80 ℃条件下将废旧镍氢电池负极材料中的储氢合金浸出，再利用硫酸钠将稀土元素以硫酸复盐的形式沉淀析出。然后以高锰酸钾为氧化剂、工业稀碱为中和剂对其他金属元素(如铁、锰、铝)进行分离。剩下含钴的硫酸镍溶液直接用于制备含钴型 β-$Ni(OH)_2$。徐等利用无水硫酸钠沉淀稀土的方法，从镍氢电池负极板中成功分离出稀土，该法可把92%以上的稀土沉淀下来，从而达到镍、钴与稀土基本分离。梅等通过正交实验确定了从废旧镍氢电池负极板中回收稀土金属的最佳浸出条件和稀土复盐沉淀的最佳沉淀条件。在最优的浸出条件下，稀土的浸出率可达92.5%，稀土回收率可达94.6%。王等用硫酸从镍氢电池负极板材料中浸出有价金属，在最佳条件下，镍、钴浸出率在98%以上，稀土浸出率在90%以上。王等利用稀硫酸-旋流联合法成功实现了镍氢电池负极材料中活性物质与基体的分离。该法最佳酸浸工艺条件为：H_2SO_4 浓度为 $0.3 \ mol \cdot L^{-1}$，液固质量比为 20∶1，温度为 80 ℃，时间为 2 h。

7.2.6 废旧镍氢电池再生技术

再生技术是指通过废旧镍氢电池中的活性物质直接再生电池正、负极材料的技术。例如，王等和余等进行了从废旧镍氢电池再生储氢合金材料的研究，提出只需要经过简单的化学处理及冶炼步骤就可以再生得到储氢合金，并且再生合金与 $CaCu_5$ 有相同的结构，其电化学性能完全达到原储氢合金的水平。南开大学新能源材料化学研究所根据镍氢电池储氢合金失效的原因，分别处理正、负极材料，对负极合金粉的表面氧化物进行化学处理，然后调整合金各元素的含量，再冶炼，得到性能优良的储氢合金；对正极的泡沫镍基片进行处理，得到性能优异的 $Ni(OH)_2$ 球。日本丰田汽车公司把含有镍和钴离子的浓硫酸溶液注入镍氢电池中，加热至 60 ℃，并在此温度下保持 1 h，使负极表面的氢氧化物彻底清除，恢复负电极容量及隔板的亲水性，提高负极反应活性，排干浓硫酸，补充新的电解质，恢复正极容量，从而实现对镍氢电池的再利用。

再生技术的优点是工艺简单、安全可靠、最大化资源回收等。不过，这种技术在处理废料时对原料的要求很高，并且所得到的产品中杂质含量较高，质量也不稳定，性能与原合金仍存在差距，从而限制了该技术的发展。

7.3 锂离子电池的回收利用

锂离子电池由正/负极片、电解质、隔膜、集流体和外壳等部分组成。目前工业生产中，正极使用铝箔集流体，钴酸锂或锰酸锂、镍钴锰酸锂三元材料、磷酸铁锂等为活性物质；负极使用铜箔集流体，活性物质以天然石墨和人造石墨为主；电解质主要采用溶有六氟磷酸锂($LiPF_6$)的碳酸酯类溶液；利用高强度、薄膜化的聚烯烃系多孔膜，如多微孔的聚乙烯(PE)和聚丙烯(PP)等聚合物作为锂离子电池的隔膜。电池外壳为钢壳(方形电池很少使用)、铝壳、镀镍铁壳(圆柱形电池使用)、铝塑膜(软包装)等金属材料。由于不含汞、镉、铅等有毒重金属，锂离子电池被认为是环保无污染的绿色电池，但废旧锂离子电池材料对环境和人体健康仍有严重的不利影响，如表 7.1 所示。如果采用类似普通垃圾处理的方法，对锂离子电池进行填埋、焚烧、堆肥等处理，电池中的钴、镍、锂、锰等金属，以及各类有机、无机化合物将造成重金属污染、有机物污染、粉尘污染、酸碱污染等，对生态环境造成不利影响。随着锂离子电池大规模发展，电池原材料短缺也促进了废弃材料再利用的趋势。因此，废旧锂离子电池需要经过回收处理，确保锂离子电池的可持续发展。

表 7.1 废旧锂离子电池材料及潜在污染

分类	常用材料	化学特性	潜在污染
正极	钴酸锂/锰酸锂/镍钴锰酸锂/磷酸铁锂	与水、酸等发生反应，产生有害金属氧化物	重金属污染
负极	碳材/石墨	粉尘遇明火或高温可发生爆炸	粉尘污染
电解质	六氟磷酸钾	遇水产生 HF，氧化产生 P_2O_5 等	氟污染，改变环境酸碱度

续表

分类	常用材料	化学特性	潜在污染
有机溶剂	碳酸乙烯酯/碳酸二甲酯	水解产生醛和酸	有机物污染
隔膜	聚乙烯/聚丙烯	燃烧产生 CO、醛等	有机物污染

7.3.1　锂离子电池回收现状

自商业化以来，锂离子电池被广泛用于消费类电子产品领域。随着新能源汽车的发展，数以百万计的车辆将直接由锂离子电池提供动力或装备了锂离子电池。由于电池的使用寿命有限，大量废旧锂离子电池也将随之产生。基于锂离子电池显著的污染性和资源性特点，废旧锂离子电池的回收受到了国内外的广泛关注。目前的锂离子电池回收技术主要针对电池正极材料中 Co、Li 及 Ni 等价值较高的金属回收，对于负极碳基材料和电解质的回收鲜有报道。锂离子电池正极回收方法主要如图 7.7 所示，整体回收过程分为三个部分，即预处理过程、正极有价金属提取和产品制备过程。其中，最为关键的就是有价金属的提取过程，可以采用物理、化学、生物等方法，在实际的应用过程中，化学法(火法、湿法冶金)是最为常见的方法。

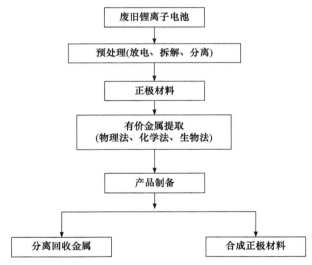

图 7.7　废旧锂离子电池回收处理流程示意图

7.3.2　锂离子电池预处理

通常废旧锂离子电池中含有部分残留电量，如果拆解不当，极易引发火灾、爆炸等事故。因此，在电池材料回收过程中，首先需对废旧电池进行预处理，如放电或失活等，以保证下一步的处理安全。主要方法是将废旧电池在一定浓度的 NaCl 溶液中浸泡一段时间即可达到放电效果，或者将废旧电池冷冻至极低温度(如液氮冷冻)，使其失活并安全破碎。该方法适合高容量电池的大批量工业化应用，如美国 Umicore 公司和 Toxco 公司都使用这种方法，缺点是设备要求高和初期建设成本较高。

放电后的电池需要机械或人工拆解、分离，从而得到富集有价金属的材料。初步拆解后的电池材料包括正/负极片、隔膜及其他组分，将得到的正/负极片和隔膜进行干燥处理，然后进一步分离正/负极片进入有价金属提取过程。这时，正极片的活性物质仍通过黏结剂聚偏氟乙烯(PVDF)附着在铝箔集流体上，由于其黏附力较强，一般较难将其分离。因此，为了得到较纯的正极活性物质，需要对正极片进行分离处理，方法包括热处理法、溶剂溶解法和碱溶法等。

(1) 热处理法：热处理法是通过烧掉正极片中的黏结剂和碳材料等，进而分离获得活性物质。热解过程中黏结剂一般在350 ℃以上开始分解，其他碳基组分在600 ℃左右开始分解。通过调节热解温度位于碳氧化温度和铝箔熔化温度之间，可以彻底去除黏结剂和碳基导电剂。同时，热处理过程会还原部分活性物质中的过渡金属，可以提高后续过渡金属的回收效率。热处理法工艺简单、易操作，适合大规模应用，缺点在于需要额外的废气处理过程，能耗较大。

(2) 溶剂溶解法：此方法基于黏结剂的极性性质，利用具有相似极性的有机溶剂溶解黏结剂，进而分离活性物质和金属集流体，常用的有机溶剂包括 N-甲基吡咯烷酮(NMP)和二甲基甲酰胺(DMF)。针对黏结剂为 PVDF 的废旧锂离子电池正极活性物质，通常采用有机溶剂 NMP 进行分离。例如，Contestabile 等开发了一种钴酸锂回收工艺，将正极片用 NMP 溶剂在100 ℃的条件下加热1 h，$LiCoO_2$ 可以有效地从集流体上分离并回收，而铝箔集流体以金属单质的形式回收。溶剂溶解法分离效率高，对材料的破坏性小，但有机溶剂的成本较高且具有一定毒性，影响环境和人体健康。

(3) 碱溶法：碱溶法主要是利用铝箔的两性性质，用氢氧化钠溶液溶解铝箔集流体，而活性物质可以在碱液中稳定存在，从而实现活性物质与集流体的分离。碱溶法操作简单、效果较好，但处理过程中残留的黏结剂在后续热处理过程中容易产生氟化物，对环境造成危害。

7.3.3 有价金属提取过程

有价金属的提取过程是整个废旧锂离子电池回收过程的核心，主要目的在于将不能直接利用的正极材料中的金属转变为溶液或合金状态，以利于后续金属的分离回收。主要方法有物理法和化学法等，其中化学法(火法、湿法冶金)具有金属回收率高等优点，已经成为目前工业废旧锂离子电池回收的主要方法。

1. 物理法

物理法主要是利用物理化学过程对电池进行处理。以钴酸锂电池为例，常见的处理方法有破碎浮选法和机械研磨法。

1) 破碎浮选法

破碎浮选法是利用物质表面物理化学性质的差异，首先破碎、分选废锂离子电池，然后进一步热处理去除电极材料中的有机黏结剂，最后利用钴酸锂和石墨表面的亲水性质的差异对其进行浮选，从而实现钴酸锂化合物的回收。破碎浮选法的特点是：①工艺过程简单；②有效分离钴酸锂和碳基材料；③锂、钴回收率高。但是，由于电池中物质全部被破碎混合，对后续铜箔、铝箔及金属壳碎片的分离回收造成了困难，同时破碎过程中电解质 $LiPF_6$ 易与水反应产生氟化氢等挥发性气体，造成环境污染。

2) 机械研磨法

机械研磨法是通过机械研磨产生热能，促使电极材料与磨料之间充分反应，从而使电极材料中的锂化合物转化为盐类。采用不同类型的研磨材料可以获得不同的回收率，目前可以做到较高回收率：钴回收率 98%，锂回收率 99%。机械研磨法虽然工艺简单，但对仪器设备的要求较高，且容易造成钴的损失及铝箔回收困难等问题。

2. 化学法

化学法是利用化学反应对锂离子电池进行处理的方法，一般分为两种：火法冶金和湿法冶金。

1) 火法冶金

火法冶金又称高温或干法冶金，是利用高温还原焙烧处理废旧锂离子电池。通常包括两个处理步骤。首先，锂离子电池不需要经过预处理，直接在高温熔炉中燃烧锂离子电池，有机化合物被分解，如塑料外壳、隔膜、电解质、黏结剂等。然后，利用碳还原生成新的合金。通过后续的纯化步骤，合金经过分离得到纯净材料。在这个过程中，只有钴、镍、铜等金属能得到有效的回收。在焚烧过程中，负极、电解质、塑料等被氧化，需提供额外的能量。焚烧产生的炉渣等可用于建筑等工业领域，产生的有害气体等经过净化处理后排出。目前，火法冶金工艺主要用于钴含量高的便携式电子产品的锂离子电池的回收。火法冶金的主要优点是工艺较简单，容易实现，可以对混合锂离子电池进行统一处理。缺点是：①焚烧过程能耗高；②合金的进一步加工增加了回收成本；③回收的金属纯度较低。

2) 湿法冶金

废旧锂离子电池的湿法回收过程如图 7.8 所示，锂离子电池经过预处理得到正极活性材料，然后利用酸法、碱法或生物法浸出金属元素，最后利用共沉淀法、溶剂萃取法、电化学法和盐析法对浸出液中的金属离子进行分离回收。湿法冶金工艺适用于化学组成

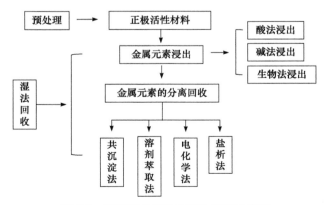

图 7.8 废旧锂离子电池湿法回收示意图

单一的废旧锂离子电池，也可以与火法冶金结合使用。湿法冶金的主要优点是：①可以分离出纯度高的金属；②可以更大程度地回收废旧锂离子电池相关组分；③能耗低，无有害气体产生。缺点包括：①工艺复杂；②部分金属元素性质相似，分离难度大；③需要处理废水。

湿法冶金工艺具体的流程如下。

a. 金属元素浸出

酸法浸出：针对预处理后的锂离子电池正极材料，酸浸是最常见的方法。通常使用一些无机强酸，如盐酸(HCl)、硫酸(H_2SO_4)和硝酸(HNO_3)。其中，HCl 和 HNO_3 在使用过程中会产生有毒有害气体，H_2SO_4 的使用较为常见。目前，工业上酸浸主流工艺是 H_2SO_4 加还原剂过氧化氢，以钴酸锂为例，原理如下：

$$2LiCoO_2 + 3H_2SO_4 + H_2O_2 \longrightarrow Li_2SO_4 + 2CoSO_4 + 4H_2O + O_2 \tag{7.21}$$

浸出过程中，过氧化氢的加入可以促进三价钴的还原，得到易溶的二价钴离子，提高金属钴的浸出率。

一些有机酸包括柠檬酸、草酸、甲酸等也可以用于金属元素浸出，且在较温和的环境下，有机酸浸出可以达到类似无机酸的浸出效率。

碱法浸出：由于浸出过程具有选择性，碱法浸出通常用于避免一些昂贵金属离子的分离或提纯。例如，氨、碳酸铵和亚硫酸铵等作为浸出剂可与镍、钴和铜等金属形成稳定的氨配合物。

生物法浸出：随着冶金技术的发展，生物冶金法因其高效环保、低成本等优势，具有潜在的应用前景。生物法浸出是一种环境友好的方法，主要是利用微生物代谢过程中产生的酸浸出金属元素，使金属以离子的形式进入溶液。常用的微生物有氧化亚铁硫杆菌和氧化硫硫杆菌。生物法处理废旧锂离子电池的成本低，绿色环保，但金属元素的浸出率较低，浸出所需细菌培养周期长、条件苛刻，工艺有待进一步改进。

b. 金属元素的分离回收

经过之前的金属元素浸出过程，金属元素如锂、钴、镍和锰等均以离子的形式存在于浸出液中，需要进一步分离、提纯，主要方法有共沉淀法、溶剂萃取法、电化学法和盐析法等。

共沉淀法：共沉淀法是一种较为常用的金属离子分离方法，利用一些特殊的阴离子与有价金属离子结合形成低溶解度的化合物析出，从而使有价金属离子分离。该法的关键在于沉淀剂的选择和沉淀条件的控制，常用的沉淀剂有氢氧化钠、草酸钠、草酸铵和碳酸钠等。沉淀法的优势在于操作简单，实际应用时只需对溶液的酸碱度和沉淀剂的量进行控制，就可以将浸出液中的金属离子分步沉淀，得到各级金属的沉淀物。同时，沉淀法具有金属回收率高、成本低等优势。但由于类似性质金属离子的存在，往往会得到复合物质形态的金属沉淀物，难以进一步分离利用。

溶剂萃取法：萃取法是一种广泛使用的金属离子回收方法，将一种或几种萃取剂混合，与目标金属离子形成稳定的配合物，然后将配合物与浸出液分离，再利用溶剂反萃取出金属离子，从而达到金属离子分离、提纯的目的。常用的萃取剂主要有 P507 和

PC-88A(2-乙基己基磷酸单 2-乙基己基酯)、Cyanex272[二(2,4,4-三甲基戊基)次磷酸]、Acorga M5640(2-羟基-5-壬基苯甲醛肟)和三辛胺(TOA)等。在实际的操作过程中，混合萃取剂的效果一般好于单一萃取剂。以钴酸锂电池为例，图 7.9 显示了不同萃取剂分步分离金属离子的工艺流程。酸浸结合溶剂萃取的湿法冶金工艺是一种比较成熟的废旧锂离子电池处理工艺，该法的金属浸出率和回收率高，但在实际操作中比较复杂，流程较长，且有机萃取剂的使用对人体和环境健康不利。

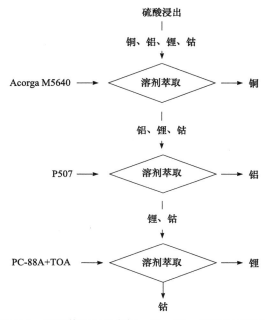

图 7.9 溶剂萃取法分离铜、铝、锂、钴的工艺流程

电化学法：电化学法主要是通过外加电场的作用，使浸出液中的目标金属离子在阴极发生电化学还原，从而得到金属。电化学法可以有效地避免一些杂质的引入，能够得到纯度较高的回收金属，有效避免了后续处理工艺的复杂化，但需要消耗较多的电能，且对活性物质的纯度要求过高，需要在预处理过程中对活性材料进行纯化。

盐析法：盐析法主要是通过在废旧锂离子电池的浸出液中添加饱和电解质溶液和较低介电常数的溶剂降低浸出液的介电常数，改变溶剂化离子的结构和半径，使金属盐化合物从浸出液中析出。盐析法的优点在于工艺简单、成本低且易于操作。在多种金属离子存在的情况下，其他金属盐的析出会在一定程度上降低目标产品的浓度。

7.3.4 正极回收

1. 钴酸锂正极回收

作为最早商业化的锂离子电池正极材料，钴酸锂具有能量密度高、结构稳定的特点，被广泛应用于移动电子设备，如手机、笔记本电脑和数码相机等。目前，废旧钴酸锂电池的回收主要是回收含量高、价值大的钴、锂等有价金属，回收方法包括火法工艺和湿法工艺两种。

火法工艺以比利时 Umicore 公司研发的 VAL'EAS 工艺流程为代表,该工艺主要的处理对象是移动电子产品废旧锂离子电池(钴酸锂),处理方法为高温冶炼法,具体流程如图 7.10 所示。废旧锂离子电池不需经过预处理直接进入高温熔炉内,通过控制煅烧温度和时间获得合金,进一步溶解合金,精炼后可获得高纯度的钴(Co)化合物,在熔炼过程中产生的炉渣可以用作建筑材料,产生的有害气体经过后续处理净化、除尘后排放。在国内,长沙矿冶研究院有限责任公司也开发了类似的火法工艺,对废旧锂离子电池采取先低温煅烧后高温熔炼的处理。火法工艺操作简单,适合处理混合废旧电池,包括锂离子电池、镍氢电池等,但获得的有价金属材料纯度相对较低。

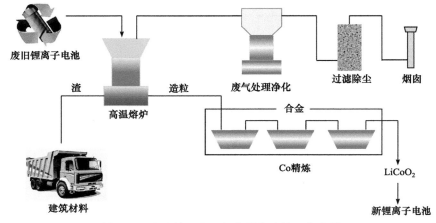

图 7.10　火法处理废旧锂离子电池的工艺流程

法国 Recupyl 公司主要采用物理-湿法工艺回收废旧钴酸锂离子电池,具体流程如图 7.11 所示。首先,将废旧电池置于 CO_2 和 H_2 混合气体中进行拆解,可以有效地降低锂的反应活性。然后,通过筛分、重选等物理手段,分选出钢、铜、塑料和细粒物料等。在惰性氛围下,将氢氧化锂、水加入细粒物料中得到碳酸锂沉淀,不溶的金属氧化物用硫酸加热浸出,分离出金属盐和不溶炭粉。最后,加入碳酸钠溶液,金属钴以碳酸钴沉淀形式析出。

2. 动力锂离子电池正极回收

随着新能源汽车行业的快速发展,动力锂离子电池的回收利用引起国内外的广泛关注。动力锂离子电池的回收利用主要分为以下两个过程。

梯次利用:车载动力锂离子电池在化学活性下降之后进入报废阶段。报废的动力锂离子电池内部的化学成分并没有发生改变,只是其充放电性能不能满足新能源汽车的动力需求,但是尚存的电化学性能足以将其应用于比汽车电性能要求低的储能设备中。因此,动力锂离子电池的梯次利用也成为业内探究较多的回收利用方式之一,即将用于新能源汽车的动力锂离子电池在报废后用于储能、路灯、低速电动车等,最后进入废旧锂离子电池回收体系。

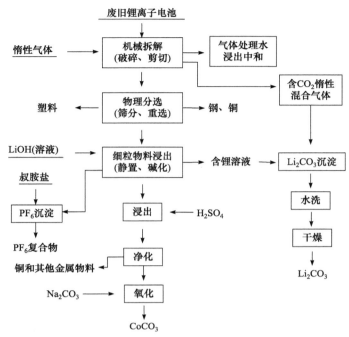

图 7.11　物理-湿法回收废旧锂离子电池的工艺流程

拆解回收：针对容量损耗严重、无法继续使用的动力锂离子电池，将其进行资源化处理，回收利用有价值的再生资源。

1) 镍钴锰三元正极回收

由于金属镍、钴、锂的存在，三元动力锂离子电池的拆解回收将更具经济效益。目前，湿法冶金工艺是镍钴锰三元正极的主要回收方式。图 7.12 为格林美股份有限公司采用的湿法回收废旧三元动力锂离子电池的工艺流程。废旧动力锂离子电池经过预处理得到含镍钴锰的正极片，通过破碎、分选的方法去除铝箔碎片，得到正极粉末。然后通过酸浸、萃取分离等步骤获得各种目标金属盐溶液，经过共沉淀制备三元前驱体产品，或由氯化钴制备碳酸钴，进一步煅烧得到四氧化三钴。含锂萃取液用来制备氢氧化锂等产品。

2) 磷酸铁锂正极回收

磷酸铁锂动力电池具有能量密度高、循环寿命长和安全性能好等优点，被广泛应用于电动汽车，但它的平均使用寿命只有三年左右，大量生产使用之后，必定会产生大量废旧磷酸铁锂电池。因此，对废旧磷酸铁锂电池进行安全有效的资源化处理是非常必要的。与层状结构的钴酸锂和三元正极相比，磷酸铁锂正极的回收有其自身的特点，橄榄石型结构让它能够在充放电循环中保持结构稳定，不发生结构塌陷和改变，所以磷酸铁锂电池容量衰减的主要原因是金属锂的消耗。因此，磷酸铁锂的回收，除了直接回收外，再生处理也可极大地降低磷酸铁锂材料的生产成本。

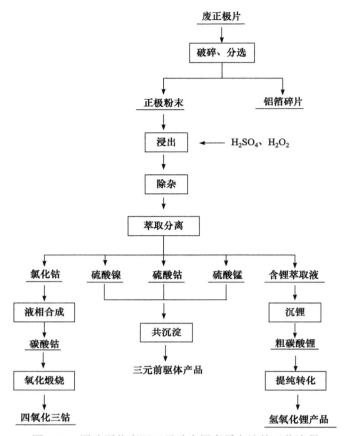

图 7.12　湿法回收废旧三元动力锂离子电池的工艺流程

湿法回收磷酸铁锂：目前回收磷酸铁锂材料主要是利用湿法工艺，如图 7.13 所示。废旧磷酸铁锂动力电池首先经过预处理，拆解、粉碎、筛分后获得磷酸铁锂正极材料，然后加入碱溶液溶解铝集流体及铝的氧化物，过滤得到含铁、锂的滤渣；采用硫酸和过氧化氢的组合对滤渣进行酸浸，得到浸出液，加碱调节浸出液的 pH，析出氢氧化铁沉淀，过滤得到滤液；最后添加固体碳酸钠到滤液中，使溶液浓缩结晶，得到碳酸锂。

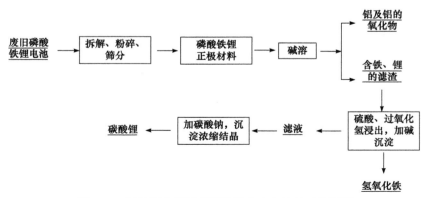

图 7.13　湿法回收废旧磷酸铁锂动力电池的工艺流程

磷酸铁锂再生工艺：磷酸铁锂正极材料中不含钴等贵金属，单纯回收磷酸铁锂中的元素会在一定程度上限制回收过程的经济效益。因此，固相法再生磷酸铁锂正极材料是目前废旧磷酸铁锂动力电池的一个重要选择，具有相当可观的经济效益。工艺流程如图7.14 所示，废旧磷酸铁锂电池首先经过预处理，使用物理方法和化学手段将正极材料与极板分离，并利用氢氧化钠溶液除去磷酸铁锂材料中的铝；然后通过热处理去除残余的石墨负极材料和黏结剂，利用化学方法分析获得磷酸铁锂材料中的铁、锂、磷的物质的量比，添加适量的铁、锂和磷源化合物，调整铁、锂、磷的物质的量比为 1∶1∶1；最后加入碳源，在惰性气氛下煅烧得到新的磷酸铁锂正极材料。

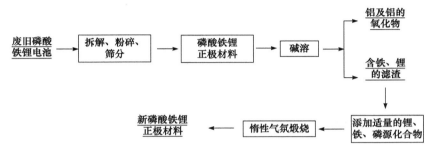

图 7.14　固相法再生磷酸铁锂正极材料的工艺流程

7.3.5　石墨负极回收

废旧锂离子电池负极材料中含有 12%～21%(质量分数)的石墨和大量的铜箔，占锂离子电池材料总成本的 25%～28%。因此，石墨和铜箔的回收对缓解电池级石墨和铜资源短缺具有重要意义。火法回收石墨负极具有操作简单、工艺流程短的特点，但火法回收需要高温，对设备要求高，能耗大，而且分离得到的铜箔中含有大量的负极活性物质。因此，目前废旧锂离子电池石墨负极的回收以机械分离法和湿法为主。

1. 机械分离法

机械分离法是通过锤振破碎方式，有效实现石墨粉末与铜箔的相互剥离，再根据颗粒的尺寸和形状的不同，振动过筛初步分离铜箔与石墨。铜箔在大于 0.25 mm 粒径范围内富集，而石墨在小于 0.13 mm 粒径范围内富集，根据粒径的不同可有效分离回收石墨和铜箔。对于粒径为 0.13～0.25 mm 的破碎颗粒，可以采用气流分选法实现铜与石墨的有效分离。通过锤振破碎、振动筛分与气流分选工艺，能够实现废旧锂离子电池负极材料中石墨与铜的资源化利用。

2. 湿法

湿法回收以金川集团股份有限公司开发的一种废旧锂离子电池负极材料中回收铜箔和石墨的方法为例。将废旧锂离子电池经过预处理得到负极片，然后将其浸泡于 $1.0～3.0 \, mol \cdot L^{-1}$ 硫酸溶液中，浸泡时间为 1～3 min，使铜箔与石墨完全分离；取出铜箔，用水冲洗、晾干得到铜箔产品；用布氏漏斗过滤含石墨的硫酸溶液，洗涤滤渣，干燥回收、筛分后得到石墨，酸性滤液可以循环使用浸泡负极片。该法工艺简单、分离效率高、流程短，易于大规模生产，对环境友好。

7.3.6   电解质回收

电解质回收主要是针对废旧动力锂离子电池，对于移动电子产品的废旧电解质，通常采用火法将其烧掉。一般工业处理废旧锂离子电池的火法和湿法工艺没有考虑电解质的回收处理，这不仅会给生产带来安全隐患，还会产生严重污染。同时，电解质中含有金属锂盐，将其回收处理既有利于环境，又能创造一定的经济效益。目前，关于电解质的回收大部分还在实验阶段，主要方法包括冷冻法、溶剂提取法和超临界萃取法。

1. 冷冻法

日本三菱集团公布专利，报道了冷冻处理废旧锂离子电池获得电解质的工艺。将废旧锂离子电池冷却至电解质的凝固点以下，然后粉碎拆解电池，通过分离手段获得电解质。该工艺利用深冷降低了电池的活性，从而降低了电池在拆解过程中分解燃烧的风险，但处理过程能耗大，对设备的要求高。北京工业大学的赵等也采用类似的工艺，先将含有电解质的电芯拆出后再进行冷冻，冷却后分离得到固体电解质。

2. 溶剂提取法

日本三菱集团报道的溶剂提取法是在废旧锂离子电池彻底放电之后，将清洗溶剂直接注入电池提取电解质，清洗剂一般使用碳酸酯类溶剂。在收集的清洗剂和电解质中加入水或无机酸分解六氟磷酸锂产生氟化氢，然后利用减压加热蒸发氟化氢，用含钙溶液吸收氟化氢，将其转化为氟化钙，通过蒸馏提纯的方法回收清洗剂，产生的氟化钙进行资源再利用。陈等也利用相似的工艺，先对废旧电池进行粉碎，拆解后获得电芯，然后用碳酸酯类溶剂提取电解质，最后浓缩提取液，回收溶剂，供循环使用。

3. 超临界萃取法

超临界萃取法是利用非质子无水溶剂为萃取剂，主要为二氧化碳，萃取获得废旧锂离子电池中的电解质，主要流程如图 7.15 所示。将废旧电池完全放电后放入提取容器中，注入二氧化碳液体，调节温度和压力直至超过二氧化碳临界点，利用超临界二氧化碳提取电解质。该方法可以利用工艺自身的压力，在超临界二氧化碳中打开电池体，避免了电池拆解导致电解质泄漏、分解、爆炸的危险。在萃取过程中，电解质中的锂盐可以与二氧化碳反应生成碳酸锂沉淀，其余溶剂可以通过蒸馏回收。戴等利用二氧化碳超临界萃取废旧锂离子电池中的电解质，在 $26\sim52$ ℃、$6.5\sim18$ MPa 的条件下，能够对有机溶剂、锂盐和添加剂分别萃取，萃取回收率高达 90%以上，回收的电解质能够通过补充溶剂、锂盐、添加剂等再次使用。

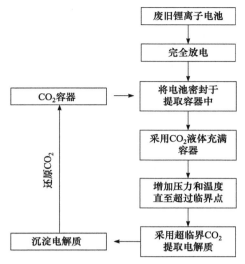

图 7.15 超临界萃取电解质的流程

目前，工业回收废旧锂离子电池电解质取得了新的进展。北京赛德美资源再利用研究院有限公司采用自主研发的自动化拆解与材料修复技术，能够回收湿法冶金工艺不能回收的电解质与隔膜，做到电池组分自动分类收集，具体流程如图 7.16 所示。按电池的总体质量计算，材料回收率在 90%以上，拆解和修复过程不产生二次污染，环境友好，具有工艺流程短、效率高、无污染、高收益等特点。该工艺的开发是国内实现废旧动力锂离子电池固废减量化与资源化的重要一步。

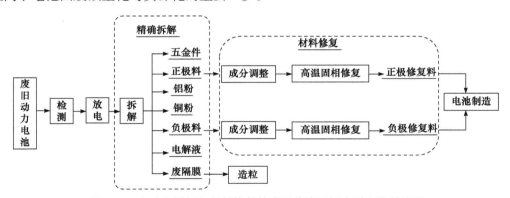

图 7.16 自动化拆解与材料修复技术回收废旧锂离子电池的流程

7.3.7 结论及展望

近年来，锂离子电池的安全性和使用寿命等都得到了有效提高，但废旧锂离子电池的回收技术仍不够成熟，需要进行深入研究。目前，废旧锂离子电池的回收主要存在以下问题。

1. 回收意识薄弱

大多数人对于回收废旧锂离子电池缺乏足够认识，政府也缺少专门的回收机构，导致大量的废旧电池随着垃圾一起掩埋。另外，废旧锂离子电池回收量决定了回收利用的价值。政府等相关机构应加大废旧锂离子电池回收的宣传力度，增强民众的回收意识，铺设流畅的回收网络，形成废旧锂离子电池回收体系。

2. 回收工艺有待提高

废旧锂离子电池经过拆解后，需要经过多道工序才能回收利用，工艺较复杂，回收成本高。目前，废旧锂离子电池的回收主要还是针对正极材料，高温冶金法和湿法冶金法都已商业化，但它们的发展在很大程度上依赖于便携式电子产品中钴的高浓度。随着电动汽车电池的钴含量越来越低，这些成熟的回收工艺将受到更多挑战。因此，现阶段的废旧锂离子电池回收工艺需要进一步发展，开发更加全面有效的回收技术，加强对废旧电池其他材料(负极、电解质、隔膜等)的回收利用，提高电池的总体回收率，降低回收成本。

3. 回收制度缺失

目前，电池回收主要还是依靠市场自身调节，缺乏政府的宏观调控，导致废旧电池回收市场混乱。国家应制定相关政策，完善市场激励体制，必要时给予一些资金上的援助和优惠政策，同时出台相关法律法规，统筹废旧锂离子电池回收工业的发展。

随着锂离子电池材料的发展、更新，废旧电池的结构组成也发生了变化，选择和确定合适的目标产品对于废旧锂离子电池的综合回收是非常重要的。回收废旧锂离子电池，一方面可以防止有价金属的流失；另一方面可以减少给环境带来不利影响的物质排放。未来废旧锂离子电池回收必然朝着成本低、能耗低、回收率高和可规模工业化的方向发展，避免危害环境。

思 考 题

1. 简述铅酸电池的报废原理。
2. 铅酸电池的回收技术有哪些？
3. 废旧镍氢电池的回收再利用技术有哪些？
4. 简述废旧镍氢电池各种回收再利用技术的优缺点。
5. 简述锂离子电池预处理技术的必要性。
6. 废旧锂离子电池回收过程的核心是什么？并概述其特点。
7. 工业应用中锂离子电池正极的回收处理主要包括哪些方面？
8. 废旧锂离子电池石墨负极的回收主要有哪两种？并概述其主要步骤。

参 考 文 献

阿伦·J 巴德, 拉里·R 福克纳. 2005. 电化学方法: 原理和应用. 2 版. 邵元华, 朱果逸, 董献堆, 等译. 北京: 化学工业出版社.

曹利娜, 宫璐, 刘成士, 等. 2015. 废旧锂离子电池回收技术研究进展. 电源技术, 39(9): 2014-2016.

柴丽莉, 张力, 曲群婷, 等. 2013. 锂离子电池电极粘结剂的研究进展. 化学通报, 76(4): 299-306.

柴树松. 2017. 铅酸蓄电池制造技术. 2 版. 北京: 机械工业出版社.

常雪洁, 王甲琴, 柴艮风, 等. 2018. 废旧锂离子电池回收预处理工艺的研究. 金川科技, 2: 8-12.

常增花. 2018. 硅基负极在高浓度锂盐电解质中的电化学行为研究. 北京: 北京有色金属研究总院.

陈景贵. 2000. 化学与物理电源: 信息装备的动力之源. 北京: 国防工业出版社.

陈军, 陶占良. 2006. 镍氢二次电池. 北京: 化学工业出版社.

陈军, 陶占良. 2014. 能源化学. 2 版. 北京: 化学工业出版社.

陈笑婷. 2007. 层状 $LiMnO_2$ 锂离子电池正极材料的制备及改性. 杭州: 浙江大学.

陈志金, 张一鸣, 田爽, 等. 2019. 锂离子电池导电剂的研究进展. 电源技术, 43(2): 333-337.

程新群. 2019. 化学电源. 2 版. 北京: 化学工业出版社.

邓锋. 1997. 镍氢电池合金的回收. 有色冶炼, 6: 28-35.

丁孟. 2018. $Li_4Ti_5O_{12}$ 基复合材料的制备及其电化学性能研究. 西安: 陕西科技大学.

弗鲁姆金 A H. 1957. 电极过程动力学. 朱荣昭, 译. 北京: 科学出版社.

傅献彩, 沈文霞, 姚天扬, 等. 2006. 物理化学(上、下册). 5 版. 北京: 高等教育出版社.

高健, 吕迎春, 李泓. 2013. 锂电池基础科学问题(Ⅲ): 相图与相变. 储能科学与技术, 2(3): 250-266.

葛华才, 袁高清, 范祥清, 等. 1999. 影响 $Ni(OH)_2$ 性能因素的研究. 电池, 29(4): 150-153.

耿福山, 胡炳文. 2019. 锂离子电池中重要正极材料体系的磁共振研究进展. 储能科学与技术, 8(6): 1017-1023.

郭炳焜, 李新海, 杨松青. 2000. 化学电源: 电池原理及制造技术. 长沙: 中南大学出版社.

郭炳焜, 徐徽, 王先友, 等. 2002. 锂离子电池. 长沙: 中南大学出版社.

郭鹤桐, 姚素薇. 2009. 基础电化学及其测量. 北京: 化学工业出版社.

郭华彬, 陈丽萍, 彭光怀, 等. 2017. 锂离子电池无机正极材料研究进展. 赣南师范大学学报, 6: 67-73.

胡信国, 等. 2013. 动力电池技术与应用. 2 版. 北京: 化学工业出版社.

胡子龙. 2002. 贮氢材料. 北京: 化学工业出版社.

黄可龙, 王兆翔, 刘素琴. 2008. 锂离子电池原理与关键技术. 北京: 化学工业出版社.

吉泽四郎. 1987. 电池手册. 杨玉伟, 等译. 北京: 国防工业出版社.

贾铮, 戴长松, 陈玲. 2006. 电化学测量方法. 北京: 化学工业出版社.

姜华伟, 刘亚飞, 陈彦彬, 等. 2018. 锂离子电池三元正极材料研究及应用进展. 人工晶体学报, 47(10): 2205-2211.

今西诚之, 艾伦·C 伦兹, 彼得·G 布鲁斯, 等. 2017. 锂空气电池. 解晶莹, 郭向欣, 孙毅, 译. 北京: 化学工业出版社.

卡尔·H 哈曼, 安德鲁·哈姆内特, 沃尔夫·菲尔施蒂希. 2020. 电化学. 2 版. 陈艳霞, 夏兴华, 蔡俊, 译. 北京: 化学工业出版社.

雷永泉. 2000. 新能源材料. 天津: 天津大学出版社.

李超, 沈明, 胡炳文. 2020. 面向金属离子电池研究的固体核磁共振和电子顺磁共振方法. 物理化学学报, 36(4): 12-27.

李荻. 2008. 电化学原理. 3 版. 北京: 北京航空航天大学出版社.

李建保, 李敬锋. 2005. 新能源材料及其应用技术: 锂离子电池、太阳能电池及温差电池. 北京: 清华大学出版社.

李丽, 陈妍卉, 吴锋, 等. 2007. 镍氢动力电池回收与再生研究进展. 功能材料, 38(12): 1928-1932.

李胜, 王晓慧, 王晶, 等. 2017. 聚磷酸铵对阻燃环氧树脂性能影响的研究. 化学与黏合, 39(2): 98-101.

李文, 白薛, 魏爱佳, 等. 2018. 锂离子电池负极材料 $Li_4Ti_5O_{12}$ 的研究进展. 电源技术, 42(8): 1221-1222.

廖刚, 胡国荣, 彭忠东, 等. 2004. 正极材料锂钴氧化物掺杂研究进展. 电池, 34(2): 141-143.

廖华, 吴芳, 罗爱平. 2003. 废旧镍氢电池正极材料中镍和钴的回收. 五邑大学学报(自然科学版), 17(1): 52-56.

林才顺. 2004. 废弃贮氢合金粉的湿法回收工艺. 电源技术, 28(3): 177-179.

林才顺. 2005. 废旧 MH/Ni 电池负极材料的回收利用. 湿法冶金, 24(2): 102-104.

凌仕刚, 吴娇杨, 张舒, 等. 2015. 锂离子电池基础科学问题(XIII): 电化学测量方法. 储能科学与技术, 4(1): 83-103.

凌志军, 王莉, 何向明, 等. 2007. 锂离子电池用固体聚合物电解质的最新进展. 化工新型材料, 35(4): 25-27.

刘柏男. 2018. 锂离子电池高容量硅基负极材料研究. 北京: 中国科学院大学.

刘敏, 韩恩山, 朱令之, 等. 2002. 氢氧化镍的制备及其电化学行为研究进展. 电源技术, 26(3): 172-175.

刘松, 侯宏英, 胡文, 等. 2015. 锂离子电池集流体的研究进展. 硅酸盐通报, 34(9): 2562-2568.

刘亚利, 吴娇杨, 李泓. 2014. 锂离子电池基础科学问题(IX): 非水液体电解质材料. 储能科学与技术, 3(3): 262-282.

陆天虹, 等. 2014. 能源电化学. 北京: 化学工业出版社.

吕鸣祥. 1992. 化学电源. 天津: 天津大学出版社.

梅光军, 夏洋, 师伟, 等. 2008. 从废弃镍氢电池负极板中回收稀土金属. 化工环保, 28(1): 70-73.

彭佳悦, 祖晨曦, 李泓. 2013. 锂电池基础科学问题(I): 化学储能电池理论能量密度的估算. 储能科学与技术, 2(1): 55-62.

彭晓丽. 2018. 凝胶聚合物电解质及锂离子电池性能研究. 成都: 电子科技大学.

施志聪, 杨勇. 2005. 聚阴离子型锂离子电池正极材料研究进展. 化学进展, 17(4): 604-613.

孙艳, 吴锋, 辛宝平, 等. 2007. 硫杆菌浸出废旧 MH/Ni 电池中重金属研究. 生态环境, 16(6): 1674-1678.

孙杨, 田彦文, 翟秀静, 等. 1997. 正极材料 $Ni(OH)_2$ 制备工艺的发展动态. 电源技术, (4): 178-182

蓑原雄敏. 1999. 镍氢二次电池的再利用方法. 中国专利, CN1213190A.

唐有根. 2007. 镍氢电池. 北京: 化学工业出版社.

藤岛昭, 相泽益男, 井上徹. 1995. 电化学测定方法. 陈震, 姚建年, 译. 北京: 北京大学出版社.

托马斯·B 雷迪. 2013. 电池手册. 4 版. 汪继强, 刘兴江, 译. 北京: 化学工业出版社.

王大辉, 张盛强, 侯新刚, 等. 2011. 废镍氢电池负极材料中活性物质与基体的分离. 兰州理工大学学报, 37(3): 11-15.

王荣, 阎杰, 周震, 等. 2001. 失效 MH/Ni 电池负极合金粉的再生. 应用化学, 18(12): 979-982.

王文宝. 2011. $ABO_3(A = Ba, La; B = Ce, Ga)$钙钛矿型固体电解质的中温电性能及其应用. 苏州: 苏州大学.

卫寿平, 孙杰, 周添, 等. 2017. 废旧锂离子电池中金属材料回收技术研究进展. 储能科学与技术, 6(6): 1196-1207.

魏浩, 杨志. 2018. 锂硫电池. 上海: 上海交通大学出版社.

温丰源, 刘海霞, 李霞. 2016. 废旧锂离子电池材料中电解液的回收处理方法. 河南化工, 33(8): 12-14, 29.

吴琰. 2018. 石墨锂离子电池负极材料的改性研究. 济南: 山东大学.

吴宇平, 万春荣, 姜长印, 等. 2002. 锂离子二次电池. 北京: 化学工业出版社.

吴宇平, 袁翔云, 董超, 等. 2012. 锂离子电池: 应用与实践. 2 版. 北京: 化学工业出版社.

武明昊, 陈剑, 王崇, 等. 2011. 锂离子电池负极材料的研究进展. 电池, 41(4): 222-225.

武青. 2013. 石榴石结构固体电解质 $Li_5La_3M_2O_{12}$(M = Nb、Bi)的低温合成和性能表征. 长沙: 中南大学.

夏李斌, 罗俊, 田磊. 2009. 废旧镍氢电池正极浸出试验研究. 江西有色金属, 23(3): 32-33.

夏良树, 傅仕福, 陈仲清. 2006. 生物浸出回收废弃镍-镉电池研究. 电化学, 12(3): 345-348.

夏煜, 黄美松, 杨小中, 等. 2005. 用废 Ni-MH 电池正极材料制备电子级硫酸镍的研究. 矿冶工程, 25(4): 46-49.

谢德明, 童少平, 曹江林. 2013. 应用电化学基础. 北京: 化学工业出版社.

徐丽阳, 陈志传. 2003. 镍氢电池负极板中稀土的回收工艺研究. 中国稀土学报, 21(1): 66-70.

徐曼珍, 廖松王. 1996. 蓄电池. 北京: 人民邮电出版社.

徐曼珍. 2005. 新型蓄电池原理与应用. 北京: 人民邮电出版社.

薛兵, 王庆莉. 2019. 富锂锰基正极材料的研究进展. 电源技术, 43(2): 341-343.

阎杰, 王荣, 阎德意, 等. 2001. 镍氢二次电池正负极残料的回收方法. 中国专利, CN1295354A.

杨辉, 卢文庆. 2002. 应用电化学. 北京: 科学出版社.

杨宇, 梁精龙, 李慧, 等. 2018. 废旧锂离子电池回收处理技术研究进展. 矿产综合利用, (6): 7-12.

义夫正树, 拉尔夫·J 布拉德, 小泽昭弥, 等. 2015. 锂离子电池: 科学与技术. 苏金然, 汪继强, 等译. 北京: 化学工业出版社.

游时利, 方玲, 许海涛, 等. 2018. 锂离子电池负极材料 $Li_4Ti_5O_{12}$ 的研究进展. 重庆大学学报, 41(12): 92-100.

余小文. 2008. 废旧镍氢电池的资源化. 南京: 东南大学.

玉荣华, 高大明, 覃柞观. 2011. 用硫酸从镍氢电池负极板废料中浸出镍钴. 广东化工, 38(7): 35-36, 23.

袁诵道. 1996. 铅酸蓄电池隔板的发展. 蓄电池, (3): 37-40.

原鲜霞. 2002. MH-Ni 电池用 AB_5 型贮氢合金电化学行为的研究. 北京: 中国科学院研究生院.

查全性. 2002. 电极过程动力学导论. 3 版. 北京: 科学出版社.

詹弗兰科·皮斯托亚. 2016. 锂离子电池技术: 研究进展与应用. 赵瑞瑞, 余乐, 常毅, 等译. 北京: 化学工业出版社.

张浩. 2015. 富锂锰基正极材料表面改性及电化学性能研究. 上海: 上海交通大学.

张洁, 王久林, 杨军. 2013. 锂离子电池用富锂正极材料的研究进展. 电化学, (3): 215-224.

张秋美, 施志聪, 李益孝, 等. 2011. 氟磷酸盐及正硅酸盐锂离子电池正极材料研究进展. 物理化学学报, 27(2): 267-274.

张仁刚, 赵世玺, 周振平, 等. 2002. 锂离子电池电解质的最新研究进展. 功能材料, 33(2) : 125-128.

张笑笑, 王莺莺, 刘媛, 等. 2016. 废旧锂离子电池回收处理技术与资源化再生技术进展. 化工进展, 35(12): 4026-4032.

张志梅, 张建, 张巨生. 2002. 废弃 MH/Ni 电池正极的回收. 电池, 32(4): 249-250.

赵光金. 2020. 锂离子电池电解液回收处理技术进展及展望. 电源技术, 44(1): 138-141.

郑晓洪, 朱泽文, 林晓, 等. 2018. 废锂离子电池中有价金属回收的研究进展. 工程, 4(3): 361-370.

钟燕萍, 王大辉, 康龙. 2009. 从废弃镍基电池中回收有价金属的研究进展. 新技术新工艺, (8): 81-86.

周伟舫. 1985. 电化学测量. 上海: 上海科学技术出版社.

朱松然. 2002. 铅蓄电池技术. 2 版. 北京: 机械工业出版社.

朱志昂, 阮文娟. 2018. 物理化学(上、下册). 6 版. 北京: 科学出版社.

Abraham K M, Jiang Z. 1996. A polymer electrolyte-based rechargeable lithium/oxygen battery. Journal of The Electrochemical Society, 143(1): 1-5.

Adams B D, Radtke C, Black R, et al. 2013. Current density dependence of peroxide formation in the Li-O$_2$ battery and its effect on charge. Energy & Environmental Science, 6: 1772-1778.

Armand M, Tarascon J M. 2008. Building better batteries. Nature, 451: 652-657.

Aurbach D, Pollak E, Elazari R, et al. 2009. On the surface chemical aspects of very high energy density, rechargeable Li-sulfur batteries. Journal of The Electrochemical Society, 156(8): A694-A702.

Bahne C C, Shan X Y, Patricia L L. 1990. Structural comparison of nickel electrodes and precursor phases. Journal of Power Sources, 29: 453-466.

Bai S, Liu X, Zhu K, et al. 2016. Metal-organic framework-based separator for lithium-sulfur batteries. Nature Energy, 1: 16094.

Bai S, Sun Y, Yi J, et al. 2018. High-power Li-metal anode enabled by metal-organic framework modified electrolyte. Joule, 2: 2117-2132.

Benson T R, Coble M A, Rytuba J J, et al. 2017. Lithium enrichment in intracontinental rhyolite magmas leads to Li deposits in caldera basins. Nature Communications, 8: 207.

Bertuol D A, Bernardes A M, Tenório J A S. 2006. Spent NiMH batteries: Characterization and metal recovery through mechanical processing. Journal of Power Sources, 160(2): 1465-1470.

Boden D P, Loosemore D V, Spence M A, et al. 2010. Optimization studies of carbon additives to negative active material for the purpose of extending the life of VRLA batteries in high-rate partial-state-of-charge operation. Journal of Power Sources, 195: 4470-4493.

Bruce P G, Freunberger S A, Hardwick L J, et al. 2012. Li-O$_2$ and Li-S batteries with high energy storage. Nature Materials, 11: 19-29.

Chen L, Zhang Y, Lin C, et al. 2014. Hierarchically porous nitrogen-rich carbon derived from wheat straw as an ultra-high-rate anode for lithium ion batteries. Journal of Materials Chemistry A, 2(25): 9684-9690.

Chen M Y, Ma X T, Chen B, et al. 2019. Recycling end-of-life electric vehicle lithium-ion batteries. Joule, 3(11): 2622-2646.

Cho J, Kim T J, Kim Y J, et al. 2001. High-performance ZrO$_2$-coated LiNiO$_2$ cathode material. Electrochemical and Solid-State Letters, 4(10): A159-A161.

Cho J, Kim Y J, Park B. 2000. Novel LiCoO$_2$ cathode material with Al$_2$O$_3$ coating for a Li ion cell. Chemistry of Materials, 12(12): 3788-3791.

Cooper A, Furakawa J, Kellaway L L M. 2009. The UltraBattery: A new battery design for a new beginning in hybrid electric vehicle energy storage. Journal of Power Sources, 188: 642-649.

David L, Bhandavat R, Singh G. 2014. MoS$_2$/graphene composite paper for sodium-ion battery electrodes. Advanced Materials, 8(2): 1759-1770.

Dunn B, Kamath H, Tarascon J M. 2017. Electrical energy storage for the grid: A battery of choices. Science, 334: 928-935.

Dunn J B, Gaines L, Kelly J C, et al. 2016. Life Cycle Analysis Summary for Automotive Lithium-Ion Battery Production and Recycling. Cham: Springer International Publishing.

Freunberger S A, Chen Y, Peng Z, et al. 2011. Reactions in the rechargeable lithium-O$_2$ battery with alkyl carbonate electrolytes. Journal of the American Chemical Society, 133(20): 8040-8047.

Garcia-Lastra J M, Myrdal J S G, Christensen R, et al. 2013. DFT+U study of polaronic conduction in Li$_2$O$_2$ and Li$_2$CO$_3$: Implications for Li-air batteries. The Journal of Physical Chemistry C, 117(11): 5568-5577.

Gaubicher J, Wurm C, Goward G, et al. 2000. Rhombohedral form of Li$_3$V$_2$(PO$_4$)$_3$ as a cathode in Li-ion batteries. Chemistry of Materials, 12(11): 3240-3242.

Goodenough J B, Park K S. 2013. The Li-ion rechargeable battery: A perspective. Journal of the American Chemical Society, 135(4): 1167-1176.

He J, Chen J, Li P, et al. 2015. Three-dimensional CNT/graphene-sulfur hybrid sponges with high sulfur loading as superior-capacity cathodes for lithium-sulfur batteries. Journal of Materials Chemistry A, 36(3): 18605-18610.

He P, Wang Y, Zhou H. 2010. A Li-air fuel cell with recycle aqueous electrolyte for improved stability. Electrochemistry Communications, 12(12): 1686-1689.

Herber D, Ulam J. 1962. Electric dry cells and storage batteries. US Patent, 3043896.

Hou H S, Qiu X Q, Wei W F, et al. 2017. Carbon anode materials for advanced sodium-ion batteries. Advanced Energy Materials, 7(24): 1602898.1-1602898.30

Huang H, Yin S C, Nazar L F. 2001. Approaching theoretical capacity of $LiFePO_4$ at room temperature at high rates. Electrochemical and Solid-State Letters, 4(10): A170-A172.

Huang J P, Yuan D D, Zhang H Z, et al. 2013. Electrochemical sodium storage of $TiO_2(B)$ nanotubes for sodium ion batteries. RSC Advances, 3(31): 12593-12597.

Jayalakshmi T, Nagaraju K, Nagaraju G. 2018. Enhanced lithium storage of mesoporous vanadium dioxide (B) nanorods by reduced graphene oxide support. Journal of Energy Chemistry, 27(1): 183-189.

Ji X, Lee K T, Nazar L F. 2009. A highly ordered nanostructured carbon-sulphur cathode for lithium-sulphur batteries. Nature Materials, 8: 500-506.

Johnson C S, Kim J S, Lefief C, et al. 2004. The significance of the Li_2MnO_3 component in 'composite' $xLi_2MnO_3 \cdot (1-x)$ $LiMn_{0.5}Ni_{0.5}O_2$ electrodes. Electrochemistry Communications, 6(10): 1085-1091.

Johnson L, Li C, Liu Z, et al. 2014. The role of LiO_2 solubility in O_2 reduction in aprotic solvents and its consequences for $Li-O_2$ batteries. Nature Chemistry, 6: 1091-1099.

Kim J H, Pieczonka N P W, Li Z, et al. 2013. Understanding the capacity fading mechanism in $LiNi_{0.5}Mn_{1.5}O_4$/graphite Li-ion batteries. Electrochimica Acta, 90: 556-562.

Kumar J, Kumar B. 2009. Development of membranes and a study of their interfaces for rechargeable lithium-air battery. Journal of Power Sources, 194(2): 1113-1119.

Lam L T, Louey R. 2006. Development of ultra-battery for hybrid-electric vehicle applications. Journal of Power Sources, 158: 1140-1148.

Li F, Wu S, Li D, et al. 2015. The water catalysis at oxygen cathodes of lithium-oxygen cells. Nature Communications, 6: 7843.

Lim H D, Lee B, Bae Y, et al. 2017. Reaction chemistry in rechargeable $Li-O_2$ batteries. Chemical Society Reviews, 46(10): 2873-2888.

Lin H B, Huang W Z, Rong H B, et al. 2015. Surface natures of conductive carbon materials and their contributions to charge/Discharge performance of cathodes for lithium ion batteries. Journal of Power Sources, 287: 276-282.

Liu Q, Su X, Lei D, et al. 2018. Approaching the capacity limit of lithium cobalt oxide in lithium ion batteries via lanthanum and aluminium doping. Nature Energy, 3(11): 936-943.

Liu Y J, Li X H, Guo H J, et al. 2009. Electrochemical performance and capacity fading reason of $LiMn_2O_4$/graphite batteries stored at room temperature. Journal of Power Sources, 189(1): 721-725.

Lu J, Li L, Park J B, et al. 2014. Aprotic and aqueous $Li-O_2$ batteries. Chemical Reviews, 114(11): 5611-5640.

Lu Y C, Shao-horn Y. 2013. Probing the reaction kinetics of the charge reactions of nonaqueous $Li-O_2$ batteries. The Journal of Physical Chemistry Letters, 4(1): 93-99.

Manthiram A, Fu Y, Chung S H, et al. 2014. Rechargeable lithium-sulfur batteries. Chemical Reviews, 114(23): 11751-11787.

Matsunaga T, Kubota T, Sugimoto T, et al. 2011. High-performance lithium secondary batteries using cathode active materials of triquinoxalinylenes exhibiting six electron migration. Chemistry Letters, 40(7): 750-752.

McCloskey B D, Bethune D S, Shelby R M, et al. 2011. Solvents' critical role in nonaqueous lithium-oxygen battery electrochemistry. The Journal of Physical Chemistry Letters, 2(10): 1161-1166.

Monchak M, Hupfer T, Senyshyn A, et al. 2016. Lithium diffusion pathway in $Li_{1.3}Al_{0.3}Ti_{1.7}(PO_4)_3$ (LATP) superionic conductor. Inorganic Chemistry, 55(6): 2941-2945.

Moseley P T, Rand D A J. 2004. Changes in the demands on automotive batteries require changes in battery design. Journal of Power Sources, 133: 104-109.

Natarajan S, Aravindan V. 2018. Burgeoning prospects of spent lithium-ion batteries in multifarious applications. Advanced Energy Materials, 8(33): 1802303.

Ni J, Huang Y, Gao L. 2013. A high-performance hard carbon for Li-ion batteries and supercapacitors application. Journal of Power Sources, 223: 306-311.

Nitta N, Wu F, Lee J T, et al.2015. Li-ion battery materials: Present and future. Materials Today, 18(5): 252-264.

Niu J, Shao R, Liang J, et al. 2017. Biomass-derived mesopore-dominant porous carbons with large specific surface area and high defect density as high performance electrode materials for Li-ion batteries and supercapacitors. Nano Energy, 36: 322-330.

Ogasawara T, Débart A, Holzapfel M, et al. 2006. Rechargeable Li_2O_2 electrode for lithium batteries. Journal of the American Chemical Society, 128(4): 1390-1393.

Ottakam T M M, Freunberger S A, Peng Z, et al. 2013. The carbon electrode in nonaqueous Li-O_2 cells. Journal of the American Chemical Society, 135(1): 494-500.

Park J B, Lee S H, Jung H G, et al. 2018. Redox mediators for Li-O_2 batteries: Status and perspectives. Advanced Materials, 30(1): 1704162.

Pavlov D,Rogachev T, Nikolov P, et al. 2009. Mechanism of action of electrochemically active carbons on the processes that take place at the negative plates of lead-acid batteries. Journal of Power Sources, 191: 58-75.

Pavlov D. 2017. Lead-Acid Batteries: Science and Technology. 2nd ed. New York: Elsevier.

Roberts A D, Li X, Zhang H. 2014. Porous carbon spheres and monoliths: Morphology control, pore size tuning and their applications as Li-ion battery anode materials. Chemical Society Reviews, 43(13): 4341-4356.

Ryou M H, Han G B, Lee Y M, et al. 2010. Effect of fluoroethylene carbonate on high temperature capacity retention of $LiMn_2O_4$/graphite Li-ion cells. Electrochimica Acta, 55(6): 2073-2077.

Scholz E. 1984. Karl-Fischer-Titration. Heidelberg: Springer-Verlag.

Seh Z W, Li W, Cha J J, et al. 2013. Sulphur-TiO_2 yolk-shell nanoarchitecture with internal void space for long-cycle lithium-sulphur batteries. Nature Communications, 4: 1331.

Seh Z W, Sun Y, Zhang Q, et al. 2016. Designing high-energy lithium-sulfur batteries. Chemical Society Reviews, 45: 5605-5634.

Singh D. 1998. Characteristics and effects of γ-NiOOH on cell performance and a method to quantify it in nickel electrodes. Journal of the Electrochemical Society, 145: 116-120.

Sorensen E M, Barry S J, Jung H K, et al. 2006. Three-dimensionally ordered macroporous $Li_4Ti_5O_{12}$: Effect of wall structure on electrochemical properties. Chemistry of Materials, 18(2): 482-489.

Takeshita T. Battery. 2010. US Patent.

Tang D C, Sun Y, Yang Z Z, et al. 2014. Surface structure evolution of $LiMn_2O_4$ cathode material upon charge/discharge. Chemistry of Materials, 26(11): 3535-3543.

Tran N, Croguennec L, Ménétrier M, et al. 2008. Mechanisms associated with the "plateau" observed at high voltage for the overlithiated $Li_{1.12}(Ni_{0.425}Mn_{0.425}Co_{0.15})_{0.88}O_2$ system. Chemistry of Materials, 20(15): 4815-4825.

Vandermarel C, Vinke G J B, Vanderlugt W. 1985. The phase-diagram of the system lithium-silicon. Solid State

Communications, 54 (11): 917-919.

Wakihara M, Yamamoto O. 1998. Lithium Ion Batteries: Fundamentals and Performance. Kodansha: Wiley-VCH.

Wan Z, Shao J, Yun J, et al. 2014. Core-shell structure of hierarchical quasi-hollow MoS_2 microspheres encapsulated porous carbon as stable anode for Li-ion batteries. Small, 10(23): 4975-4981.

Wang J, Chen J, Konstantinov K, et al. 2006. Sulphur-polypyrrole composite positive electrode materials for rechargeable lithium batteries. Electrochimica Acta, 51(22): 4634-4638.

Wang L, Chen B, Ma J, et al. 2018. Reviving lithium cobalt oxide-based lithium secondary batteries-toward a higher energy density. Chemical Society Reviews, 47(17): 6505-6602.

Wang L, Zhao X, Lu Y, et al. 2011. $CoMn_2O_4$ spinel nanoparticles grown on graphene as bifunctional catalyst for lithium-air batteries. Journal of The Electrochemical Society, 158(12): A1379-A1382.

Wang R, Yan J, Zhou Z, et al. 2002. Regeneration of hydrogen storage alloy in spent nickel-metal hydride batteries. Journal of Alloys and Compounds, 336: 237-241.

Wang Y, Zhou H. 2010. A lithium-air battery with a potential to continuously reduce O_2 from air for delivering energy. Journal of Power Sources, 195(1): 358-361.

Wu H, Cui Y. 2012. Designing nanostructured Si anodes for high energy lithium ion batteries. Nano Today, 7(5): 414-429.

Xu K. 2014. Electrolytes and interphases in Li-ion batteries and beyond. Chemical Reviews, 114: 11503-11618.

Xu Y H, Chen C P, Wang X L, et al. 2002. The cycle life and surface properties of Ti-based AB_2 metal hydride electrodes. Journal of Alloys and Compounds, 337: 214-220.

Xu Y H. 2004. The electrochemical behavior of Ni-MH battery, $Ni(OH)_2$ electrode and metal hydride electrode. International Journal of Hydrogen Energy, 29: 749-757.

Yabuuchi N, Kubota K, Dahbi M, et al. 2014. Research development on sodium-ion batteries. Chemical Reviews, 114: 11636-11682.

Yabuuchi N, Yoshii K, Myung S T, et al. 2011. Detailed studies of a high-capacity electrode material for rechargeable batteries, Li_2MnO_3-$LiCo_{1/3}Ni_{1/3}Mn_{1/3}O_2$. Journal of the American Chemical Society, 133(12): 4404-4419.

Yang C C. 2002. Synthesis and characterization of active materials of $Ni(OH)_2$ powders. International Journal of Hydrogen Energy, 27: 1071-1081.

Yang Y, Zheng G, Misra S, et al. 2012. High-capacity micrometer-sized Li_2S particles as cathode materials for advanced rechargeable lithium-ion batteries. Journal of the American Chemical Society, 134(37): 15387-15394.

Ying J, Jiang C, Wan C. 2004. Preparation and characterization of high-density spherical $LiCoO_2$ cathode material for lithium ion batteries. Journal of Power Sources, 129(2): 264-269.

Zhao L, Wang L, Yang D, et al. 2007. Bioleaching of spent Ni-Cd batteries and phylogenetic analysis of an acidophilic strain in acidified sludge. Frontiers of Environmental Science & Engineering in China, 1: 459-465.

Zhao L, Wang X, Zhu N. 2008. Simultaneous metals leaching and microbial production of sulphuric acid by sewage sludge: Effect of sludge solids concentration. Environmental Engineering Science, 25: 1167-1174.

Zhao L, Yang D, Zhu N. 2008. Bioleaching of spent Ni-Cd batteries by continuous flow system: Effect of hydraulic retention time and process load. Journal of Hazardous Materials, 160: 648-654.

Zhao L, Zhu N, Wang X. 2008. Comparison of bio-dissolution of spent Ni-Cd batteries by sewage sludge using ferrousions and elemental sulfur as substrate. Chemosphere, 70: 974-981.

Zhou L, Zhang X, Huang M, et al. 2018. A facile way to prepare carbon-coated $Li_4Ti_5O_{12}$ porous fiber with excellent rate performance as anode in lithium ion battery. Electrochimica Acta, 283: 1418-1424.

Zhu N, Zhang L, Li C, et al. 2003. Recycling of spent nickel-cadmium batteries based on bioleaching process. Waste Manage, 23: 703-708.